产品经理进阶

100个案例搞懂人工智能

林中翘◎著

電子工業出版社
Publishing House of Electronics Industry
北京•BEIJING

内 容 简 介

本书根据人工智能领域产品经理的能力要求与知识体系，从原理到应用介绍人工智能的相关技术，全面阐述如何进阶为一名合格的人工智能产品经理。

本书共分为13章，其中第1~3章介绍机器学习能做什么及如何去做，第4~10章介绍7种基础算法的原理与商业化应用，第11~13章介绍深度学习在图像识别、自然语言处理与AI绘画三个方向的发展与成果。本书不局限于从数学角度推导各类机器学习算法的原理，而是配合大量案例，由浅入深地讲述什么是机器学习、机器学习如何解决问题及机器学习需要产品经理做什么。

本书能够帮助初入人工智能领域的产品经理建立对算法的理解，并将这些知识融入不同领域的业务中，发现更多的应用场景，创造更多的应用可能。

图书在版编目（CIP）数据

产品经理进阶：100 个案例搞懂人工智能 / 林中翘著. —北京：电子工业出版社，2019.8
ISBN 978-7-121-36498-3

Ⅰ. ①产… Ⅱ. ①林… Ⅲ. ①机器学习－算法 Ⅳ. ①TP181

中国版本图书馆 CIP 数据核字（2019）第 089262 号

策划编辑：郑柳洁
责任编辑：梁卫红
印　　刷：北京季蜂印刷有限公司
装　　订：北京季蜂印刷有限公司
出版发行：电子工业出版社
　　　　　北京市海淀区万寿路 173 信箱　　邮编：100036
开　　本：720×1000　1/16　印张：17　字数：272 千字
版　　次：2019 年 8 月第 1 版
印　　次：2019 年 8 月第 1 次印刷
定　　价：79.00 元

凡所购买电子工业出版社图书有缺损问题，请向购买书店调换。若书店售缺，请与本社发行部联系，联系及邮购电话：（010）88254888，88258888。

质量投诉请发邮件至 zlts@phei.com.cn，盗版侵权举报请发邮件至 dbqq@phei.com.cn。

本书咨询联系方式：010-51260888-819，faq@phei.com.cn。

名家好评

谈到人工智能，相信各位读者都不会陌生，字面意思也很容易理解。在很多人眼里，人工智能是一种很先进的大数据技术，可以帮我们做很多以往计算机不能做到的事情，例如人脸识别、语音翻译、智能预测等。但是产品经理想要在自己的产品中运用人工智能技术，仅仅了解几个名词是远远不够的，还需要了解人工智能相关算法的原理及使用场景。本书作为一本专门写给产品经理的技术书，提供了大量引人入胜的案例帮助读者理解人工智能，理解算法。相信本书会对想进入人工智能领域的产品经理提供非常大的帮助。

起点学院、人人都是产品经理创始人兼 CEO，老曹（曹成明）

很多产品经理都有一些困惑：我的工作还有多久会被取代，我的存在价值有多大？产品经理转成人工智能相关的产品经理，有可能吗？有机会吗？相信本书中介绍的人工智能相关的技术原理，能帮你找到答案。

三节课联合创始人，产品经理系列课程讲师，布棉作为一名自然语言处理方向、做过机器翻译项目的硕士，看到书中的内容颇感亲切。本书基本覆盖了常见的人工智能领域的知识点。讲述的深度恰到好处，既不会空洞无物、浅尝辄止，也不会过于深奥、成为初学者的天书。对于许多没有技术背景、欠缺算法经验的产品经理来说，阅读本书对理解人工智能大有益处。不过，作为人工智能领域的产品经理，必然需要针对用户需求和业务需要反推自己应该掌握的技能。本书可作为一本工具书，在你面对不同业务场景时，为你提供相应的解决方法。

《从点子到产品：产品经理的价值观与方法论》《产品思维》作者，
滴滴出行司机产品前负责人，刘飞

接触了很多非技术背景出身的产品经理，发现大家对技术有一个共同误区，以为学习技术需要掌握技术能力，比如写代码。实际上，从产品经理工作的角度来看，我们需要的是技术思维，即理解基本技术原理，能够以此进行产品决策。本书由浅入深全面地介绍了人工智能领域的相关技术，并通过大量案例通俗易懂地向读者介绍了机器学习算法的原理、模型的开发流程以及相关的应用，这对非技术背景出身的产品经理非常有帮助。

《产品经理必懂的技术那点事儿：成为全栈产品经理》作者，
微信公众号“唐韧”主理人，唐韧

人工智能一直都是互联网行业的热门话题，也是 B 端产品涉及的重要领域。本书通过丰富的案例，将抽象的人工智能生动地加以诠释，读起来引人入胜。这里将本书推荐给想进入人工智能领域的产品经理阅读。

《B 端产品经理必修课：从业务逻辑到产品构建全攻略》作者，李宽

最近几年，AI 已经渗透到各行各业，正以前所未有的速度和方式改变着世界。并且，与“互联网+”“区块链”等概念不同的是，AI 往往直接提升各行业的底层生产力，以最直接的方式影响工业生产率。未来，AI 很可能成为驱动世界变革的基础

技术之一，就像蒸汽机、电力和机械一样。作为产品经理，必须对这样的技术有所了解，才能将其应用到自己的产品中。而《产品经理进阶——100个案例搞懂人工智能》这本书，正好提供了一个这样的途径，为产品经理打开人工智能的大门。

《解构产品经理：互联网产品策划入门宝典》作者，
创业者，腾讯前高级产品经理，刘涵宇

很多产品经理面对扑面而来的人工智能大潮是迷茫的，他们不知道在人工智能时代，产品经理的角色到底是什么，自己到底应该如何适应和转型。包括作为广告产品经理的我也时常在想，人工智能到底会给广告行业带来什么冲击？本书在很大程度上回答了这个问题。书中通过极其丰富的案例向产品经理展示了人工智能离我们的生活有多近，它是如何运作的，以及产品经理应该如何适应。毫不夸张地说，人工智能就是新时代的蒸汽机和电，将会渗透到每一个人的生活中，而身处风口浪尖的产品经理必然要投入其中，本书或许就是一个好的开始。

资深产品经理、专栏作者，微信公众号“卫夕指北”主理人，卫夕

人工智能技术对于生活和企业的运营变得越来越重要，无论是何种领域的产品经理，都应该对人工智能技术原理有所了解，这样才能在应用层面做出合理判断和决策，采用正确的人工智能技术。作者作为一名经验丰富的人工智能产品经理，将晦涩的专业知识徐徐道来，相信本书对很多想进入人工智能领域的产品经理会有所启发和帮助。

《决胜B端：产品经理升级之路》作者，VIPKID产品总监，杨堃

前言

写作缘由

2016 年，我曾看过一则新闻，讲述日本的北海道大学修建了一段不会被大雪覆盖的道路。其奥秘在于道路边上铺设了加热管，道路中设置了几个摄像头，能够通过图像识别技术检测落雪的厚度。加热管根据落雪的厚度自动调节温度，这样做能够用最低的能耗保持道路不被积雪覆盖。

这件事带给我很大的触动：原来人工智能还能这么玩，做这么酷的事情！人工智能可以帮助我们解决很“大”的问题，大到证券的量化分析、交通资源的动态配置等；也可以帮助我们解决很“小”的问题，小到让我们走在路上不用受积雪的困扰。这离不开工程师的开发能力，更离不开产品经理发现需求、寻找解决方案的能力。很荣幸我能成为其中一员，能为人工智能的发展做出一点贡献。

最初，我刚开始接触人工智能的时候，学习算法的过程非常痛苦和艰辛，主要原因在于，国内外所有人工智能相关的教材几乎都是面向专业技术人员编写的，通篇都是公式的推导与计算，很少有老师着眼于原理和场景的讲解。这对于非专业出身的产品经理来说非常不友好，晦涩难懂的公式实在是难以消化，只能花大量的时间研究资料，慢慢理解。2018 年，在电子工业出版社策划编辑郑柳洁的盛情邀请下，我萌生了为产品经理写一本算法入门书的想法。在写作过程中，我一直在思考采用什么形式才能将算法的本质讲得通俗易懂，减轻读者学习的压力。最终决定以案例讲原理，用生动的比喻代替枯燥的公式方式，让产品经理更容易接受、更容易理解。这也是本书名字的由来。

如果你想成为人工智能领域的产品经理，但又不懂技术、不懂算法，那么本书能够让你对人工智能的算法与应用有新的认知和理解，不会再觉得人工智能是一个高不可攀、遥不可及的领域。相反，人工智能是普通人也可以理解、学习和实现的，没有技术背景的产品经理也能通过学习此书，成为一名优秀的人工智能产品经理。

阅读建议

本书旨在帮助想要进入人工智能领域的产品经理掌握常见的机器学习、深度学习技术，了解不同技术的应用方式与场景，同时掌握正确的工作方法，在整个产品研发周期中体现出人工智能产品经理的价值。全书共分 13 章，从数据如何处理开始，到模型调优，再到算法的原理与商业化应用，由浅入深，探索人工智能的奥秘。建议读者按照章节顺序阅读，以便对机器学习有系统的认识。

第 1 章主要介绍什么是机器学习，以及哪些问题适合用机器学习来解决。当你对机器学习有一个初步认识后，我们再具体学习机器学习有哪些步骤，如何选择模型，以及机器学习可以分为哪些类别。

第 2 章主要介绍数据预处理的各种方法。在实际的项目中，最初拿到手的原始数据总是存在各种各样的问题，为了让模型更好地学习数据中的规律，我们采用数据预处理的方法对原始数据进行加工。

第 3 章主要介绍数据的探索方法与模型的评价指标。通过对数据本质、可视化方式及模型指标三方面的探索，让产品经理对数据有更深刻的认识与理解。掌握数据的基本概念可以让我们在收集数据及进行数据预处理时更有针对性，知道哪些是不符合要求的数据，哪些是有价值的数据。

第 4~8 章主要介绍五大机器学习基础算法——回归分析、决策树、朴素贝叶斯、神经网络和支持向量机，它们的基本原理、应用场景，以及在模型开发的过程中产品经理如何有效地解决问题。

第 9~10 章主要介绍集成与降维算法，这两类比较特殊的机器学习算法能够有效提升机器学习的效果。

第 11~13 章主要介绍深度学习在图像识别、自然语言处理与 AI 绘画三个方向的发展与成果。深度学习已经成为计算机视觉、语音识别和许多其他领域中机器学习的主要方法，因此也是产品经理必须关注、了解的重要领域。

致谢

感谢家人给我的大力支持，特别感谢我的妻子张容焕一直以来对我的理解与鼓励。

感谢深大互联网圈、十八罗汉工作室对本书的支持，感谢王正勇对本书的指导与帮助。

感谢平安科技同仁，感谢姜凯英、王仲秋等领导对本书的支持。

感谢电子工业出版社策划编辑郑柳洁为本书出版所付出的辛苦和努力。

最后，由于作者的水平有限，书中难免存在一些错误或不准确的地方，恳请读者批评指正。如你遇到任何不解的问题，或想提出宝贵意见，请添加微信号 justinaqiao 与作者交流，期待能够得到你的真诚反馈。

目录

1 机器学习入门

1.1 什么是机器学习

1.1.1 人类学习 VS 机器学习

自计算机问世以来，人类一直尝试赋予计算机思想，让计算机变得更智能，使它能够理解我们说的话，看懂我们的表情，还能够帮助我们处理复杂的事情。为此，一个专门的学科诞生了，即人工智能（Artificial Intelligence）。如今，人工智能已经成为计算机科学的一个重要分支，它主要研究智能的实质，并提出一种模拟人类思考的方式。该领域的研究对象包括机器人、语音识别、图像识别、自然语言处理和专家系统等。

从20世纪50年代起，人工智能的发展进入第一阶段推理期，当时的人工智能通过赋予计算机一种简单的逻辑推理能力使它变得智能。在当时，计算机已经能够证明一些简单的数学定理，但远没有达到真正智能的标准。20世纪70年代，人工智能的发展进入了第二阶段知识期。在这个时期出现了大量的专家系统，很多科学家尝试将人类的知识教给计算机，这有点像中学生的“题海战术”。但人类产生的知识量巨大，计算机没有办法全部学会，因此人工智能的发展很快就遇到了瓶颈。

无论在推理期还是知识期，计算机都是按照人类设定的规则和总结的规律运作的，没有办法做到举一反三。如果只教会计算机做题，却没有教会它解题的思路，则下次遇到别的题目时它仍旧不会。于是一些学者想到，如果教会计算机学习的方法，让它能够自我学习，问题不就迎刃而解了吗？因此，机器学习（Machine Learning）的概念应运而生，人工智能终于进入"机器学习期"。

对人类来说，"学习"是指一个人通过观察、模仿、理解、实践等手段获得知识或技能的过程。父母亲会不断地和婴儿说话，婴儿则通过模仿"听"和"说"的方式逐渐学习语言。我们从小阅读书籍、模仿字帖写字，通过"听""说""读""写"四种方式掌握使用、书写汉字的技能，这些都是学习的过程。

机器学习，顾名思义，就是让计算机也能像人类一样学习，通过观察和训练，发现事物规律，从而获得分析问题、解决问题的能力。我们对比一下人类学习和机器学习两个过程，人类学习汉字时需要用的书籍、字帖对于计算机来说相当于输入数据（Data），人类通过"听""说""读""写"等不同的方式掌握使用汉字的能力，机器则通过某种学习算法（Learning Algorithm）去学习这些输入数据。最后人类把使用汉字称为一种技能（Skill）。对于计算机来说从这些数据中发现规律就是它的技能。通常，我们把机器学习的结果叫作模型（Model）。图 1-1 展示了人类学习与机器学习的对比。

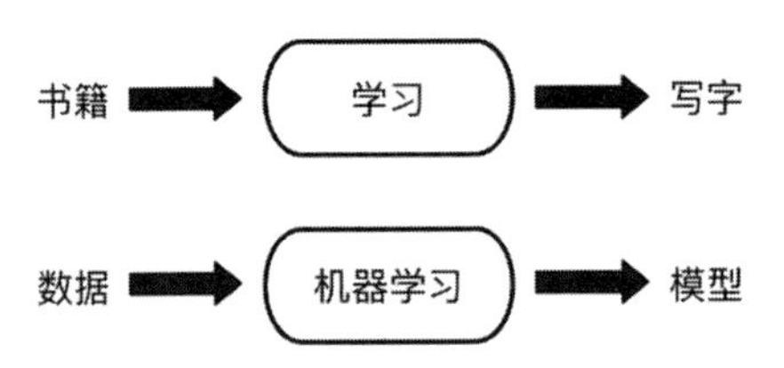

图 1-1　人类学习与机器学习的对比

技能是运用知识和经验执行一定活动的能力。计算机通过学习，可以帮助我们做数据分类、轨迹预测、重要因子识别等事情。例如，根据基金的历史表现和对大盘的数据分析，预测明年众多的基金中哪些能够获得高收益；从茫茫人海中准确识别出每个人的容貌等。

从事过资讯或电商行业的产品经理经常会提到"个性化推荐"技术，淘宝在很早之前就把这项技术应用到了产品设计中。如图 1-2 所示，我们每次打开手机淘宝，看到的淘宝首页的广告栏及推荐板块的内容都不一样，并且很可能会惊喜地发现这些东西正好是我们想要的。

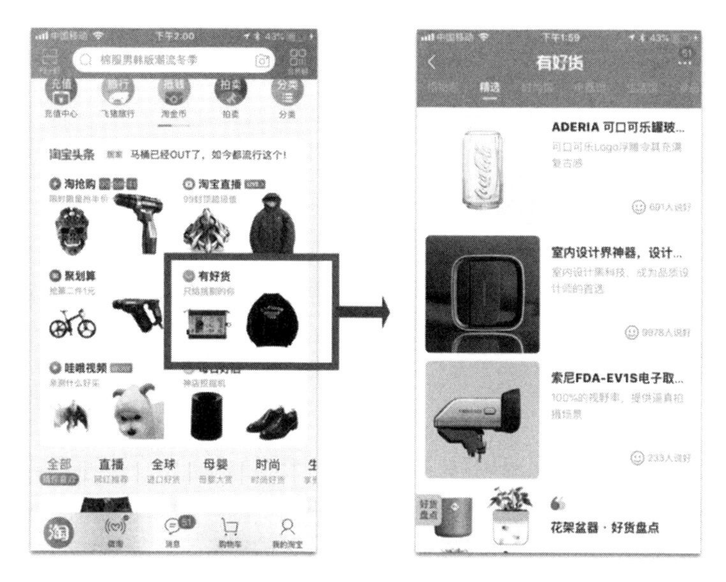

图 1-2　淘宝的个性化推荐

1.1.2　机器学习三要素

怎么让计算机知道用户当下最想要买什么商品呢？要实现这个功能，需要具备三个方面的条件，如图 1-3 所示。

图 1-3　机器学习三要素

1. 数据

若想让计算机能够理解用户在想什么，首先要让计算机去观察这个用户在电商网站上都做了些什么，买了些什么。它需要观察的数据包括用户看了哪些商品，会点进哪些商品的详情页浏览，在哪些商品页面上停留的时间比较长，买了哪些商品等。**这些历史数据中蕴含了绝大部分人的购买规律、生活状态，计算机甚至可以根据这些**

数据生成用户画像。这些数据像一座金矿一样静静地等待被挖掘，而我们希望计算机能够通过自主学习的方式，把其中的规律挖掘出来，以便将来面对新的用户和商品时，就能预测哪些商品会受到哪类用户的欢迎。

2. 学习算法

算法是机器学习数据的一种策略，就像“听”“说”这种人类的学习方法一样，可以帮助模型理解数据。然而算法都有一定的局限性，因此面对不同的数据、不同的目的，需要选择不同的算法。例如，预测客户当下想购买的商品，建立用户的画像或者分析客户的购买决策因素，需要使用不同的算法。机器学习算法有很多，常见的有逻辑回归、贝叶斯分类、决策树、随机森林等，这些算法我们在后面章节会详细介绍。

3. 模型

进行一系列的训练之后，计算机就能学得一个预测模型，下次用户登录进来时就能根据其历史行为做出判断，在首页推荐其想要购买的商品。同时也能做到面对新的用户和商品时，预测哪些商品会受到哪类用户的欢迎，让用户感觉该网站能够想其所想。

讲到这里，部分读者可能会有这样的疑问：我们通过人工的方法也能掌握这些规律，在没有机器学习之前我们也一直在做类似的事情，那为什么需要机器学习呢？

还是以淘宝为例，2017 年“双 11”的交易额突破了 1682 亿元，14 万个品牌共投入 1500 万种商品参与到“双 11”活动中。如此庞大的数据量已经远远超出了人类能够处理的能力范围，我们很难在短时间内从错综复杂的数据中找到蕴藏其中的规则，做出准确的判断。何况这些数据还是结构化的交易类数据，处理起来已经如此困难，更不用说现代企业每日决策所依赖的数据中有 80%的数据为非结构化数据了。

对企业来说，商品的交易数据、运输成本、库存管理、历史定价、服务成本、支持成本等数据仅仅是每日做决策时所需的结构化数据的几个主要来源。而非结构化的数据，如社交媒体、邮件记录、通话记录、客户服务、技术支持记录、物联网的传感数据、竞争对手和合作伙伴的定价信息、供应链跟踪数据等以指数级增长的数据，其中常常会蕴含对优化推荐销售更具有指导意义的预测模型，而这些数据正是当今企业所忽视的，也是我们很难去总结和应用的数据。

但机器学习很善于处理这类问题，因为它会不断地学习并改善模型的表现。机器学习算法本质上是迭代、持续学习的，并且会寻找最优的输出结果。每出现一次误算，算法都会吸取教训并改正错误，然后开始下一次数据分析的迭代计算。计算过程以毫秒为单位，其可以异常高效地优化决策和预测输出。**机器学习可以对大量数据进行分析并获得规律，然后利用规律对未知数据进行预测。它不但能从数据中看到人类能看到的规律，更重要的是能在更短的时间内发现人类看不到的规律，我想这就是机器学习最大的应用价值。**

在医学领域，机器学习通过图像识别技术，已经实现了让计算机自动识别肿瘤细胞，帮助医生快速进行医学诊断；在制造业领域，通过强化学习的方式自动检测产品缺陷，提高出品率，帮助企业加快生产周期，降低生产成本；在金融领域，利用神经网络技术可以避免传统程序化交易因为无法根据实时发生的市场变动调整算法，从而造成资产损失的风险。在零售、安防、航空、互联网等其他不同领域，机器学习都有广泛的应用，它已经使我们的生活产生了巨大的变化。作为产品经理，更要学习各种算法的实现原理，知道实现机器学习的必要条件，从而懂得在后续工作中需要重点关注哪些方面的内容，以便运用机器学习解决问题。

1.2 什么问题适合用机器学习方法解决

1.2.1 必备条件

机器学习不是万能的，不能解决所有的问题。**机器学习擅长的是通过已知经验找到规律去解决问题。如果我们面对的问题没有任何规律可循，完全是一个随机事件，那么使用再复杂的机器学习算法也无济于事。**值得注意的是，很多问题看似没有规律，实际上是人类处理不了太大的数据量，看起来杂乱的数据掩盖了背后的规律，这类问题并非无迹可寻，只是需要用正确的方法。所以面对问题，产品经理首先要分析可行性，想清楚数据背后的关联关系，透过数据现象看到问题本质。

当银行决定某个客户的贷款额度时，可以根据过往成功放贷的数据找出每个贷款区间的人群特点、自身的房车资产状况等，然后再根据这个客户的信息进行计算。

每天我们的邮箱都会收到大量的邮件，其中包含了不少垃圾邮件。我们可以根据过往垃圾邮件的特点、经常出现的关键字和 IP 地址等，做一个能够自动识别垃圾邮件的程序。

一些产品线众多的企业早已开始利用客户购买记录以及行为特点来优化不同产品线的交叉销售策略，例如研究同时购买“啤酒”和“尿布”的男性顾客、同时购买“面包”和“打折商品”的女性顾客的特点。

上述例子都展示了适合用机器学习解决的问题，它们主要有以下三个必备条件，如图 1-4 所示。

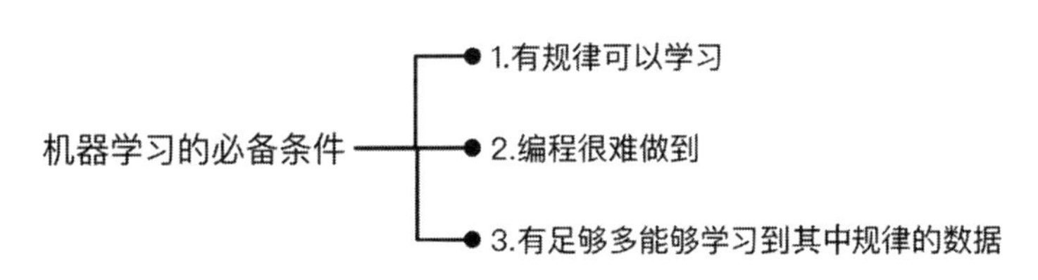

图 1-4　使用机器学习的三个必备条件

1. 有规律可以学习

申请贷款、识别垃圾邮件和购买东西，这三者都不是随机事件，它们存在共性，有内在的规律等待被发现。

2. 编程很难做到

利用编程把上面的规律都写下来的难度非常大，比如银行面对的客户数据维度非常多，数据与数据之间的联系也非常复杂，我们很难通过穷举的方式把规则全都列清楚，并且这样的规则在面对异常数据时也没办法自我修正，对新数据的适应性也会变得越来越差；反之，机器学习可以通过对大量的数据学习形成模型，实现规则的自我学习，不断提升模型的准确率。

3. 有足够多能够学习到其中规律的数据

银行有大量历史上申请过贷款的客户可以参考，邮件程序有大量垃圾邮件的范本可以参考，企业也有大量成交客户数据可以供模型训练学习。最后这一点非常重要，谈机器学习而没有数据的支撑就像建造房子时没搭房梁便想砌砖加瓦一样。

1.2.2　机器学习可解决的问题

满足这三个条件的问题，我们都可以尝试使用合适的算法去解决。如图 1-5 所示，通常我们可以使用机器学习解决以下五类问题。

图 1-5　机器学习可解决的问题

1. 回归

回归任务是机器学习最典型的应用场景，是一种预测场景。在这类任务中，计算机程序会通过输入数据的属性值（特征）找出规律来预测新的输出数值。就像是在二维平面中根据一些连续的点构建出一个函数方程，然后通过方程画出下一个点的位置。因此，通常我们把通过连续值构建模型的任务称为回归任务。常见的回归算法包括线性回归、逻辑回归、多项式回归以及岭回归，等等。

这类任务在日常生活中随处可见，例如保险公司通过历史保费数据去预测新投保人的索赔金额，以设置更合理的保险费，以及投资公司通过股票历史数据预测未来的价格等。这类预测也用在银行放贷交易中，根据已知数据和模型，评估应该给不同客户发放的贷款额度是多少。

2. 分类

上面的预测任务是通过连续值构建函数从而找到下一个预测值，分类任务则是对离散值进行分类并判断预测值的所属类别。在这类任务中，输入的训练数据不但要有属性值（特征），还需要有对应的标签（类别）。所谓的学习，本质就是找到这一堆特征值和标签之间的关系。这样当下次遇到有特征而无标签的未知数据输入时，我们就可以通过已有的关系预测出它们的标签是什么。常见的分类算法包括决策树、逻辑回归、朴素贝叶斯以及神经网络算法等。

分类任务不但在日常生活中很常见，在互联网领域也有着极为广泛的应用，典型场景有商品图片的自动识别分类、广告点击行为的预测，以及基于文本内容的垃圾短信、垃圾邮件识别，等等。在电商及金融领域常用的客户画像精准营销也是一种综合性的分类任务。

另外，我们在电商领域中经常看到的推荐系统实际上是一个分类结合回归的复杂场景。推荐系统通常利用客户的历史行为、当前用户所处的环境以及商品的特点来决定推荐的内容。所以，当我们设计规则的时候可以从商品出发，找到其受众特点，也可以从人群出发，找到他们的商品偏好。值得一提的是，电商的推荐系统往往是由模型以及业务规则叠加组合而成的，并非单纯依靠算法计算适合推荐的商品。

3. 聚类

聚类是指根据“物以类聚”的原理，将样本聚集成不同组的过程，这样的一组数据对象集合叫作簇。**聚类的目的是使得属于同一个簇的样本相似，而属于不同簇的样本应该足够不相似。**与分类不同，我们进行聚类前并不知道将要划分成几个组以及是什么样的组，训练数据不需要带有标签，完全依靠算法聚集成簇。

产品经理经常做的用户行为分类就是一个典型的聚类场景，事先我们并不知道用户会进行什么操作，完全根据用户的使用情况对用户进行分类。在这个场景下往往根据运营人员所能接受的运营数目，给定聚类数来使用聚类。完成后为每个结果标注变量的大小，告诉运营人员每个类别的属性，然后分别制定不同的运营策略。

4. 寻找关键因素（归因）

机器学习的另一个用处是帮助我们找到影响某个问题的重要因素。比如上述银行放贷的例子中，客户的属性非常多，通过模型我们可以找出对放贷影响最大的因素，以便指导业务同事重点收集客户与该因素有关的信息。

5. 异常检测

在这类任务中，机器需要识别其特征显著不同于其他数据的异常值，并标记为不正常的数据。异常检测任务的一个典型应用场景是信用卡欺诈检测。通过对用户的购买习惯建模，信用卡公司可以检测到用户的卡是否被盗用。一旦发现某张卡出现大量和平时购买习惯不同的交易，信用卡公司会判定这张卡发生了不正常的消费行为，此时可以尽快冻结该卡以防欺诈。另外，在网络攻击、疾病的病因寻找、工厂的质量检测中也会大量运用机器学习的异常检测技术。

产品经理拿到需求后，在构想整个使用场景的时候，应首先想这个问题到底适不适合用机器学习的方式去解决，**同时还需要思考怎么拿到有效的数据，如果有数据缺失如何补充，数据类型是什么样的，是否有合适的算法可以支持实现**。在心里有了初步的答案后，再和开发工程师进行交流。这种对数据的提前考虑能够极大地提高沟通效率。

1.3 机器学习的过程

1.3.1 机器学习的三个阶段

学习了机器学习的概念后，我们知道机器学习实际上就是计算机通过算法处理数据并且学得模型的过程。“模型”这个词经常被我们挂在嘴边，但大部分人仍然不清楚模型是怎么做出来的，模型在计算机里是怎么表示的，对模型很难有一个具象的认识。实际上模型主要完成转化的工作，帮助我们将一个在现实中遇到的问题转化为计算机可以理解的问题，这就是我们常说的**建模**。

如图 1-6 所示，在机器学习中生成一个模型的过程包括准备数据、建立模型以及模型应用三个阶段。准备数据有收集数据、探索数据及数据预处理三个步骤。对数据进行处理后，在建立模型阶段开始训练模型、评估模型，然后通过反复迭代优化模型，最终在应用阶段上线投产使用模型，在新数据上完成任务。

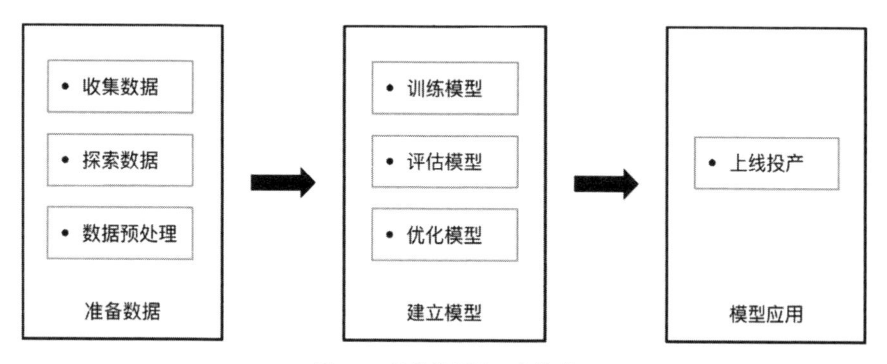

图 1-6 机器学习的三个阶段

在数据准备阶段，我们首先通过各种渠道收集相关数据，然后对数据、需求和机器学习的目标进行分析，尤其是对数据进行一些必要的梳理，从而了解数据的结构、数据量、各特征的统计信息、数据质量情况及分布情况等，以便后续根据数据的特点选择不同的机器学习算法。除此之外，为了更好地体现数据分布情况，我们通常选择用可视化的方式把数据的概况展示出来。

通过数据探索，我们可能会发现不少问题，如存在数据缺失、数据不规范，有异常数据、非数值数据、无关数据和数据分布不均衡等情况。这些问题会直接影响数据的质量，因而得到的模型误差率会偏高。我们希望把样本数据的各个变量处理得更规范整齐并且具有表征意义，这样才能最大限度地从原始数据中提取特征信息以便算法和模型使用。为此，接下来要进行重点工作——数据预处理，这是机器学习过程中必不可少的关键步骤。生产环境中的数据往往是原始数据，也就是没有经过加工和处理的数据，这类数据常常存在千奇百怪的问题，因此，数据预处理的工作通常占据整个机器学习过程的大部分时间。

接下来就是整个机器学习中的重头戏——建模。**训练模型的过程从本质上来说就是通过大量训练数据找到一个与理想函数最接近的函数。**这是所有机器学习研究的目标，也是机器学习的本质所在。

最理想的情况下，任何适合使用机器学习去解决的问题，在理论上都能被一个最优的函数完美解决。但在现实应用中不一定能准确地找到这个函数，所以我们会去找与这个理想函数较接近的函数。如果一个函数能够满足我们的使用，那么我们就认为该函数是好的。

在训练数据的过程中，通常认为存在**一个假设函数集合，这个集合包含了各种各样的假设函数，我们需要做的就是从中挑选出最好的一个，这个假设函数与理想函数是最接近的。**训练模型的过程，就好比在数学上，我们知道有一个方程和一些点的坐标，用这些点来求这个方程的未知项，从而得到完整的方程。但在机器学习中，我们往往很难得到这个完整的方程，所以我们只能通过各种手段求最接近理想情况下的未知项的值，使得这个结果最接近原本的方程。图 1-7 展示了模型训练的本质。

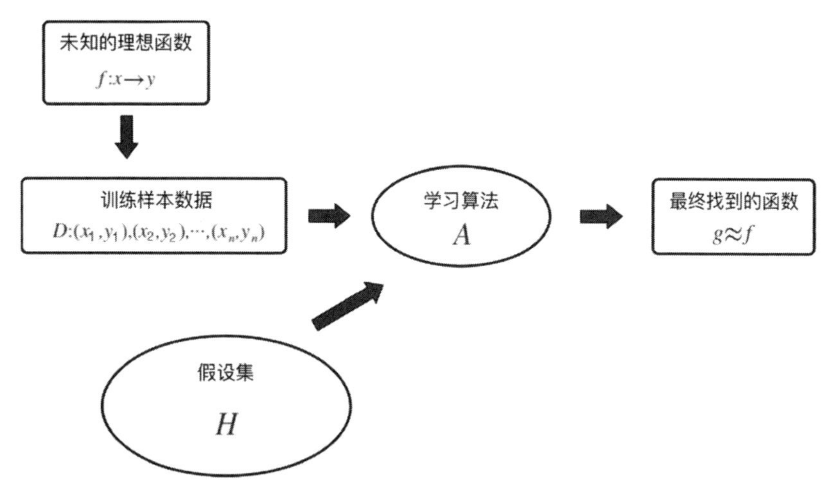

图 1-7　模型训练的本质

这个过程非常重要，在后续章节真正学习机器学习算法时，我们需要利用这个过程去理解算法的实现过程、构造损失函数的原因，以及找到所谓“最优解”的方法。在实际问题求解中，我们将理想函数与实际函数之间的差距称为损失值，所有的损失值加起来构成一个损失函数。求解最好的实际函数，也就是求解令损失函数最小化的过程。

1.3.2　模型的训练及选择

一般情况下，不存在在任何情况下表现效果都很好的算法。因此在实际选择模型时，我们会选用几种不同的方法来训练模型，比较它们的性能，从中选择最优的方案。在训练模型前，可以将数据集分为训练集和测试集，或将训练集再细分为训练集和验证集，以便评估模型对新数据的表现。

构建模型后，我们通常使用测试数据测试模型的效果。如果我们对模型的测试结果满意，就可以用这个模型对新数据进行预测；如果我们对测试结果不满意，则可以继续优化模型。优化的方法很多，在后面的章节中再详细讨论。

到这里模型训练的工作就完成了。计算机在样本数据上使用一个算法，经过学习后得到一个模型，然后为模型输入新的待预测的数据，得到最终的预测结果。

总结上述训练模型的过程，可分为以下三步：

（1）根据应用场景、实际需要解决的问题以及手上的数据，选择一个合适的模型。

（2）构建损失函数。需要依据具体的问题来确定损失函数，例如回归问题一般采用欧式距离作为损失函数，分类问题一般采用交叉熵代价函数作为损失函数，这部分内容在后续章节会展开讲述。

（3）求解损失函数。求解损失函数是机器学习中的一个难点，因为做到求解过程又快又准不是一件容易的事情。常用的方法有梯度下降法、最小二乘法等，这部分内容同样在后续章节会展开讲述。

实际上在每个阶段，产品经理都可以做很多事情以帮助开发工程师提升模型的效果，因为产品经理最接近业务，最了解一线需求，也就是最了解问题背景、方案应用场景、业务数据，等等。在整个项目开始之前我们需要确保开发工程师能够完全理解业务场景，明确模型的目标。**在准备数据阶段，我们可以根据业务经验告诉开发工程师哪些数据是业务同事重点关注的，哪些数据可能会更有价值，哪些数据之间可能存在关联。**比如在建立一个预测客户贷款倾向度模型时，我们会根据银行的经验把一些符合贷款申请的条件和规则告诉开发工程师，以便他们做数据过滤及异常数据的处理。在建模阶段，我们同样可以根据对业务场景的理解提出模型与数据源优化的方向，让程序开发和场景应用两个环境能够真正有机地结合起来。

1.4 机器学习的类型

产品经理在日常工作中经常要用到一些理论方法来帮助解决问题。例如，在需求调研阶段，使用深度访谈、焦点小组、问卷调查、可用性测试等方法获得用户的真实反馈。在需求分析阶段，使用 KANO 模型、RFM 模型、重要性象限判断等方法划分需求优先级。选择方法的关键是看使用场景以及不同产品的特性。在机器学习方面同样也有很多不同的算法，选择算法的关键是看数据的类型和待解决的问题。

如图 1-8 所示，机器学习最常见的分类方式是根据数据有无标签分为四类：数据全部有标签的情况称为有监督学习，这种学习通过已有的一部分输入数据与输出数据之间的关系生成一个函数，再将输入数据映射到合适的输出数据；数据没有标签的情况称为无监督学习，这种学习直接对输入数据进行建模，挖掘数据之间的潜在关系；部分数据有标签的情况称为半监督学习和强化学习，前者综合利用有标签的数据和没有标签的数据，生成合适的分类函数，后者通过观察反馈自己去学习。**以上几种学习方式并无优劣之分，只是应用场景不同。**

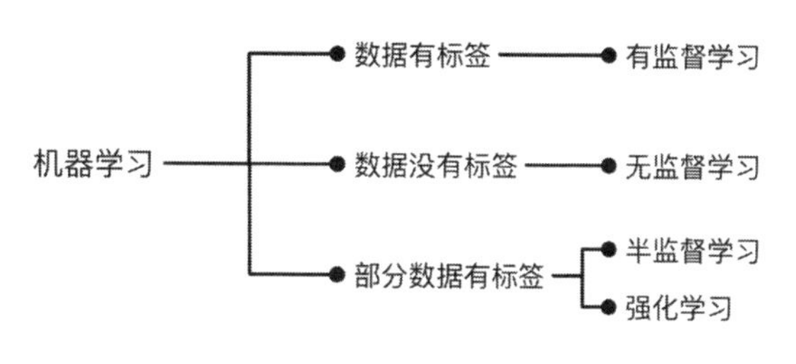

图 1-8 机器学习的四种类型

1.4.1 有监督学习

大人们教导幼儿学习事物的类别时，会明确告诉幼儿哪些是书，哪些是桌子。类比到机器学习中，幼儿眼中看到的景物就是输入数据，大人们告诉幼儿的判断结果就是相应的输出。当幼儿见识多了以后，脑子里慢慢就会形成直观的感觉，记住这些事物的特点，这相当于通过训练得到了想要找到的函数，因而下次不需要别人告诉他们，他们就可以自己去判断哪些是书，哪些是桌子。这个过程叫作有监督学习（Supervised Learning）。

有监督学习的训练集要求每一条数据都包括输入和输出，也就是说必须带有特征和分类结果。训练集中的分类结果是人为标注好的，有监督学习是一个通过已有训练样本的输入与输出训练模型，再利用这个模型将所有的新输入数据映射为相应的输出，对输出进行判断从而实现分类的过程。最终模型具备了对未知数据分类的能力。有监督学习的目标是让计算机去学习我们已经创建好的分类系统。例如，在垃圾邮件检测中，模型的训练数据都是提前区分好的垃圾邮件与正常邮件，我们不需要机器去定义什么是垃圾邮件，只需要机器找到垃圾邮件出现的规律即可。

有监督学习是最常见的传统机器学习算法，如人工神经网络、支持向量机、K 近邻法、朴素贝叶斯方法、决策树等都是有监督学习。

1.4.2 无监督学习

当幼儿长大成年之后，在认识世界的过程中经常用到无监督学习。例如，我们去参观画展，每个人对艺术的认识都不相同，这就需要我们自己去体会作品，寻找美的感觉。类比到机器学习中我们看到的画作就是输入数据，没有人告诉我们哪些画是更美的作品。看多了以后，我们会形成自己的审美标准，也就相当于通过大量的画作找到了一个函数，下次面对新的画作时，我们可以用自己的审美方式去评价这幅作品。这样一个过程就叫作无监督学习（Unsupervised Learning）。

无监督学习的训练集使用无标签的数据，也叫无输出数据。每一条数据没有所谓的"正确答案"，模型必须自己搞明白最后呈现的是什么。**无监督学习的目标不是告诉计算机怎么做，而是让计算机自己去学习怎么做，自己去探索数据并找到数据的规律。**我们常说的"物以类聚，人以群分"就是最典型的例子。只需要把相似度高的东西放在一起，模型就能发现它们的规律。对于新来的样本，计算新样本与原来样本的相似度后，模型可以按照相似程度对它们进行归类。当我们在做营销方案时，经常会遇到没有任何分群依据的情况，这时候用无监督学习可以识别有相同属性的顾客群，从而在营销活动中以同样的方式对待这些客户，同时也可以通过模型找到适合这个活动的客户的特点，从而为营销建议提供决策支持。

有别于有监督学习网络，无监督学习网络在学习过程中并不知道其分类结果是否正确。无监督学习的特点是仅仅从样本中找出某个类别的潜在规律。常见的聚类问题都属于无监督学习。

1.4.3 半监督学习

通常我们能够使用有监督学习得到一个性能更好、泛化能力更强的模型。有监督学习最大的限制条件在于必须使用带有标签的数据。在如今数据爆炸的时代，想要给数万亿的数据都打上标签是不太现实的事情。在图像识别领域，我们可以轻易地收集到几十万或上百万张关于桌子、椅子、书本和玩具的图片，但是要对每一张图片都打上标签，标明哪张图片是桌子，哪张是椅子，代价非常高，是一项耗时耗力的工作。我们在实际项目中拿到的往往是其中只有少量数据有标签的海量数据，这种情况非常不利于使用有监督学习方法。

半监督学习（Semi-supervised Learning）就是为解决上述问题而产生的，**其目的在于利用海量未带标签数据，辅之以少量带标签数据进行学习训练，增强计算机的学习能力。**半监督学习在训练阶段结合了大量无标签数据和少量标签数据。虽然无标签数据不能够提供类别信息，但是这些数据中蕴含了大量的数据分布信息，这些规律对模型学习起到正向帮助的作用。

半监督学习可被进一步划分为纯半监督学习和直推学习。纯半监督学习假定训练数据中的未标记样本并非待预测数据，而直推学习假定学习过程中所考虑的未标记样本就是待预测数据，学习的目的就是在未标记样本上获得最优泛化性能。也就是说纯半监督学习基于开放世界的假设，希望学得的模型能适用于训练过程中未观察到的数据；而直推学习基于封闭世界假设，仅试图对学习过程中观察到的未标记数据进行预测。对此，产品经理只需了解即可，不需要深入了解两种学习的区别。

半监督学习结合了有监督学习与无监督学习的特点，利用有标签数据的局部特征和分类方式，以及更多无标签数据的整体分布情况，就可以得到比单一数据源更好的分类结果。

1.4.4 强化学习

AlphaGo 的表现让很多人认识到强化学习的威力，通过这一方式训练出来的模型竟能达到如此智能的地步。强化学习（Reinforcement Learning）会在没有任何标签的情况下，先尝试做出一些动作得到一个结果，通过这个结果的反馈，调整之前的行为。通过不断的调整，算法强化自身的决策能力，最终能够根据不同的情况，获得不同的决策结果。

这种学习方式和有监督学习有点类似，它们都会学习从输入到输出的一个映射。但有监督学习输出的是数据之间的关系，可以告诉算法一个输入对应什么样的输出。所谓强化学习就是智能系统从环境到行为映射的学习，目的是获得最大的奖励信号。也就是说强化学习输出的是给机器的反馈，用来判断这个行为是正确的还是错误的。另外，强化学习的结果反馈有延时，有时候可能在走了很多步以后才知道前面某一步选择的优劣，而有监督学习做了比较坏的选择之后会立刻反馈给算法。

有监督学习就好比有家长陪伴的学习，家长会马上告诉幼儿对错，纠正幼儿的错误。而强化学习就好比有一只还没有训练好的小狗，每当它把屋子弄乱后，主人就减少狗粮的数量。每次表现不错时，狗粮的数量就加倍。在这个过程中，先做一次小狗弄乱房间的试验，最终获得一个减少狗粮的负反馈结果，接下来小狗要是表现很好就获得一个增加狗粮的正反馈结果，这样反复很多次后，小狗会知道把客厅弄乱是不好的行为。

虽然强化学习和无监督学习都使用无标签数据进行学习，但两者之间有很大的区别。例如在向用户推荐新闻的任务中，无监督学习会找到用户先前已经阅读过的类似新闻，并向他们推荐一个同类的新闻；而强化学习则通过向用户推荐少量新闻的方式，获得来自用户的反馈，最后构建用户可能会喜欢的新闻的“知识图”。**选择哪种学习方式，主要看业务场景的需要以及具体问题下的实现难度。**

1.5 产品经理的经验之谈

本章开篇主要讲述机器学习的概念及机器学习适合解决的问题。对机器学习有一个初步认识后，我们再具体学习机器学习的过程，以及如何选择模型，机器学习可以分为哪些类别等。

机器学习让计算机也能像人类一样通过观察大量的数据发现事物规律，获得某种分析问题、解决问题的能力。计算机需要得到数据、学习算法及模型三方面的支持，才能在面对新数据时自动做出判断，主动学习。

机器学习不能解决所有问题。机器学习擅长的是通过已知经验找到规律从而解决问题。对于同时满足有规律可以学习，通过编程很难实现，并且有足够多能够从中学习到规律的数据三个条件的问题，我们可以尝试挑选合适的算法去解决。基于上述条件，我们经常用机器学习来解决预测、分类、聚类、归因、异常检测等方面的问题。预测和分类的主要区别在于使用的数据源类型不同。预测主要使用连续值构建函数，分类主要使用离散值构建函数。分类与聚类类似，主要区别在于在分类场景下，我们已经知道训练数据的分类有哪些，而在聚类场景下我们可能不知道，要根据需要对数据进行聚合。

机器学习生成一个模型的过程通常包括准备数据、建立模型及应用模型三个阶段。

准备数据阶段包含收集数据、探索数据、预处理数据三个步骤。处理数据后，在建模阶段开始训练模型、评估模型，然后优化模型，最终到应用阶段投产使用模型，在新数据上完成机器学习的任务。数据的质量直接决定了模型的表现如何，因此我们需要在数据预处理上花费更多的心思，让数据的表现力更强。

其实很多机器学习都是在解决类别归属的问题，即给定一些数据，判断每条数据属于哪些类，或者和其他哪些数据属于同一类等。如果我们只对这一堆数据进行某种划分，通过它们内在的一些属性和联系，将数据自动整理为某几类，这就属于无监督学习。如果我们一开始就知道了这些数据包含的类别，并且有一部分数据（训练数据）已经被标上了类别，我们通过对这些已经标好类别的数据进行归纳总结，得出一个映射函数，从而对剩余的数据进行分类，这就属于有监督学习。而半监督学习指的是在训练数据十分稀少的情况下，利用一些没有类标的数据提高学习准确率的方法。根据反馈的好坏来推导规则，以进行下一步学习的方式就是强化学习。

最后，产品经理是需求与开发之间的桥梁，千万不能把需求交给开发人员后，就摆出一副事不关己的姿态。产品经理不但要考虑如何提升模型的精度，更要思考模型应用后，如何提升应用效果。

2 数据的准备工作

2.1 数据预处理

2.1.1 为什么要做数据预处理

数据准备有收集数据、探索数据、数据预处理三个步骤。这一章我们重点讲解如何挖掘数据的有效信息以及如何对数据进行预处理，以便从加工后的数据中提取特征，为模型学习打下坚实的基础。

在信息化时代，数据逐渐成为现代社会基础设施的一部分，就像日常生活中不可或缺的水、电、公路、通信网络一样。同时因互联网的快速普及，全球数据量正呈现出指数级的爆炸式增长。弗雷斯特研究公司的公开研究结果表明，目前金融交易、社交媒体、GPS 坐标等数据源每天产生超过 2.5EB 的海量数据。美国国际数据集团预测，按照目前全球数据总量 50%左右的增长率预估，至 2020 年全球产生的数据总量将达到 40ZB。

面对如此庞大的数据矿山，想要挖出有价值的金子可不是一件容易的事情，其主要原因在于数据来源渠道太广泛，因此收集到的数据质量参差不齐，缺失大量的数据或存在很多异常数据。导致数据不完整或者不准确的原因有很多，例如不同渠道用户填写的信息不同、用户修改信息后历史数据没有被覆盖、数据传输过程中丢失、命名约定不一致或输入字段格式不一致等。在银行办理过业务的同学都有过这样的经历，填表时，对于不重要的信息选择不填写，不便透露的信息随便填写，“生日”直接选择默认值“1 月 1 日”，“家庭住址”填写了城市，这些行为都会给数据处理人员造成不少的困扰。

想象你是一家互联网金融公司的产品经理，你设计了一个功能，通过用户注册时填写的“兴趣爱好”来推荐不同的理财业务。上线后却发现转化率非常低，仔细一看数据才发现“兴趣爱好”区域中默认勾选了几个板块，因此很多用户懒得修改，就直接进入下一步了。从数据上看有几个板块较受欢迎，但实际上不是用户的真实想法。这种“不真实”的数据会让产品经理产生错误的判断。同样，这种“不真实”的数据也会给模型以错误的引导。

数据和特征决定了机器学习的上限，而模型和算法的应用只是让我们逼近这个上限。这个说法形象且深刻地道出数据处理和特征分析的重要性。给定不同的训练数据，训练出来的模型的效果可能天差地别。因此上述这种数据格式不统一、存在异常值和缺失值的现象，会让机器的学习过程变得十分艰难。如图 2-1 所示，一般情况下，我们获得的原始数据可能存在以下几个问题。

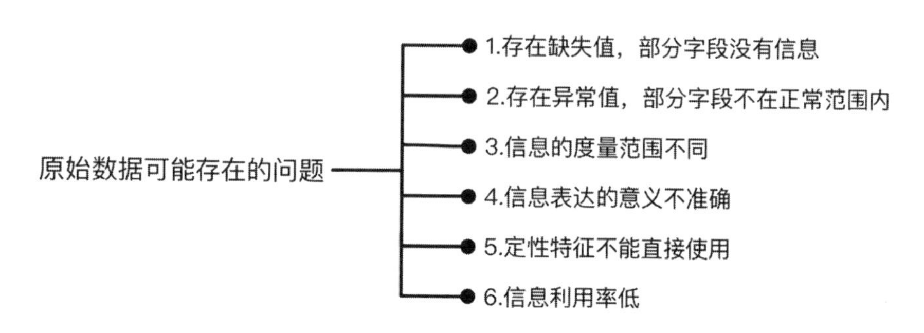

图 2-1　原始数据可能存在的问题

（1）存在缺失值：部分字段没有信息，需要补充缺失值。

（2）存在异常值：部分字段因为记录错误，导致出现不在正常取值范围内的数值。

（3）信息的度量范围不同：很多字段的数值取值范围不同，例如年龄的取值一般在 0~120 的区间，身高的取值通常在 60~230 的区间。具有不同单位、度量范围的数据很难放在一起比较，需要通过某些方法让所有数据的取值都处在一个范围里。

（4）信息表达的意义不准确：对于某些定量特征，其包含的信息是以区间划分的数值，不同数值代表的含义有很大差别。例如学生的考试成绩，“59 分”和“60 分”虽然只有 1 分之差但表示的含义是完全不同的，我们可以将定量的考分，转换成“1”和“0”表示及格和未及格。

（5）定性特征不能直接使用：某些机器学习算法和模型只能接受定量特征的输入，需要将定性特征转换为定量特征。最简单的方式是为每一种定性值指定一个定量值，例如客户的“兴趣爱好”这个字段有“文体活动”“投资理财”等，我们可以把这些表述转化成“01”“02”这样的数值以便机器能够加以区分。

（6）信息利用率低：不同的机器学习算法和模型对数据中信息的利用是不同的，部分数据的表达能力比较弱，需要通过数据增强的手段才能让机器更容易理解。

为了解决以上问题，提高数据质量，工程师们在训练模型前首先需要想办法提升数据的质量。因此他们创建了许多数据预处理技术，通过这些技术能够增强数据的表现力，让算法发挥最佳的效果。数据预处理主要分为数据清洗、数据集成、数据变换及数据归约四个步骤。在数据清洗阶段，我们试图填充缺失的值，光滑噪声点和识别离群点，并纠正数据中不一致的取值。在数据集成阶段，我们会将多个数据源中的数据整合存放在统一的数据源中，这样做有助于减少结果数据集的冗余和不一致，提高后续建模的准确性和速度。在数据变换阶段，我们通过平滑聚集、数据概化、规范化等方式将数据转换成适用于数据挖掘的形式。在数据归约阶段，在尽可能保持数据原貌的前提下，最大限度地精简数据量。这样，使用归约后的数据集训练模型更加高效，并且能够产生与原数据集相同的分析结果。

2.1.2 数据清洗

拿到数据之后，我们首先进行数据清洗。数据清洗是整个数据预处理的第一步，也是对数据重新审查、校验的过程。通过这个环节，能够统一数据格式，清除异常值以及填补缺失值，不让错误、不规整的数据进入模型中。通常情况下，我们可以按照格式标准化、错误纠正、异常数据处理以及清除重复数据这样的顺序检查数据问题并且选择合适的方法处理其中待改善的数据，如图 2-2 所示。数据清洗的方法非常多，产品经理只需要了解数据清洗的一般思路，在面对实际问题时能根据数据源的特点选择合适的方法进行清洗即可，没有必要把全部方法都使用一遍。

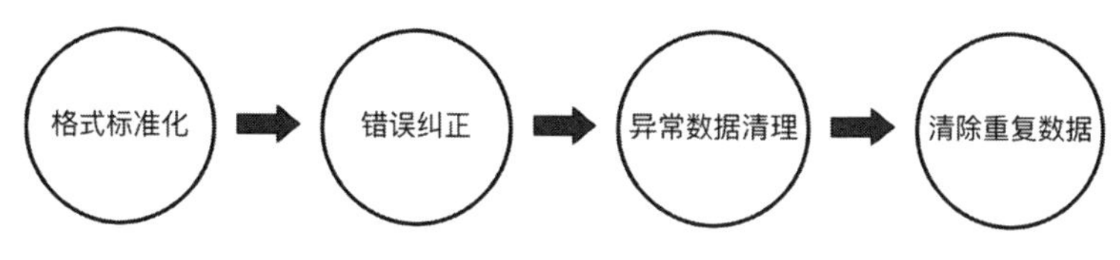

图 2-2 数据清洗的一般步骤

1. 格式标准化

拿到数据之后，我们首先统一数据格式规范。不规范、不统一的数据可能不会影响我们对数据含义的理解，但是影响模型对数据的理解。因此含义相同的字段需要采用统一的表达形式，例如，1 月 30 日、1/30、1-30 表达的都是同一天，需要统一采用标准时间戳格式。深圳福田、深圳市福田区、深圳福田区都表达相同的含义，需要采用相同的表达形式。最后检查数据中不应该出现的字符，最常见的是字段中头部、中部、尾部误输入的空格，或者是姓名中存在数字、身份证号中出现汉字这样的情况。

2. 错误纠正

接下来检查数据中有没有出现与该字段不符的内容，**产品经理可以对数值型以及枚举型字段的取值设定一个范围，依靠业务知识与经验帮助工程师修正数据中出现的错误取值。**例如银行在分析客户的消费情况时，会发现部分客户的信用卡消费金额中出现负数的消费记录，如果有对应数额的消费记录则可以判断这笔记录是一笔退款，则可以同时清除这两条消费记录。如果没有对应数额的消费记录，则判断这笔记录是一笔还款，则可以消除这条入账记录。

还有一种常见的错误是输入位置错误，例如在姓名栏填写了性别，在身份证号栏填写了手机号等。对于这种情况，不能简单地删除错误数据，因为有可能是人工填写错误，也有可能是前端没有校验，还有可能是导入数据时存在部分或全部列没有对齐的问题，因此我们要仔细识别问题类型，逐个进行处理。

3. 异常数据清理

统一数据格式后，开始分析数据的异常情况。在这个环节需要处理含有缺失值及异常值的数据，缺失值是指字段取值缺失的数据，异常值指的是数据集中偏离大部分数据的取值的数据。

在没办法补充数据的情况下，对于数据的缺失值，一般采用删除法或插补法处理。删除法比较简单，如果存在缺失值的数据量不大，则可以直接删除这些缺失的记录。如果某个变量的缺失值较多且对研究目标没有太大影响，则可以将这个变量整体删除。在条件允许的情况下，可以用插补法找到缺失值的替代值进行插补，尽可能还原真实数据的分布情况。常见的插补法有两种形式。

（1）使用属性的中心度量填充缺失值：统计某个缺失特征的数据分布情况，对于均匀分布的特征数据可以使用均值进行插补；对于分布不均匀的特征数据可以使用中位数进行插补，如图 2-3 所示。还是刚才银行分析客户消费情况的例子，如果部分客户的月收入特征没有数值，则可以统计所有客户的月收入情况，取月收入的中位数或均值，填充到缺失该特征的样本中。

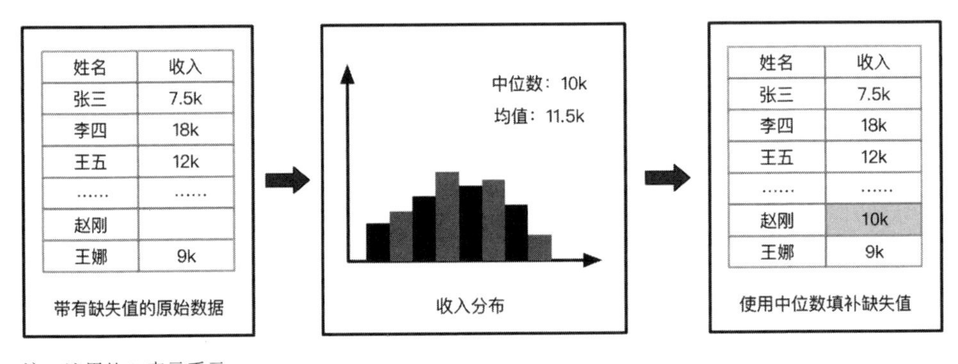

注：这里的 k 表示千元。

图 2-3　使用属性的中心度量填充缺失值

（2）使用最有可能的值填充缺失值：使用算法推测缺失值，常见的算法有回归算法、贝叶斯算法或决策树算法。如图 2-4 所示，如果我们想要更加准确地知道一个客户的月收入，则可以通过决策树的方式找出和这个客户具有相同特征的人群，对比该人群的月收入情况再确定缺失值。或者通过回归算法，预测出这个客户最有可能的月收入情况，以此填充缺失值。

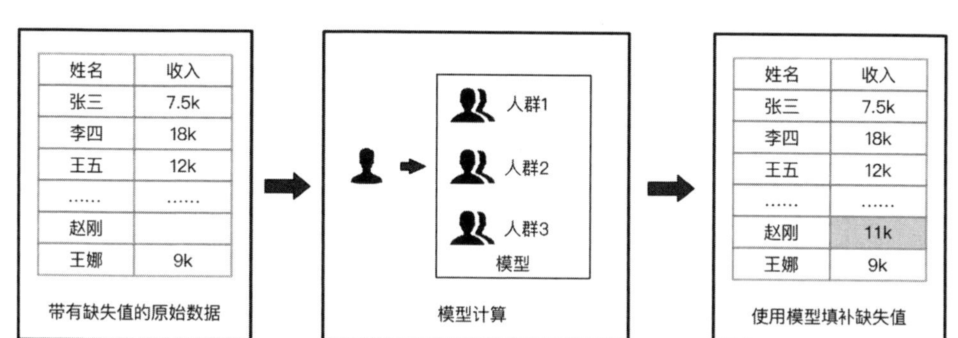

注：这里的 k 表示千元。

图 2-4　使用算法推测缺失值

异常值也称为数据噪声，若想处理噪声数据，首先要了解如何找到这些噪声点。通常我们会采用两种方法寻找噪声点：一种是计算该数据集的均值，选择与均值差距较大的数据点作为噪声点；另一种是采用聚类方法，将某个特征可能出现的取值集合成"群"，落在"群"集合之外的值被视为离群的噪声点。检查噪声后，采用分箱、聚类、回归、机器和人工检查相结合等方法让数据的分布情况变得更"光滑"，去掉数据中的噪声。产品经理不需要掌握具体的实现方法，只需要了解哪些是我们可以使用的技术。

无论是缺失值还是异常值，都需要产品经理仔细思考，分析成因并推测出正确值。**对于缺失或不能推测的数据也要想一些其他转化的方法让这部分数据的不良影响降到最低。**

4. 清除重复数据

数据清洗的最后一步是检查数据源中有没有特征值相同的记录。这个步骤比较简单，只需要判断样本数据的每一个特征值是否相同，将相同的记录合并为一条记录即可。

2.1.3　数据集成

如果样本数据被存放在多个不同的数据源中，我们需要将这些数据源中的数据结合起来并统一存储。建立数据仓库的过程实际上就是数据集成，如图 2-5 所示。这个步骤就是将分散在不同数据源的样本有机地整合到一起，例如宽表整合，将所有的特征值合并到一张表上展示。集成有助于减少结果数据集的冗余，并且对数据进行统一处理，能够提高后续数据挖掘的准确性和速度。

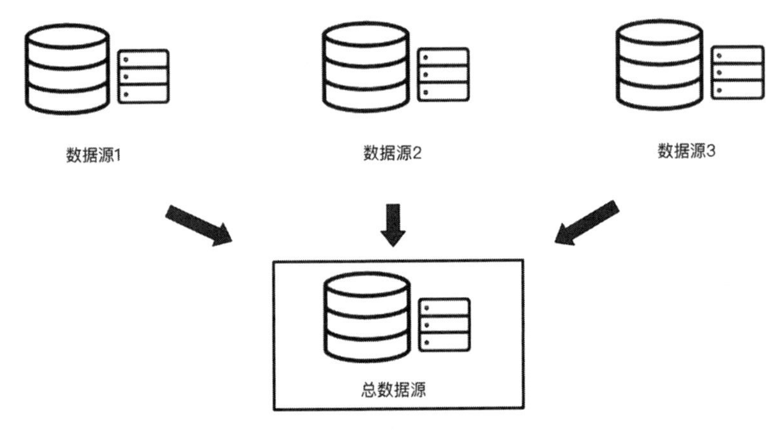

图 2-5　数据集成

数据集成是指将多个数据库整合为一个数据库。在这个过程中需要着重解决命名差异、数据冗余以及数据值冲突三个问题。造成这些问题的原因主要是来自多个数据集合的数据由于在命名上存在差异而导致相同的特征具有不同的名称，或者是相同意义的字段采用了不同的表达方式，等等。实际上，命名差异与数据值冲突的问题在经过数据清洗后已经基本得到解决，数据冗余的问题通过数据变换及数据归约解决。在集成环节，只需要把不同数据集的数据结合并统一存储即可。

2.1.4　数据变换

经过以上几步，我们可以得到一份格式统一、没有缺失值和异常值的初始数据。这样的数据集已经满足了机器学习的基本要求，可以开始训练模型了。但是在模型实际应用数据的时候会发现，使用这种数据训练起来速度慢而且效果也不好，其原因是数据量太大，部分有价值的信息没有被完全利用。

为了提升模型的准确率，我们可以尝试变换数据，帮助计算机寻找数据之间的关联，挖掘出更有价值的信息。常见的数据变换方法有很多，例如标准化、归一化、正则化、特征二值化，等等。产品经理只需要了解这些方法的目的，不需要掌握具体的实现过程。图 2-6 展示了常用的数据变换方法。

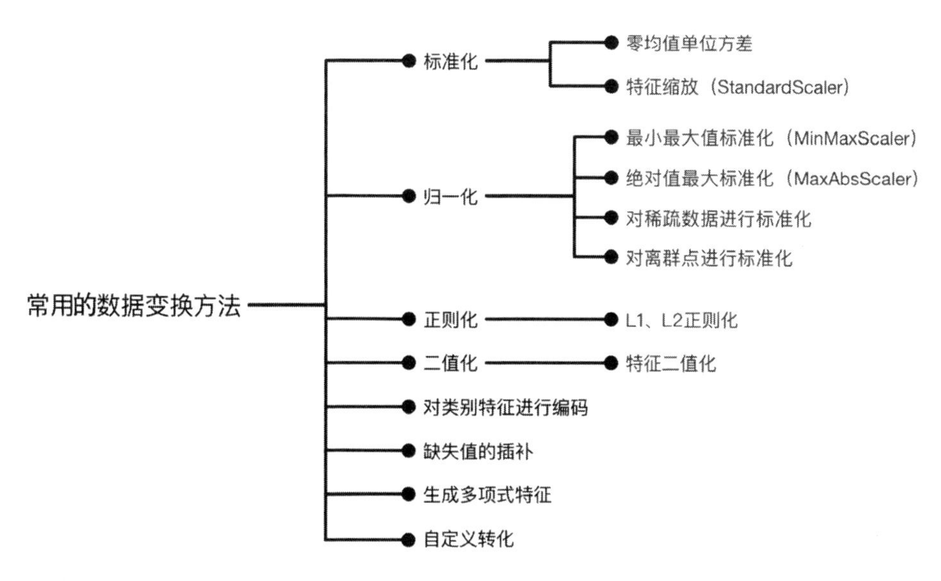

图 2-6 常用的数据变换方法

对于人类来说，通过计算很容易判断，“投 10 万元，年化 3%的收益率”与“投 10 万元，每天 8.2 元的收益”这两种方法获得的回报是相同的。但是对计算机来说，要理解这两句话比较困难，因为 3%和 8.2 元采用的是不同的度量方式，计算机没有办法比较。因此我们借助数据标准化的手段消除数据之间的度量差异，让不同取值的特征采用同一数量级的表达方式，从而让它们变得有可比性。

在比较客户存款数的时候，如果存款最少的客户只有 2000 元，存款最多的客户有 2000 万元，那么存款这个字段的取值区间为[2000，20000000]，设计这样的区间可能会让计算机误以为存款数需要达到 1000 万左右才是达到平均水平，显然这是不合理的。因此我们借助区间缩放的方法，把原始特征的取值区间转化到[0, 1]的范围，让数据呈现更准确的分布，从而提升计算机学习的效率。

还有一种常见的情况是针对布尔值的字段进行数值化的转换，例如在银行的贷款申请表上经常会看到“是否申请过信用卡”这个字段，在处理数据时可以用“1”表示申请过信用卡，用“0”表示没有申请过信用卡，这种方法称为特征二值化。

无论哪一种数据变换的方法，都是为了帮助机器能更好地“理解”数据的含义，最终找到数学上的规律。但是产品经理需要注意，在实际应用中，并非所有的模型通过数据变换都能提升效率，甚至在有些情况下会适得其反，降低模型的精度。**关于数据变换，一定要根据数据的特点选择合适的方法，切勿不管什么方法乱用一通，这种做法对模型没有任何帮助**。

2.1.5 数据归约

从大型数据集获得的挖掘结果未必会比从小型数据集获得的挖掘结果更好，因此在分析大型样本集的内在关联关系之前，还需要执行一个额外的步骤，即数据归约。

挖掘样本数据能够得到什么样的结果，很大程度上取决于对特征的挑选、规约或转换的结果如何。在实际项目中，在训练一个模型时，采用的样本特征可能非常多，可能有数百甚至上千个，如果特征很多，但是只有几百条样本可用于分析，那么在大量特征上进行挖掘分析就要花费较长的时间。这时候就需要对样本数据集进行适当的维归约，以便训练出可靠的模型，使其在面对新数据时具有实用性。另一方面，数据特征太多，也会导致一些数据挖掘算法不可用，唯一的解决方法是再进行数据归约。

这和我们在网上下载一张图片是一个道理。某张图片的大小在30MB以上，需要耗费较长的下载时间，如果想让下载图片的时间变短并且保持较高的图片精度，则可以通过无损压缩技术让图片变小，同时保持图片分辨率没有太大变化。数据归约技术好比是图片的无损压缩，通过该技术可以得到比原数据集小很多，但仍然保持原数据表达含义的规约数据集。

数据归约的三个基本操作是删除列、删除行和减少列取值的数量。通过数据规约的方式可以获得与原数据集相比更小的规约数据集，同时去除冗余特征，减少建模工作量，让模型的学习速度更快，精度更高。常见的数据归约手段有维归约、数据压缩、数量归约，等等，这类方法产品经理只需要了解即可，在此不展开介绍。但产品经理要注意，对一个数据集进行归约之前，需要对计算时间、预测的精度以及数据挖掘的复杂度这三个方面进行分析，只有当项目拥有的资源能够满足这三方面的条件时，才能进行大规模的数据规约。

2.2 特征工程

2.2.1 如何进行特征工程

用于机器学习的数据源一般有两种：一种是业务部门直接提供的数据，或者根据需要在网络上爬取的数据。这种数据称为原始数据，通常存在较多的问题，需要通过数据预处理整理数据并且找出解决问题所需要的特征；另一种是对原始数据进行组合加工构建的高级特征数据，构建高级特征的过程称为特征工程。接下来我们学习如何挖掘特征与特征之间的联系，组合出高级特征。

特征工程的本质是数据转化。原始数据通过特征工程转化为更有意义的数据，这类特征能够表述原始数据集的内在关联关系。特征工程在机器学习中占有非常重要的地位，因为这是提升模型训练速度以及模型精度最有效的方法，通常我们花费大量的时间寻找特征之间的规律。

如图 2-7 所示，特征工程包括特征构建、特征提取和特征选择三个部分。特征构建是指对原有特征进行组合运算生成新特征。特征提取与特征选择是为了从原始特征中找出对于提升模型效率最有用的特征。它们之间的区别是：特征提取会改变原有的特征空间，例如组合不同的特征得到一个新的特征。而特征选择只是从原始特征数据集中挑选子集，这个子集和原数据集之间是一种包含的关系，它没有更改原始数据集的特征空间。两种方法都能减少特征的维度，降低数据冗余。两种方法各有优点，特征提取能发现更有意义的特征属性，特征选择能表示出每个特征对于模型构建的重要性。在实际应用时，根据数据集的特点选择不同的方法。下面会讲述常用的特征提取和特征选择的方法。

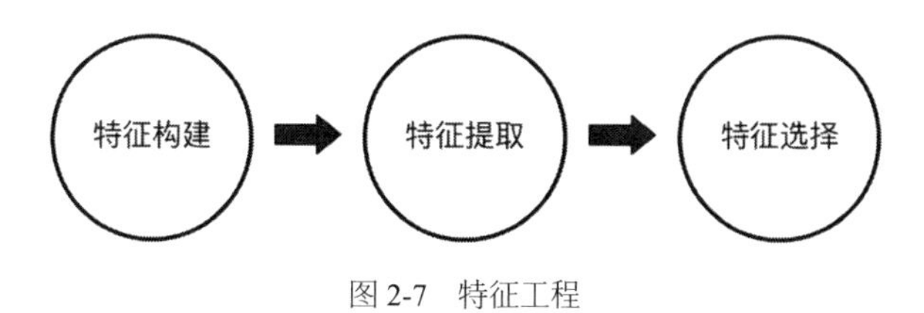

图 2-7　特征工程

2.2.2 特征构建

特征构建是指通过人工的方式，从原始数据中找出一些具有物理意义的特征。顾名思义，特征构建就是构造出来新的特征。对原有的特征进行四则运算会产生新的特征。例如银行的信用卡系统中含有“消费总额”和“还款总额”这两个字段，通过简单加减，可以构造出“每月还款差额”这个字段，将两个字段变为一个字段，同时放大特征表达的含义。又例如一个客户每月的消费金额能够反映该客户的消费水平，但是全国各地物价都有差异，如果我们对北上广深和其他二三线城市用同一个标准就显得不太公平。如果想更客观地评价客户的消费水平，可以用“每月消费金额”除以“当地物价水平”得到一个新的“消费水平”，这个字段才能够真实地反映出我们想要获得的信息。以上两个例子都是通过简单的四则运算来构造新的特征。

对于特征构建，需要花时间去观察原始数据的数据结构，一位对数据敏感的产品经理能帮助工程师更好地构建特征。在设计特征时，应考虑以下三个问题：**这个特征对于目标问题是否有帮助？如果有，这个特征的重要程度如何？这个特征表达的信息是否在其他的特征上体现过**？这三个问题从表面上看很简单，真正实施起来则比较困难，产品经理需要将自己的业务经验与工程师的数据经验结合起来，多分析，多尝试，多思考数据背后的潜在关系以及对业务目标的影响。

除此之外，构建特征时会使用属性分割和结合的方法。如果存在时间相关属性，则可以划出不同的时间窗口，得到同一特征在不同时间段的特征值。也可以分解或切分特征，例如，2019/01/01 与 2019/01/02 在模型中是两个不同的特征值，我们可以统一用 2019/01 表示，以便模型发现其中的规律。

特征构建如今仍然以人工构建为主，但人工构建始终是依靠我们的日常经验和知识积累。人类很容易理解这类特征的含义，因此人为构造的特征存在一定的局限性。而计算机在学习数据时，除了能看懂人类能够理解的数据，还能够看懂很多人类不能够理解的数据。所以近两年来，有不少研究者尝试让模型学会“自己构建特征”，例如当今在图像处理与深度学习领域最热门的“卷积神经网络”，后面章节会详述这方面的内容。

2.2.3 特征提取

在实际项目中，我们获得的特征可能有成百上千个。如此多的特征数据，难免会带来训练时间过长的问题。如果出现特征数量多于样本数量的情况，可能会由于每个样本都具有独特性，样本点在高维空间中较为分散，从而造成过拟合的现象。

什么是过拟合？通俗地讲就是训练出来的模型“太好了”，模型能够完美适应训练集数据，但是在新数据上的表现却差强人意。因为它把训练集中一些本不该考虑的问题也考虑了进来。比如我们训练一个分辨“什么是背包”的模型时，我们会定义“背着装东西的包”是背包，但我们不会定义“有拉链的包”是背包。如果模型因为训练集存在一些背包是带有拉链的，就把所有不带拉链的包定义为不是背包，这种情况就称为“过拟合”。

所以面对特征非常多的数据集时，降低特征维度是必不可少的工作。降维是一种根据高维特征表达的含义构造出新的低维特征的方法。例如上述将银行的信用卡系统构造出“每月还款差额”的案例。在图像中表示为三维立体的数据点，被投射在二维的平面中，构造出一个二维空间的新特征，如图 2-8 所示。常见的降维方法有线性判别分析法（Linear Discriminant Analysis，LDA）和主成分分析法（Principal Component Analysis，PCA）。

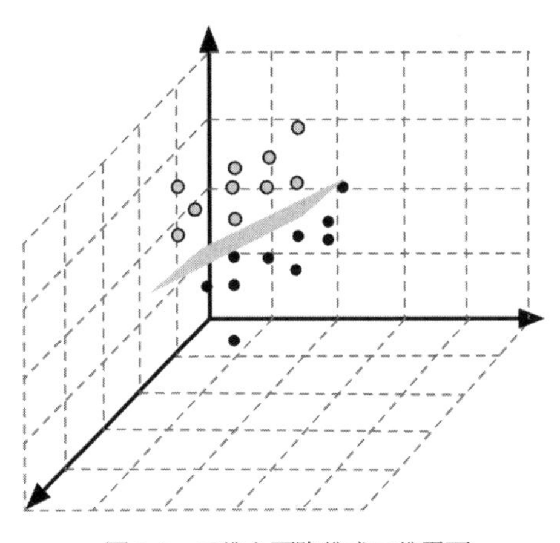

图 2-8　三维立面降维成二维平面

PCA 的核心思想是通过转换坐标轴，寻找一个将高维数据转换到低维的映射，从而达到降维、去除不相关特征的目的。举个例子，我们希望找到某一个维度方向，用该方法将数据从二维降到一维，降维后的数据能够表达原来两个数据点所表达的含义。如图 2-9 所示有两个向量方向，哪个向量可以更好地代表原始数据集呢？

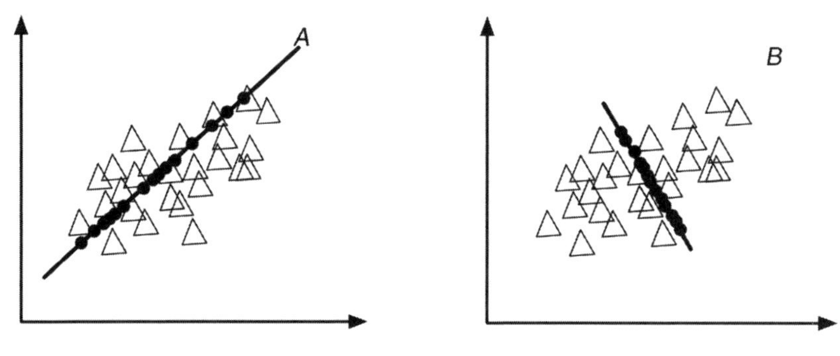

图 2-9　PCA 降维

从图像上可以看出，*A* 直线的降维效果比 *B* 直线好。经过 *A* 降维后，所有样本点到这个直线的平均距离更近，并且样本点在这个直线上的投影能尽可能地分开。这就是主成分分析法的实现原理，让降维后的数据在数学表现上能够尽量分开。

LDA 的核心思想是将带标签的数据点通过投影的方式，映射到一个低维空间，使得不同类别数据在图像上的间隔尽量大，同一类别中的数据间隔尽量小，这样可以将不同类别的数据分隔开。假设我们有两类数据分别用三角形和圆形表示，如图 2-10 所示，这些数据特征是二维的，我们希望将这些数据投影到一维的直线，让每一类别的数据的投影点尽可能地接近，而不同类别数据中心之间的距离尽可能地大。

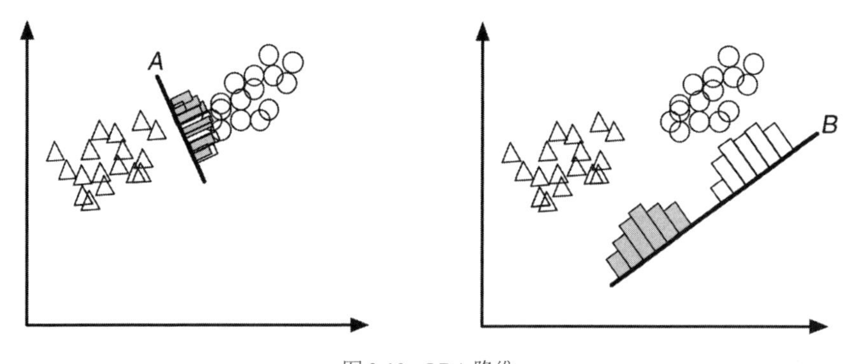

图 2-10　LDA 降维

图中展示了两种不同的投影方式，哪一种能满足我们的需要呢？从图中可以看出，右图投影后的分类效果要比左图效果好，因为右图的三角形数据和圆形数据各自较为集中，且类别之间的空隙比较明显。这是最简单的 LDA 的降维思想。在实际应用中，我们的数据分类较多，原始数据包含的特征一般超过二维，所以降维投影后不是一条直线，而是一个低维的超平面。

PCA 和 LDA 有很多的相似点，两种方法本质上都是将原始的样本映射到维度更低的样本空间中。但是 PCA 和 LDA 的映射目标不一样，PCA 是为了去除原始数据集中冗余的维度，让投影空间的各个维度的方差尽可能大，让映射后的样本具有最大的发散性；而 LDA 是为了让不同类别的数据尽可能区分开来，让映射后的样本具有分类的特点。

PCA 不关心特征的标签值是什么，只关心样本在数学上的规律。所以 PCA 降维的输入数据不含标签，是一种无监督学习。LDA 降维是根据分类效果选择合适的特征，因此 LDA 的输入数据包含标签，是一种有监督学习。只判断手上的样本数据集有多少数据带有标签，产品经理就知道使用什么类型的降维方法，需要获得哪些数据，才能帮助工程师在数据层面做得更完善。

2.2.4 特征选择

经过特征构建及提取之后，我们能够得到不少高级组合特征。此时的特征数可能有成百上千个，如何去找出适合问题的特征，哪些才是真正需要的特征呢？最简单的挑选方法是根据业务经验挑选。除此之外，也可以使用统计学的方法更客观地分析数据特点，挑选合适的特征。

首先我们要了解挑选特征的依据是什么。根据过往的经验来看，主要从以下两个方面来选择特征。

（1）特征是否发散：如果一个特征所有的取值样本都非常集中，没有太大的差异性，则不选择这类特征。例如有一批银行放贷成功的客户都是同一天办理的，那么“日期”这个特征的方差接近于 0，所有客户在这个特征上基本没有差异。这个特征显然对我们没有任何帮助，很难从中发现有价值的信息。因此选择特征时首要选择发散的、样本有差异性的。

（2）特征与目标的相关性：一个特征与我们待解决问题的目标越相关，这个特征就是越有价值的特征，应当优先选择。

原则上优先挑选以上两类特征，但并非所有符合以上两个条件的特征都要选出来。

特征太多容易导致分析特征、训练模型所需的时间变长，同时会让模型变得更复杂。更重要的原因是特征个数太多容易出现特征稀疏问题，导致模型的准确率下降，模型对新数据的泛化能力也下降。因此我们需要通过一些方法剔除不相关、冗余、没有差异的特征，从而达到减少特征个数、减少训练时间、提高模型精确度的目的。特征选择方法有很多，在实际项目中通常使用以下三种，如图 2-11 所示。

图 2-11　特征选择的三类方法

（1）过滤法（Filter）：按照特征的发散性与相关性对各个特征进行评分，设定一个阈值，选择在阈值内的特征。

（2）封装法（Wrapper）：使用算法训练模型，根据目标模型计算的预测效果评分，每次选择若干特征，或者排除若干特征。

（3）嵌入法（Embedded）：首先使用算法训练模型，得到各个特征的权值系数，再根据系数从大到小选择特征。

1. 过滤法

过滤法是一种按照不同特征的发散性或者相关性对每一维特征“打分”，然后设定阈值过滤特征的方法。也就是说给每一维的特征赋予权重，这个权重代表该特征的重要性，然后依据权重排序。这种方法的优点是通用性强，省去了训练模型的步骤，并且该方法的复杂度低，适用于大规模数据集。过滤法可以快速去除大量不相关的特征，作为特征的预筛选器非常合适。

最简单的过滤法是根据数据的方差筛选。我们认为方差越大的特征对模型训练越有帮助。如果某个特征的方差太小，那么这个特征可能对模型的效果提升没有帮助。最极端的情况是，如果存在某个特征的方差为零，即所有的样本数据中该特征的取值都是一样的，那么它对我们的模型训练没有任何作用，可以直接舍弃这个特征。在实际应用中，我们会指定一个方差的阈值，方差小于这个阈值的特征会被我们筛掉。

还有一种常见的过滤方法是用皮尔森相关系数选择特征，这个指标能够帮助我们理解特征与目标变量之间的关系。该方法衡量的是特征之间的线性相关性，结果的取值范围为[-1,1]。-1 表示完全的负相关，即这个变量下降会引起另一个变量上升；+1 表示完全的正相关，即这个变量下降也会让另一个变量下降；0 表示没有线性相关，即这个变量无论上升还是下降对另一个变量都没有影响。

除了上述两种方法以外，常用的过滤法还包括卡方检验、互信息法等，产品经理只需要了解常用的过滤指标即可。

2. 封装法

封装法是一种利用算法的性能来评价特征子集的优劣的方法，简单理解就是每次取一批特征放入模型训练，然后根据模型的效果对每次选择的部分特征进行评分，或者排除部分特征。该方法的主要思想是，将子集的选择看作一个搜索寻优问题，生成不同的组合，对组合进行评价，再与其他的组合进行比较。这样就将特征子集的选择看作一个优化问题，再通过算法解决这个问题。因此，对于一个待评价的特征子集，封装法需要先训练一个分类器，再根据分类器的性能对该特征子集进行评价。适用于封装法的学习算法非常多，例如决策树、神经网络、贝叶斯分类器、近邻法以及支持向量机等都能用于训练模型挑选特征。

相比于过滤法，使用封装法挑选的特征往往表现效果更好，因为这种方法考虑了特征与特征之间的关联性。但是封装法最大的问题在于每次选出的特征通用性不强，当改变算法时，需要针对新的算法重新选择特征。并且由于每次对子集的评价都要进行分类器的训练和测试，所以算法计算复杂度很高。对于大规模数据集来说，封装法的执行时间很长。

3. 嵌入法

嵌入法和过滤法比较相似，也是通过特征的权值系数挑选特征的。两种方法的差异在于，嵌入法通过机器学习训练来确定特征的优劣，而不是像过滤法一样直接从特征的一些统计学指标来确定特征的优劣。这种方法的优点是获得的特征表现效果最好，而且训练速度最快，但同时在模型中如何设置参数，需要有深厚的背景知识。

从嵌入法的名字可以看出来，在这个方法中选择特征已经是模型训练的一部分，相当于把特征挑选的过程嵌入在模型训练中。最典型的特征选择算法是决策树算法，它采用“信息增益”概念描述每个特征的重要性，一个特征里包含的同一分类的子节点越多，这个特征就越显著。例如当我们要区分银行的高价值客户和普通客户时，年收入就是这棵决策树要考虑的一个显著特征。所以，决策树本身的生成就是在做特征选择。

特征选择是一个重复迭代的过程，有的时候工程师认为挑选的特征已经很好，但实际模型训练的效果并不太好，所以每次特征选择都要使用模型去验证，最终是为了获得能训练出好的模型的数据，提升模型的性能。

前面简述了整个特征工程的实现过程，相信此时产品经理应该对特征工程有了一个初步的认识，也能够理解为什么工程师会花费这么多的时间在这个环节上。**特征工程最困难的地方在于找到发现有效特征的思路，而选择特征的难点在于其本质上是一个复杂的特征组合优化问题。**举个例子，如果有一组样本数据中含有 20 个特征，在建模时，每个特征变量都有两种状态：“选择”和“删除”，这组特征的状态集就包含了 2^{20} 个组合方式。因此，从算法的角度上看，通过穷举的方式进行求解的时间复杂度是指数级的，根本不可能计算出来。当特征变多时，特征筛选将会耗费大量的时间和计算资源。

在数据预处理和特征工程这两个环节中，工程师通常是站在数学的角度，使用一些数学方法或以往项目的经验来判断如何选择特征。想要使模型产生好的效果，离不开产品经理和工程师的共同努力。产品经理的业务经验以及对特征组合规则的逻辑设计对于数据处理、特征组合与挑选都有巨大的帮助。切勿把数据提供给工程师以后，就等着工程师出结果，认为这是工程师需要去解决的问题。在很多时候产品经理可以更主动一点，提出自己的看法。

2.3 产品经理的经验之谈

本章主要讲述数据预处理的各种方法。在实际的项目中，最初拿到手的原始数据总是存在各种各样的问题，为了让模型更好地学习数据之间的规律，我们采用数据预处理的方法对原始数据进行加工。

数据预处理分为数据清洗、数据集成、数据变换及数据归约四个步骤。数据清洗主要是为了让数据变得更规整，将无效、异常的样本数据转变成对模型有帮助的数据。在这个阶段我们做了四件事情：格式标准化、错误纠正、异常数据清理、清除重复数据。数据变换主要是提升数据质量，让计算机更容易学习这些特征，在这个阶段我们尝试通过数据变换帮助计算机寻找信息之间的关联，挖掘出更多有价值的信息。数据集成与数据归约都是从物理层面提高对数据集的操作效率的方法，一般只有在数据源不集中、数据特征量过大的情况下才使用。

除了提升原始数据的质量以外，通过特征工程，可以帮助计算机挖掘出特征与特征之间的联系，达到提升模型效果的目的。特征工程本质上是一种数据转化的过程，原始数据通过特征工程转化为更有意义的特征，其能够表述原始数据的内在关联关系。

特征工程包括特征构建、特征提取、特征选择三部分。特征构建是从原有特征进行组合运算生成新特征。特征提取与特征选择都是为了从原始特征中找出最有效的特征。它们之间的区别在于，特征提取改变了特征间的关系，如组合不同的特征得到新的特征。原来的特征空间发生了改变。而特征选择是从原始特征数据集中选择出子集，这个子集与原始数据集是一种包含关系，其没有更改原始数据的特征空间。这两种方法都能有效地减少特征的维度，剔除数据冗余。特征选择的方法有很多，但不管哪种方法都是以特征是否发散、特征与目标的相关性如何这两个条件作为选择的标准。

特征选择是一个重复迭代的过程，有的时候工程师认为挑选出的特征已经很好，但实际模型训练的效果并不太好。所以每次进行特征选择后，都要使用模型去验证，以便获得更好的特征，提升模型的性能。过滤法是按照特征的发散性与相关性对各个特征进行评分，设定一个阈值，选择在阈值内的特征。封装法是一种利用算法的性能来评价特征子集的优劣的方法。简单理解就是每次取一批特征放入模型训练，然后根据模型的效果对每次选择的部分特征进行评分，或者排除部分特征。嵌入法和过滤法比较相似，也是通过特征的权值系数挑选特征。两种方法的差异在于，嵌入法是通过机器学习训练来确定特征的优劣，而不是像过滤法一样直接从特征的一些统计学指标来确定特征的优劣。

3 了解你手上的数据

3.1 你真的了解数据吗

3.1.1 机器学习的数据统计思维

相信不少产品经理都有与前端工程师沟通需求的经历。如果想要将一个页面的背景色变成蓝色，只需要告诉工程师一个色值，工程师输入一行代码，就能够实现这个效果。如果想要将页面中菜单栏与内容栏的间距变大，只需要告诉他们一个距离，他们输入一行代码，就能改变间距。对于工程师来说，他们赋予计算机一串指令，编译器根据这串指令一步步执行下去，生成结果。这是因为对于“程序”背后蕴含的“逻辑关系”，可以通过特定的语法得到想要的结果，工程师只需要将规则翻译成指令，交给计算机去执行即可。

然而在机器学习中，我们不再使用这种传统开发程序的模式。虽然在机器学习中，工程师仍需给计算机赋予指令，但这串指令不是为了直接获得结果，而是一串赋予机器“自主学习”能力的指令。通过“学习”，计算机能够自主判断应该设置什么背景色，应该设置多宽的间距比较合理。**机器学习是一种学习思维而不是执行思维。**

实际上，这两种模式的背后是从“程序逻辑”到“数据统计”的思维转变。如图 3-1 所示，这种“相关而非因果”的概念是机器学习的理论根基。在这个基础上，可以这样来理解机器学习：计算机使用人为输入的数据，利用特定的算法，得到某种模型的过程。最终目的是让计算机能够使用模型自主判断、预测更多未知的信息。因此数据是实现“统计”的基础，有数据才能够统计规律，分析数据之间隐藏的关系。数据的质量决定了计算机学习的效果。

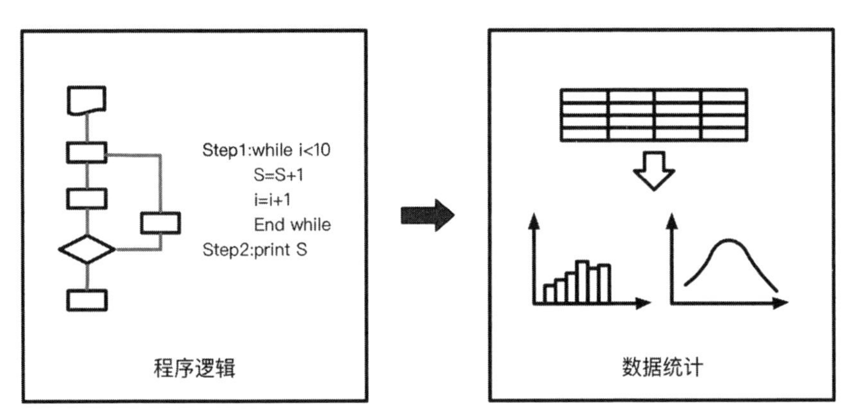

图 3-1 从“程序逻辑”到“数据统计”的转变

在学习机器学习算法之前，产品经理必须对手上的数据有一个清晰的认识。在**实际项目中，在选择算法的时候，除了要考虑需求场景，还需要考虑手上数据的类型。**某些算法只需要少量样本数据就可以实现目标，某些算法则需要大量样本数据才能学习规律。某些算法只能处理特定类型的样本数据，例如朴素贝叶斯算法与分类数据相得益彰，对缺失数据也完全不敏感。

本章我们从机器学习的数据类型开始学习，对数据有一个全面的认识之后，学习数据可视化展示的方式，从图表的视角直观地了解数据的概况。最后我们学习模型效果的评价指标，了解如何评价一个模型的效果，理解模型调优及数据处理的过程。

3.1.2 数据集

数据集是指数据的集合。数据集通常以表格的形式出现，表格中每一行单独的数据称为“样本”。每行样本通常都会带有一些“属性”，也称为“特征”，每个属性的具体取值称为属性值。表格的每一列对应一个不同的特征，一个数据集有多少个特征就有多少列。如图 3-2 所示，张三、李四、王五等人所代表的行数据都是不同的样本，每一行对应的性别、年龄、年收入代表这个人不同的特征。

姓名	性别	年龄	年收入
张三	男	33	20万元
李四	男	35	22 万元
王五	男	27	25 万元
……	……	……	……
赵刚	男	25	15万元
王娜	女	30	18万元

图 3-2　示例数据集

在有监督学习中，我们把拿到的数据集分成训练集、验证集与测试集三类。以一个分类模型为例，**训练集是指专门用来供模型进行学习的样本数据。通过学习这些样本，模型可以调节自身的参数来建立一个分类器。测试集用于测试训练好的模型的分辨能力，测试模型的性能。**就像一个大题库，平常老师让学生做其中大部分题目，一小部分题目留着考试的时候检验学生的水平。训练集与测试集这两个概念比较容易理解，那么验证集有什么作用呢？

在讲解验证集之前，我们先区分一下模型的各种参数。参数又是什么意思呢？可以形象地理解它就像一个手表中的齿轮，要想使手表走时准确，我们就要调节这些齿轮旋转的速率以及连接的位置，在计算机中这种直接影响程序的效果的“齿轮”称为参数。

对于一个模型来说，一般有“普通参数”和“超参数”两种类型的参数。超参数这个概念理解起来比较费劲，我们通过一个简单的例子来说明普通参数和超参数的区别。在深圳，高考成绩和高三期间四次模拟考的成绩有很大关系，四次模拟考分数越高的学生往往高考分数也越高。假设我们想建立一个模型，通过以往考生四次模拟考的分数，预测这一届某个考生的高考分数能不能超过一本线。

因为四次模拟考的难易程度是不同的，且通常有一定的规律，所以最简单的做法是将四次模拟考的分数分别乘上一个权重，这个权重代表这四次考试的难易程度。最后设置一个阈值，超过这个阈值就判定这个考生的分数能够超过一本线，如图 3-3 所示。

（分数1x权重1+分数2x权重2+分数3x权重3+分数4x权重4）≥ 阈值：能超过一本线

（分数1x权重1+分数2x权重2+分数3x权重3+分数4x权重4）< 阈值：不能超过一本线

图 3-3 根据模拟考分数预测高考分数能不能超过一本线

模型必须经过学习才能预测。在这个模型中，我们用以往已经参加高考的考生的四次模拟考成绩以及最后高考结果这两类数据作为训练数据，在训练过程中会不断调整四个权重。模型一开始接触的数据少，得到的结果可能不太准确。因此需要经过多次的迭代，不断学习新的数据，模型预测考生能否超过一本线的准确率才会逐渐上升。

在上述例子中，“四次模拟考的权重”就是普通参数，普通参数是指可以通过训练更新的参数。而“迭代次数”就是一个超参数，是指不在模型更新范围内的参数，也就是说超参数一旦设置之后就不会再更新。常见的超参数还有网络层数、网络节点数、学习率等。普通参数是模型的一部分，通过对训练集数据的训练其就会自动改变，而超参数在模型以外，是“人为”调节模型效果的参数。

验证集实际上是用来调节模型的超参数的。根据验证集的结果可以调节迭代次数、学习率等，使得结果在验证集上的表现更优。因此可以认为，验证集验证的过程也是模型训练的一部分。

有读者可能会有疑问，为什么需要划分这么多的数据集？为什么不是把数据都丢到模型里计算？实际上这**些设定都是为了避免出现“过拟合”现象，即模型训练到最后只认得训练时用的数据，适应不了新的数据，对新数据的预测效果非常差。**

如果把所有样本数据都用来训练模型，建立的模型自然是最契合这些数据的，测试的表现看起来也很好。但换其他数据集来测试，这个模型的效果可能就没那么好。就像是给一家公司的员工采购礼品，如果只问某个团队的意见，那么最终选择的礼品肯定是这个团队最满意的，但是其他团队的员工可能就没有那么满意了。测试集和验证集起到了一个优化和验证的作用，在一个团队中收集了礼品意见以后，拿到其他团队小范围确认一下这个意见，如果大家都是支持的，则说明在整个公司内都比较认同这个意见。有了验证集和测试集，能在模型应用到真实数据前预先验证效果，不至于等到模型上线运行以后才发现效果不好，又要下线继续调整。

当样本数据较多的时候，三个数据集可以按照 5:2.5:2.5 的比例划分，也可以按照 8:1:1 的方式划分，如图 3-4 所示。无论按照哪种方式划分，都需保证三个集合的样本是从大集合中随机抽取的。

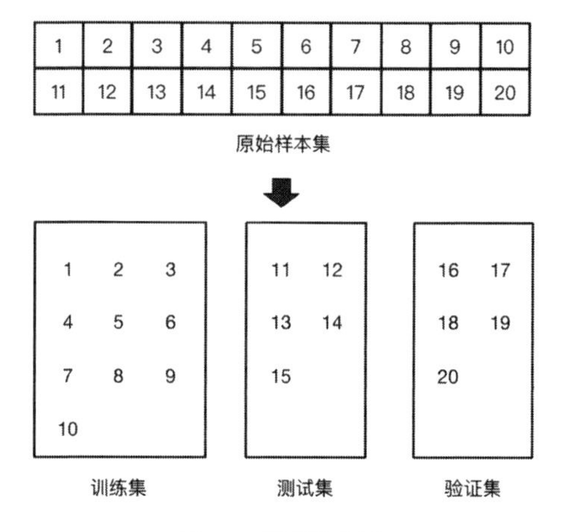

图 3-4　数据集划分

当样本数据少的时候，不太适用上述的划分方式。无论按什么比例划分，样本数据太少很难有好的验证结果。在这种情况下，**常用的方法是留一小部分数据做测试集，然后对其余 N 个样本采用 K 折交叉验证法。将所有样本数据打乱，然后均匀分成 K 份，每次训练时轮流选择其中 $K-1$ 份进行训练，剩余的一份做验证集**，如图 3-5 所示。使用验证集的时候计算预测误差平方和，最后把 K 次的预测误差平方和除以 K，比较最后的结果作为选择最优模型的依据。

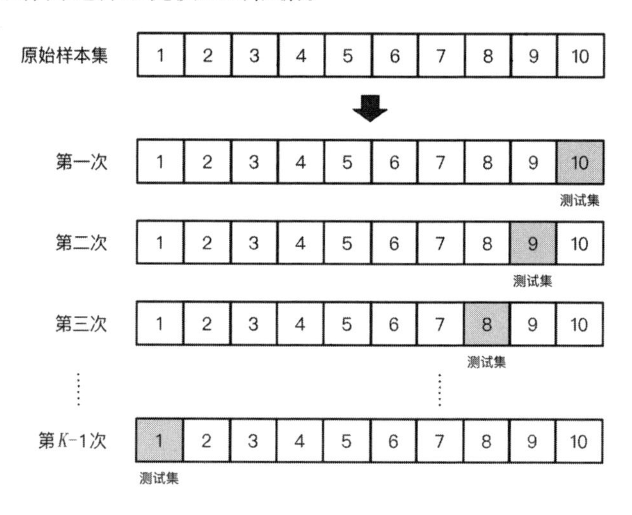

图 3-5　K 折交叉验证法

3.1.3 数据维度

数据维度指的是样本的特征数量，例如图 3-2 中的样本集中只有姓名、性别、年龄和年收入四个特征，我们就说这个数据集包含四个维度。特征少称为低维度，特征多称为高维度，维度高低没有明确的界定范围，是一个相对的概念。**低维度的数据和高维度的数据在模型运算时有很大区别，分析高维度数据容易造成过拟合现象，因为特征多了以后模型的判断条件过于“细微”了。**

如果想让计算机自主分辨猫和狗的图片，我们只需要把包含“嘴巴”“鼻子”“纹理”“尾巴”这四个特征的猫和狗的图片提供给模型，经过训练后计算机就能分辨出猫的图片和狗的图片。如果再加上“毛色”“大小”“四肢”“爪子”等特征，分类效果不见得比原来只有四个特征的时候更好，因为特征多了以后模型很难去判断两种不同毛色的猫是不是同一个物种，如图 3-6 所示。可见不是数据维度越多对模型效果就越有帮助，这种特征的维度增加带来的效果降低就称为维数灾难。

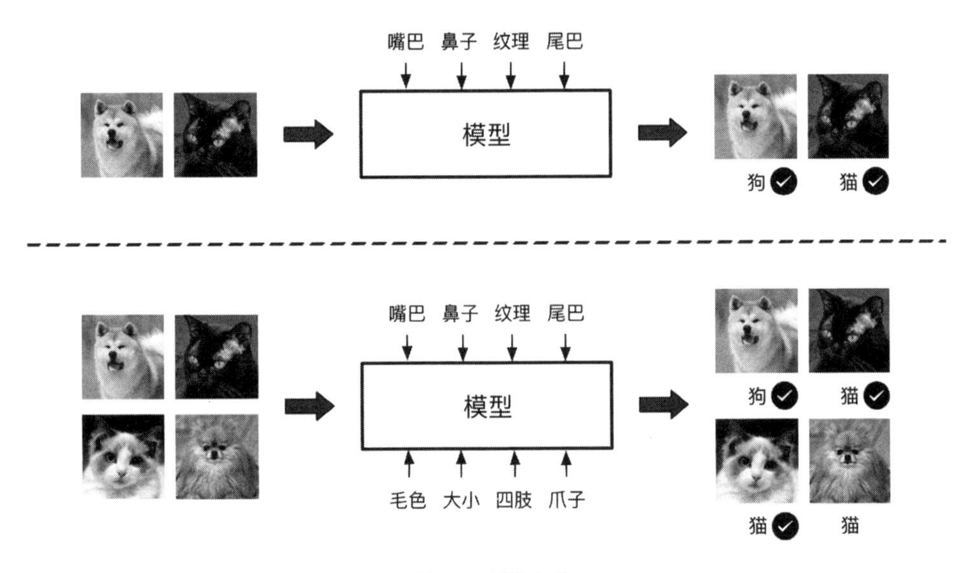

图 3-6 维数灾难

造成这种现象的原因是模型学习了很多“特殊情况”，例如银行贷款审批通过的客户名单中，如果有一小部分客户恰巧“没房没车”，那么模型就会认为房和车这两个特征并不重要从而忽略了很多“没房没车”，却得不到贷款的客户。我们希望模型能够学习更多带有普适性的数据，从而避免对新数据的分辨效果变差。

3.1.4 数据类型

数据类型是数据在多个方面的不同表现。在描述同一对象的不同特点时，可以用不同类型的特征，通常可分为定性或定量两类特征。例如在描述张三这个人的状态时，有“职业”“家庭住址”“婚姻状况”这样的定性数据，也有“年龄”“身高”“年收入”这样的定量数据。

除了定性和定量这种区分，还可以分为数值型、字符型、布尔型等。例如“年收入”“年龄”这两个字段是数值型，“家庭住址”“职业”是字符型，还有像“是否有房”“是否有社保”这种回答只有“是”或“否”的字段就是布尔型的字段。

很多传统的机器学习算法主要是基于统计的结果寻找数据规律，所以计算机只能够识别能够被统计的数据类型。在机器学习领域，数据可分为两大类：数值型和类别型，图 3-7 展示了数据类型的分类结果。

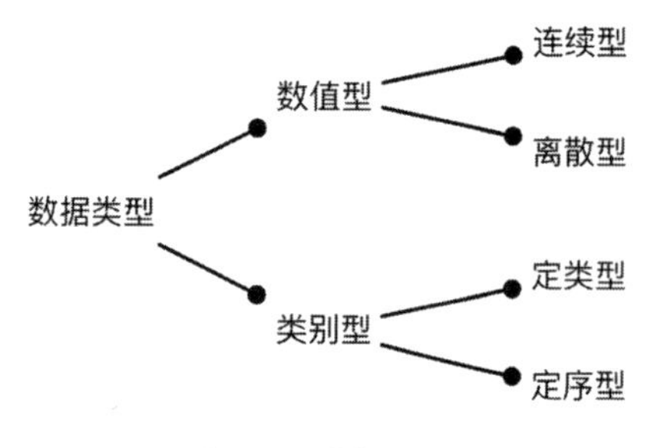

图 3-7 数据类型

数值型泛指用数字表示的特征，分为连续型和离散型两种。连续型属性是指在一定区间内可以任意取值的属性，其数值是连续不断的，相邻两个数值之间有无限个可取值。例如人体的身高、体重和三围，这种都是在一个区间范围内可能有连续取值的属性，如在 180cm 到 181cm 之间有无限的取值，张三的身高是 181.2cm，李四的身高是 181.5cm。离散型属性是指只能用自然数或整数来计算的属性。例如家庭人口数量、购买的保险数量、信用卡数等这都不能取小数，只可能是 1、2、3……这样的整数。数值型字段只能通过测量的方法获得，离散型字段只能通过计数的方式获得。

类别型是指互斥、互不相交的类别，分为定类型和定序型两种。这两个类型名称虽然相似但很容易区分，定序型属性的取值是可排序的，例如取值为“高、中、低”“第一名、第二名、第三名”，这样的属性都是定序型；反之定类型的属性都是不能排序的，例如性别只有男和女，血型只有 A、B、O、AB 这种不能排序的取值。

为了让计算机理解“高、中、低”这三个属性值有什么区别，应将“高、中、低”对应转化为“1、2、3”的数值形态。但这种转化并非数据类型的转化，转化后还是类别型属性。数值型属性通过加减乘除的运算可以组合出新的属性。**但是对于类别型的属性来说，就算转化为数值形态，进行加减乘除等运算依然是没有实际意义的。**“中”和“低”相加不会等于“高”，因此在类别型属性中，“1” + “2” 不等于 “3”，转化仅仅是为了让计算机能够区分不同的类别。理解这一点对于数据预处理和特征工程特别重要。

3.2 让数据更直观的方法

在进行数据预处理时，有一个重要的步骤可以帮助我们直观地了解数据状况，那就是数据可视化。有时候，数据通过表格的形式展现，很难看清楚特征之间的关系。因此在平时的工作中，常用数据可视化的方式突出数据的特点。数据可视化是产品经理的好帮手，你需要了解有哪些可视化的方法，各个方法之间的区别。这些工作能够引导我们构建模型，帮助我们理解机器学习模型的机制。数据可视化的图表类型有很多，这里我们只讲最常用的直方图与散点图。

3.2.1 直方图

直方图（Histogram）又称质量分布图，由一系列高度不等的纵向矩形表示各类数据的分布情况。在统计数据时，按照频数分布表，在平面直角坐标系中，用横轴标出每个组的端点，用纵轴表示频数，每个矩形的高代表对应的频数，如图 3-8 所示。直方图是数值数据分布的图形展示方式，用于描述连续型变量的分布情况。构建直方图，首先将取值范围分段，即将取值区间分为一系列间隔，例如身高在“170cm 到 180cm 之间”，可分为[170,175)、[175,180]两个区间，然后统计每个区间出现的频数，作频数分布表。最后作直方图。以组距为底长，以频数为高，作各组的矩形图。

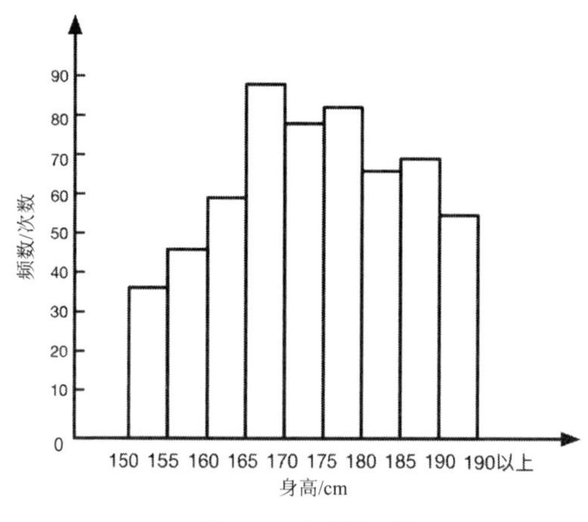

图 3-8　直方图示例

直方图的优点在于能直观地显示各组取值的分布情况，我们可以很容易看出各组数据之间的差异。甚至可以通过柱形的变化找出其统计规律，以便对其总体分布特征进行推断。很多读者会把直方图与柱状图弄混淆，这两个图表在表现形式上非常相似，但实际上有很大不同。主要区别在于直方图用于描述连续型数据，而柱状图用于描述离散型数据，例如身高的变化用直方图表示，家庭人口数量用柱状图表示。另外值得注意的是，直方图能够表示多个变量，而柱状图只能表示一个变量。

3.2.2　散点图

散点图（Scatter Plot）是确定两个变量之间是否存在联系最有效的图形方法。构造散点图时，每个数值被视为一个坐标点，画在坐标系上。散点图将序列显示为一组点，值由点在图表中的位置表示，类别由图表中的不同标记表示，如图 3-9 所示。散点图通常用于比较不同类别的聚合数据。

使用散点图矩阵可以检查两两不同特征之间的关系。我们可从散点图矩阵中找出协方差、线性关系、二次关系或者指数关系。另外，散点图还可用于观察点簇和离群点，找到异常点或考察点与点之间相关联系的可能性。可用两组数据构成多个坐标点，考察坐标点的分布情况，判断两变量之间的联系。在简单的分类任务中我们经常使用散点图观察样本的位置，找到偏离点或被错误分类的样本。

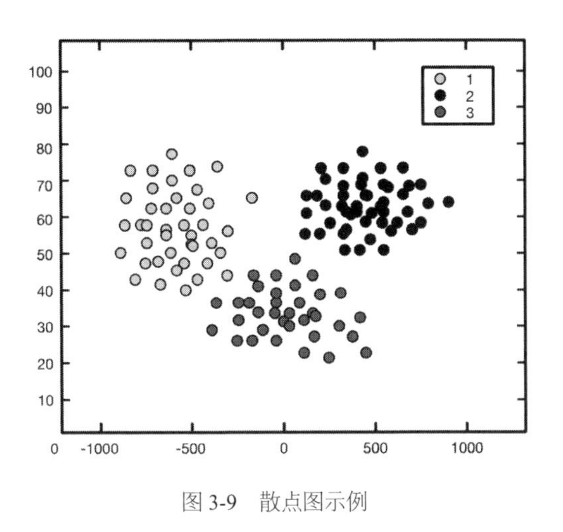

图 3-9 散点图示例

3.3 常用的评价模型效果指标

评价指标是判断模型效果的衡量标准，它是机器学习中非常重要的部分，也是产品经理必须掌握的重点内容。**不同的机器学习任务采用不同的评价指标，对于同一种机器学习任务，在不同场景下也会采用不同的评价指标。**

例如，在检测垃圾邮件这个场景中，由于这是一个典型的二分类问题，所以可以用精确率和 AUC 曲线这两个指标判断模型的效果。在人脸识别场景中，使用误识率、拒识率和 ROC 曲线这三个指标评判模型的效果。不同指标的着重点不一样，一个指标在不同场景下的适用性可能不一样，产品经理需要学习不同指标的特性，在项目中根据实际需要选择不同的评价指标。下面我们重点讲解一些产品经理常用的评价指标。

3.3.1 混淆矩阵

混淆矩阵（Confusion Matrix）是评价模型精度的一种标准格式，用一个 N 行 N 列的矩阵形式来表示。矩阵每一列代表预测值，每一行代表实际值。从混淆矩阵的名称不难看出，**它的作用是表明多个类别之间是否有混淆，也就是模型到底判断对了多少个结果，有多少个结果判断错了。**同时混淆矩阵能够帮助我们理解准确率、精确率和召回率的区别。

当面对一个二分类问题时，我们通常会将结果表示为正类与负类，两者可以随意指定。在上述区分猫和狗图片的例子中，我们假定猫为正类、狗为负类。那么在实际进行预测的时候就会出现四种情况，如图 3-10 所示。

混淆矩阵		真实值	
		正类	负类
预测值	正类	TP	FP
	负类	FN	TN

图 3-10　混淆矩阵

如果这张图片是猫，而机器预测出来的结果也是猫，则这种情况称为真正类（True Positive，TP）。

如果这张图片是狗，而机器预测出来的结果也是狗，则这种情况称为真负类（True Negative，TN）。

如果这张图片是猫，而机器预测出来的结果是狗，则这种情况称为假负类（False Negative，FN）。

如果这张图片是狗，而机器预测的结果是猫，则为假正类（False Positive，FP）。

3.3.2　准确率

准确率（Accuracy）是指预测正确的样本占总样本的比例，即模型找到的真正类与真负类与整体预测样本的比例。用公式表示为：

$$\text{Accuracy} = (\text{TP} + \text{TN})/(\text{TP} + \text{TN} + \text{FP} + \text{FN})$$

准确率的取值范围为[0,1]，一般情况下取值越大，代表模型预测能力越好。

假设在上述猫狗图片分类的例子中，猫狗图片各有 500 张。最后模型预测的结果中真正类有 318 个，真负类有 415 个，假正类有 75 个，假负类有 182 个。根据准确率的定义，可以算出来目前模型的准确率为：(318+415)/(1000)=0.73。

准确率是评价模型效果最通用的指标之一，描述模型找到“真”类别的能力。也就是说模型准确识别出猫和狗的准确率为 0.73。但是在使用的时候有两点需要我们注意。首先，准确率没有针对不同类别进行区分，最后求得的准确率对每个类别而言是平等对待的，这种评价方式在很多场景下是有欠缺的。在本例中，虽然可以看到模型的整体准确率是 0.73，但是从结果中明显可以看出来，模型对于猫的识别效果远不如对狗的识别效果。如果我们模型是为了把猫的图片挑出来，那么这个准确率就有些虚高。

在实际的病患诊断中，计算机诊断出某患者患有癌症而实际上却未患癌症，与计算机诊断出某患者未患有癌症而实际上却患有癌症这两种情况的重要性不一样，不能一概而论。我们需要明确后续是降低误诊率还是提高确诊率，才能让后续模型优化更有针对性。

另外，在正负样本极不平衡的情况下，准确率这个指标存在很大的缺陷。例如在银行的全量客户中，要寻找适合推荐信托产品的超高净值客户是非常难的。因为这部分人群要求存款较多、收入较高，比较稀少，往往只有万分之一的概率。如果一个预测客户适不适合信托产品的模型用准确率去评判，哪怕模型把全部客户预测成负类，即全部都是不适合的情况，那么这个模型的精度也有 99% 以上。但这个指标就失去了原有的意义，因为无法找到任何高净值的人群。所以我们一再强调，没有万能的指标，根据场景选择合适的指标非常重要。

3.3.3 精确率与召回率

召回率（Recall）和精确率（Precision）是一对“好兄弟”，虽然它们是两个不同的评价指标，但互相影响，通常一起出现。在很多书上又把精确率称为查准率，把召回率称为查全率。

召回率是针对原始样本而言的指标，它表示原始样本中的正例有多少被预测正确。原始样本中的正例有两种情况：一种是把原来的正类预测成正类（TP）；另一种就是把原来的正类预测为负类（FN）。这两种情况组成了原始样本所有的正例。计算公式为：

$$\text{Recall} = \text{TP}/(\text{TP} + \text{FN})$$

上述模型识别猫类图片的召回率为：

318/(318+182)=0.63

从这个角度可以看出来，总共500张猫的图片，模型只找对了318张，相比准确率而言，召回率更真实地反映了模型的效果。

而精确率是针对预测结果而言的指标，它表示预测为正类的样本中有多少是对的。预测结果为正例有两种情况：一种就是把正类预测为正类（TP）；另一种就是把负类预测为正类（FP）。所以精确率的计算公式为：

$$\text{Precision} = \text{TP}/(\text{TP} + \text{FP})$$

即上述模型识别猫类图片的精确率为：

318/(318+75)=0.81

从这个指标可以看出来，模型总共把393张图片预测为猫，其中只有318张图片预测正确。所以模型可能存在欠拟合的情况，将部分狗的图片判断成猫，判断为正类的条件太宽松。下一步优化的时候可以选择适当降低条件来提高模型效果。

从图3-11可以看出精确率与召回率的区别。

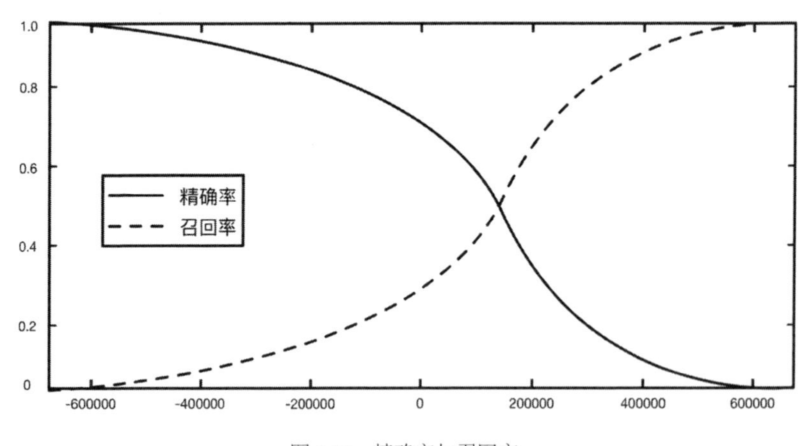

图3-11　精确率与召回率

在理想情况下，我们希望精确率和召回率两者都高。然而事实上这两者在很多情况下是互相矛盾的。当召回率变高时意味着需要尽可能找到原始样本的正例，因此模型覆盖的数量会变多，模型就有更高的概率犯错，将原本不属于该分类的样本

也加进来，这就导致精确率下降。如果我们希望模型尽可能多地找出猫的图片，我们要想办法提高召回率；如果我们希望模型找到的图片少一点但找出来的都是猫的图片，我们要想办法提高精确率。

有两个很典型的场景可以说明这两个指标实际运用的区别，一个是对于地震的预测，我们希望尽可能预测到所有的地震，哪怕这些预测到的地震中只有少数真正发生了地震，在这个时候我们就可以牺牲精确率。宁愿发出 100 次警报，但是把 10 次真实的地震都预测对了，也不希望预测了 10 次但是只有 8 次真实的地震被预测出来了，因为只要有 1 次地震没预测到都会造成巨大的损失。因此这是一个“宁可抓错，不可放过”的场景。

还有一种是垃圾邮件分类的场景，我们希望模型能够尽可能找到所有垃圾邮件，但是我们更不希望把自己正常的邮件被分到垃圾邮件中，哪怕是一封正常的邮件，这也会对用户造成很严重的后果。对于少数没有被识别出来的垃圾邮件，其实用户是可以容忍的。这时候我们宁可少分类成垃圾邮件，但必须确保分的都是对的，这就是一个“宁可放过，不可抓错”的场景。因此在不同的场合中，产品经理需要根据实际情况，自己判断希望是精确率比较高还是召回率比较高。

另外，精确率和准确率是比较容易混淆的两个评估指标，两者的核心区别在于，精确率是一个二分类指标，只适用于二分类任务，而准确率能应用于多分类任务。

3.3.4 F 值

在很多场景下，我们希望“鱼和熊掌，两者兼得”，希望模型既能够预测得尽可能多又尽可能准确。如果我们把识别猫狗图片模型的召回率提升到 0.68，但是精确率下降到 0.74，那么这个优化的结果和原来的结果相比是更好了还是更差了？为了对这两个指标有一个更综合的评价，我们引入 F 值度量（F-Measure）的概念，F 值的计算公式为：

$$\mathrm{F}=\frac{(a^2+1)PR}{a^2(P+R)}$$

式中，P 为准确率，R 为召回率，a 为权重。F 度量为准确率和召回率的加权调和平均。从公式中可以看出来，F 值更接近于两个指标中较小的那个，所以**当精确率和召

回率两者最接近时，F 值最大。很多推荐系统的评测指标就使用 F 值。在实际业务需求中，因为想尽可能预测准更多的样本，所以召回率和准确率同样重要，这时候可以设定 a 为固定值 1，F 值就变成了 F1 度量，F1 值的计算公式为：

$$\mathrm{F1} = \frac{2PR}{P + R}$$

从公式中可以看出来，当召回率和精确率都提高的时候，F1 值也会提高。

3.3.5 ROC 曲线

在逻辑回归的分类模型里，对于正负例的界定，通常会设一个阈值。大于阈值的样本判定为正类，小于阈值的样本为负类。如果我们减小这个阈值，会让更多的样本被识别为正类，从而提高正类的识别率，但同时也会使得更多的负类被错误识别为正类。直接调整阈值可以提升或降低模型的精确率和召回率，也就是说使用精确率和召回率这对指标进行评价时会使得模型多了“阈值”这样一个超参数，并且这个超参数会直接影响模型的泛化能力。在数学上正好存在 ROC 曲线能够帮助我们形象化地展示这个变化过程。

ROC（Receiver Operating Characteristic，受试者工作特征曲线）名字的起源是因为它原本是一个医学领域的评价指标，后来才应用到机器学习中。ROC 曲线是一个画在二维平面上的曲线，平面的横坐标是假正类率（False Positive Rate，FPR），计算公式为：

$$\mathrm{FPR} = \mathrm{FP}/(\mathrm{FP} + \mathrm{TN})$$

纵坐标是真正类率（True Positive Rate，TPR），计算公式为：

$$\mathrm{TPR} = \mathrm{TP}/(\mathrm{TP} + \mathrm{FN})$$

对于一个分类器而言，每一个阈值下都会有一个 FPR 和 TPR，这个分类器就可以被映射成 ROC 平面上的一个点。当我们调整这个分类器分类时使用的阈值时，就可以得到一个经过点(0, 0)和点(1, 1)的曲线，这条曲线就是这个分类器的 ROC 曲线，如图 3-12 所示。

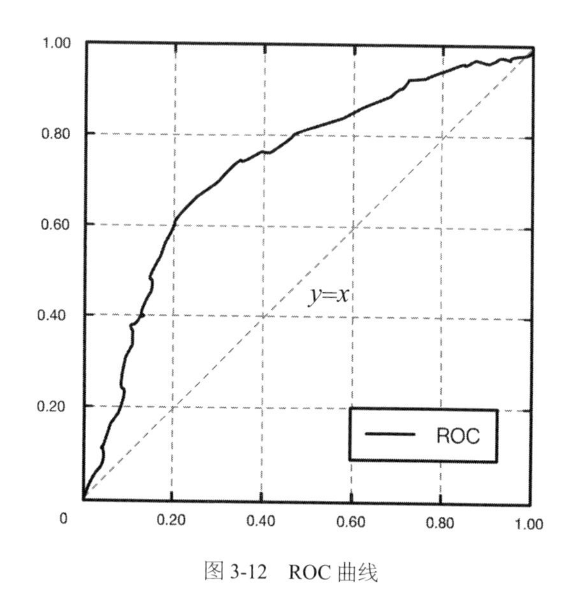

图 3-12 ROC 曲线

从图中可以看到，所有算法的 ROC 曲线都在 $y=x$ 这条线的上方，因为 $y=x$ 表示了随机猜测的概率。对所有二分类问题随机猜正确或不正确都是 50%的概率。一般情况下，不存在比随机猜测的准确率更糟糕的机器学习算法，因为我们总是可以将错误率转换为正确率。如果一个分类器的准确率是 40%，那么将两类的标签互换，准确率就变为了 60%。从图中可以看出来，最理想的分类器是到达(0,1)点的折线，代表模型的准确率达到 100%，但是这种情况在现实中是不存在的。如果我们说一个分类器 A 比分类器 B 好，实际上我们指的是 A 的 ROC 曲线能够完全覆盖 B 的 ROC 曲线。如果有交点，只能说明 A 在某个场合优于 B，如图 3-13 所示。

通常将 ROC 曲线与它对应的比率图一起使用。我们继续用猫狗图片分类的例子说明这两个图怎么看。原本猫狗的图片各有 500 张，如图 3-14 所示，图形的横轴代表预测的概率值，纵轴代表观察的数量。假设我们用一个新的分类器对图片进行分类，用实线代表狗图片的分布，用虚线代表猫图片的分布。模型给出的分值越高代表模型判断这张图片是猫的把握越大，反之模型给出的分值越低代表模型判断这张图片不是猫的把握越大，也就是说这张图片更有可能是狗。从图 3-14 中可以看出来，这个分类器的分类效果还是挺好的，基本上把两个物群的分布分开了，ROC 曲线也非常靠近(0,1)这个点。

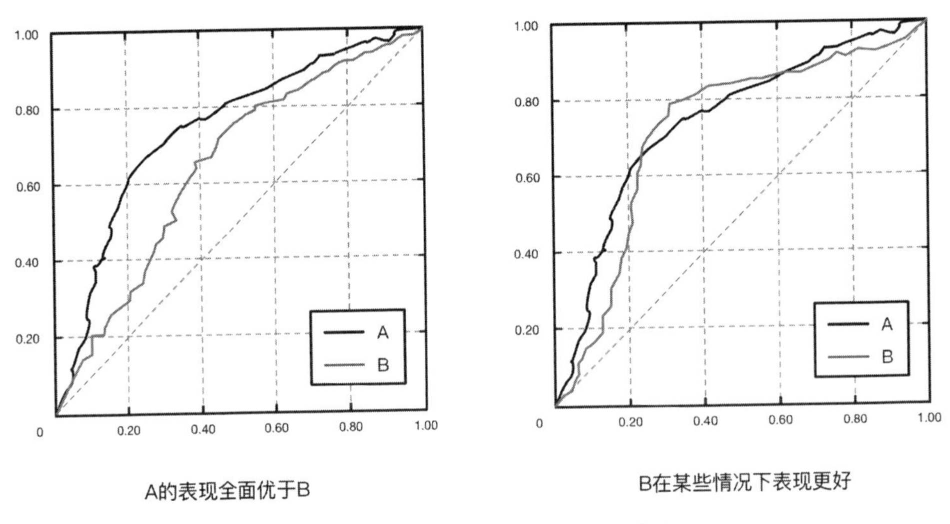

图 3-13　分类器 A 与分类器 B 的 ROC 曲线

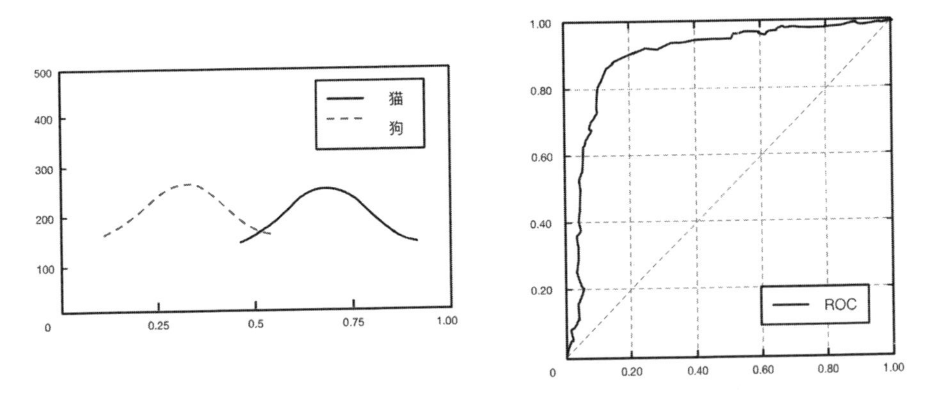

图 3-14　某分类器下的 ROC 曲线

如图 3-15 所示，如果将阈值设为 0.3，左边画线部分的面积代表模型判断为狗的图片数量，有 300 张左右，并且从图中可以看出来这 300 张图片全部分类正确。如果将阈值设为 0.5，则左边画线部分的面积代表模型判断为狗的图片，有 530 张左右，从图中重叠部分可以看出来大约有 40 个分类结果是包含错误分类的，这些错误分类包括实际是狗的图片被分成猫的情况以及实际是猫的图片被分类成狗的情况。

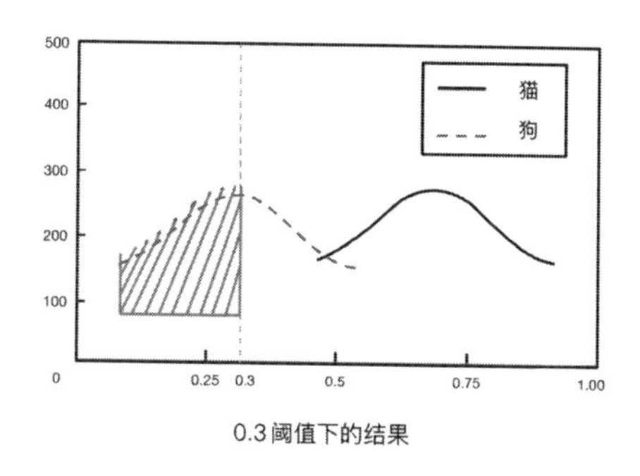

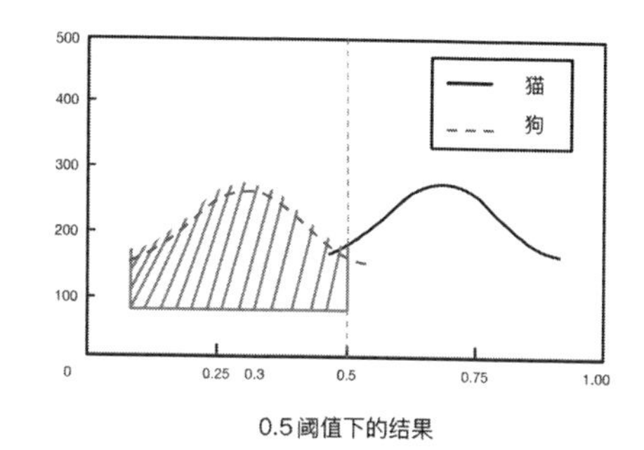

图 3-15 0.3 阈值与 0.5 阈值下的分类结果

这时候我们用另外一个分类器再进行分类，结果如图 3-16 所示。可以看到，整个分类结果向右偏移，同时模型的效果变差，因为两个分类结果重叠的部分变大，无论我们把阈值设在哪里都会比上一个分类器产生更多的错误分类。假如这时我们采用“宁可抓错，不可放过”的原则把阈值设置为 0.8，则右边画线部分只有 200 个左右不会被分类为狗的图片，其余 800 个结果全部会被判定为狗的图片，尽管这里面有 350 个分类结果是错误的。

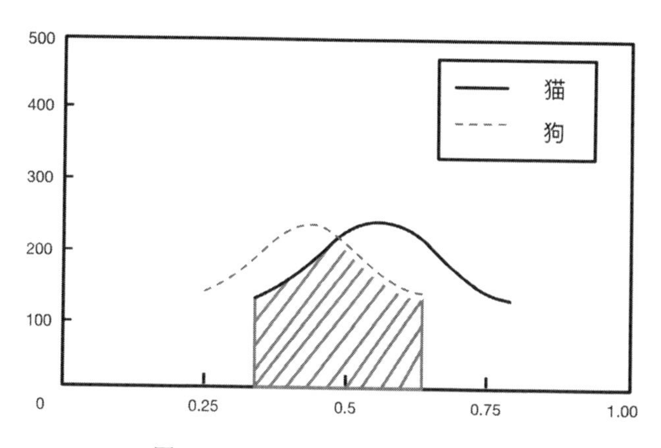

图 3-16 在新的分类器下的 ROC 曲线

从上述例子可以看出，**ROC 曲线可以帮助我们从图像的角度分辨两个分类结果的分布情况以及选择模型合适的阈值**。因此 ROC 曲线也是很多产品经理比较喜爱的指标之一。这时很多读者可能会有疑问，既然已经有那么多评价标准，为什么还要使用 ROC 曲线呢？原因在于 ROC 曲线有个很好的特性：当测试集中的正负样本的分布变化的时候，ROC 曲线能够保持不变。在实际的数据集中经常会出现样本类不平衡的情况，即正负样本比例差距较大，而且测试数据中的正负样本也可能随着时间变化。使用 ROC 曲线，不管数据集怎么变化，都有直观的展示效果。

3.3.6 AUC 值

ROC 曲线在一定程度上可以反映分类器的分类效果，但其始终是以图像的形式展示结果，不能告诉我们直接的结果。我们希望有一个指标，这个指标越大代表模型的效果越好，越小代表模型的效果越差。于是引入了 AUC 值（Area Under Curve）的概念。AUC 是机器学习中最常用的模型评价指标之一，实际上 AUC 代表的含义就是 ROC 曲线下的面积，如图 3-17 所示，它直观地反映了 ROC 曲线表达的分类能力。AUC 值通常大于 0.5 小于 1，AUC（面积）值越大的分类器，性能越好。

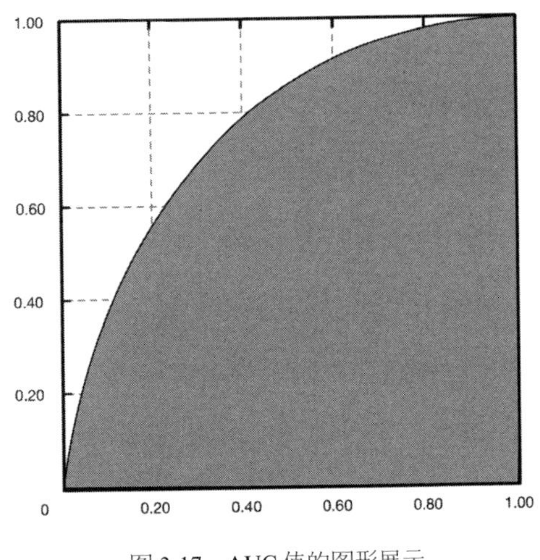

图 3-17　AUC 值的图形展示

AUC 值的定义是：从所有正类样本中随机选取一个样本，再从所有负类样本中随机选取一个样本，然后分类器对这两个随机样本进行预测，把正类样本预测为正类的概率为 p_1，把负类样本预测为正类的概率为 p_0，$p_1>p_0$ 的概率就等于 AUC 值。

AUC 值是指随机给定一个正样本和一个负样本，分类器输出该正样本为正的概率值比分类器输出该负样本为正的那个概率值要大的可能性，AUC 值越高代表模型的排序能力越强。理论上，如果模型把所有正样本排在负样本之前，则此时 AUC 的取值为 1，代表模型完全分类正确，但这种情况在实际中不可能出现。

下面总结了 AUC 值的四种取值结果。

当 AUC=1 时，代表采用这个预测模型，不管设定什么阈值都能得出完美预测，模型能够将所有的正样本都排在负样本前面。但是在现实中不存在完美的分类器。

当 0.5<AUC<1 时，代表模型的效果比随机猜测的准确率高，也就是说模型能够将大部分的正样本排在负样本前面，模型有一定的预测价值。

当 AUC=0.5 时，代表模型的预测效果与随机猜测一样，只有 50%的准确率。也就是说模型完全不能区分哪些是正样本哪些是负样本，没有预测价值。

当 AUC<0.5 时，代表模型的预测效果比随机猜测还差；但只要将样本正负例互换，结果就能优于随机猜测。

3.4 产品经理的经验之谈

在学习机器学习算法之前，通过对数据本质、可视化方式以及模型指标三方面的探索，产品经理对数据有了一个更深刻的认识与理解。掌握数据的基本概念可以帮助我们在收集数据以及进行数据预处理的时候更有针对性，知道哪些是不符合要求的数据，哪些是有价值的数据。数据可视化可以帮助我们用更直观的方式寻找出数据的特点，甚至发现数据可能存在的问题。最后作为产品经理必须掌握模型效果的评价指标，能够分辨在什么场景下使用什么指标，以便我们更有针对性地优化模型。

通常我们把拿到的数据源分为训练集、验证集与测试集。训练集专门用来训练模型，验证集用于调节模型的超参数，测试集则用于检验模型的性能。样本多的时候可以按不同比例划分三个数据集，少的时候需要采用 K 折交叉验证法。适用于机器学习的数据类型可以分为数值型和类别型，其中数值型可以分为连续型和离散型，类别型可以分为定类型和定序型。

评价指标是机器学习任务中非常重要的衡量标准。不同的机器学习任务有不同的评价指标，对于同一种机器学习任务在不同场景下也有不同的评价指标。不同指标的着重点不一样，产品经理需要学习不同指标的特性，在项目中根据实际需要选择不同的评价指标。

精确率是针对预测结果而言的，表示预测为正的样本中有多少是真正的正样本。准确率是评价模型效果最简单的指标之一，但是在正负样本极不平衡的情况下，准确率这个评价指标存在很大的缺陷；精确率和召回率是两个不同的评价指标，但它们互相影响。在理想情况下，精确率和召回率两者都越高越好。然而事实上这两者在某些情况下是矛盾的，因为当召回率变高时意味着模型覆盖的数据量变多，那么模型就有可能犯错，把一些不属于该分类的样本也加进来，因此精确率会下降。

ROC 曲线可以帮助我们形象地展示模型阈值调整时的预测效果的变化，AUC 值就是 ROC 曲线下的面积，它直观地反映了 ROC 曲线表达的分类能力。

学习做菜的时候，我们不但要了解刀具如何使用，更要清楚食材的特性，才不会闹出“杀鸡用牛刀”的笑话。学习建模其实与学习做菜一样，我们不但要了解算法的特性与原理，更要了解数据的特点，这样我们才能在应对业务难题的时候，从数据中快速发现突破口，找到合适的方法解决问题。

4 趋势预测专家：回归分析

4.1 什么是回归分析

我们在第 1 章曾经讲过，机器学习分为有监督学习、无监督学习、半监督学习及强化学习。其中有监督学习及半监督学习都需要样本标签数据，在模型预测后，将预测结果与样本标签对比，不断纠正模型，以此指导计算机学习数据。在有监督学习中，有两个最典型的应用场景：回归与分类。这两个场景的区别在于，回归预测的是连续值，分类预测的是离散值。进入算法的第一课，首先我们学习回归分析模型。值得注意的是，虽然算法的名称叫回归分析，但强大的回归算法却不仅仅只能完成回归任务，当面对分类任务时，我们同样可以使用逻辑回归算法来解决问题。

回归分析对我们来说并不陌生，早在小学的时候，有一种题目是从数列中找规律，然后填出下一个数字。例如一个数列为“1、4、7、10、__”，请找出规律填出下一个数字。对于这个简单的数列很容易看出规律，每一个后面的数字是前一个加“3”得到的，因此横线处应该填写 13。实际上我们已经找到了这个数列的函数表达式，也预测出了下一个值，只是我们当时只知道用“加 3”这样的方式表示。

在统计学中，回归分析法指利用数据统计原理，对大量统计数据进行数学处理，确定因变量与某些自变量的相关关系，建立一个强相关性的回归方程（函数表达式），并加以应用，来预测今后的因变量的变化的分析方法。简单来说，可以把回归分析理解为研究不同变量相关关系的算法。例如在坐标轴中随意画一条直线，这条直线反映了自变量 x 和因变量 y 之间关系，回归分析就是用特殊的方法找到这个关系的算法。

回归分析按照涉及变量的多少，可分为一元回归分析和多元回归分析；按照因变量的多少，可分为简单回归分析和多重回归分析；按照自变量和因变量之间的关系类型，可分为线性回归分析和非线性回归分析。按照不同维度，回归分析有不同的类别。

回归分析中最常见的算法是线性回归以及逻辑回归，线性回归常用于处理回归任务，输入的训练数据是连续型的数据，例如人体的身高、体重等属性；逻辑回归常用于处理分类任务，输入的训练数据是离散型的数据，例如人体头发的颜色、瞳孔的颜色等属性。这两个都是最常见的回归算法，产品经理必须清楚两者的区别，重点掌握回归分析的实现原理以及所用数据的特点。实际上回归分析模型并不难理解，但是在实际工作中，很多产品经理往往理不清头绪，特征变量从哪来？又怎么选？模型的输出结果是什么？如何评价模型好坏？有了模型如何应用等等一系列问题都出来了。希望你通过以下对回归分析的学习，掌握回归分析的方法，从而在工作中更加得心应手。

4.2 线性回归

4.2.1 一元线性回归

线性回归描述两个及以上变量之间的关系，最简单的一元线性回归则描述两个变量之间的关系。回想初中的数学课堂上，老师教会我们如何求解一元一次方程，这是最简单的线性方程表达式。如图 4-1 所示，只需要知道坐标系上任意两个点，通过解方程，就能求出一条穿过这两个点的直线，表达式为：

$$y = ax + b$$

一元一次方程的特点是，自变量 x 变化时，因变量 y 会随之改变，y 的取值只取决于 x 的变化。

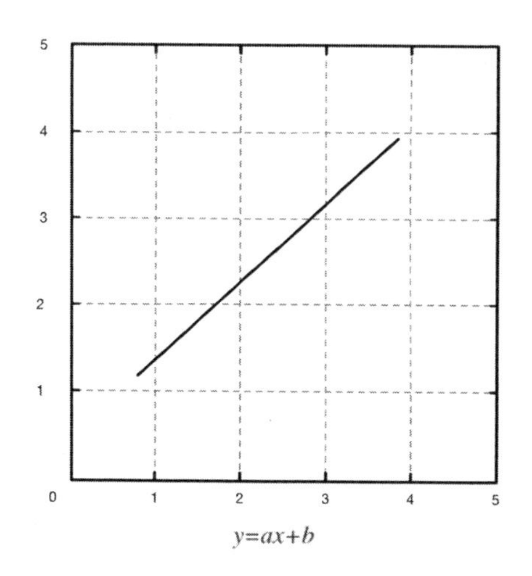

图 4-1 一元一次方程图

在生活中我们也经常遇到这种场景，通过已知的一些数据，找到一个函数，并预测下一个增长点出现的位置。例如某车间生产过程中，设备的折损率与订单数量成正比，订单数量越多，机器运转的时间越长，设备出问题的概率越高。因此我们通过以往订单数量与折损率之间的关系，找到一个函数表达式，推测订单数量的峰值。如果超过这个峰值，那么设备损坏的概率极高，得不偿失。由此我们可以将订单数量与机器折损率控制在一个平衡的状态中。

某企业在经营过程中，每个季度的销售额与广告的投放量成正比。广告投放越多，越多客户知道该企业的产品，购买的人数也会越多。因此我们通过以往每个季度的销售额与广告投放量之间的关系，预测下一个季度如果想达到一定的销售额，需要投入多少广告成本；以及经济学家根据一段时间内的股票指数变化预测后续股市的交易趋势是上升还是下降，等等，这些都是典型的一元线性回归场景。

通过以上的例子可以看出，一元线性回归是分析只有一个自变量的线性相关关系的方法。一个变量往往受许多因素的影响，若其中只有一个因素是主要的，起决定性作用，则可用一元线性回归进行预测分析。我们用一个简单的例子来探究一元线性回归的拟合过程。

某运动记录软件近期新增商城板块，用户可以在商城中购买运动装备。运营一段时间后，负责这个模块的产品经理发现，经常运动的用户似乎更愿意在商城中消费，消费的总金额也随运动总时长而增长。于是他想找到运动时长与消费金额之间的规律，以便使用户的运动时长增加，从而使用户的购买率增加。

首先取 10 名用户的运动总时长与商场购买总金额，如图 4-2 所示。

姓名	运动总时长(分钟)	购买总金额(元)
陈磊	755	1147
李斌	435	718
孙明宇	574	905
林贝	525	832
刘明扬	411	688
陈高	355	604
沈聪君	522	842
陈政道	210	393
周俊恺	644	1023
高照	184	385

图 4-2　10 名用户的运动时长与购买金额

我们以用户的运动总时长作为 x 轴，消费总金额作为 y 轴，将这些数据表示在平面直角坐标系中，能够得到一个散点图，如图 4-3 所示。

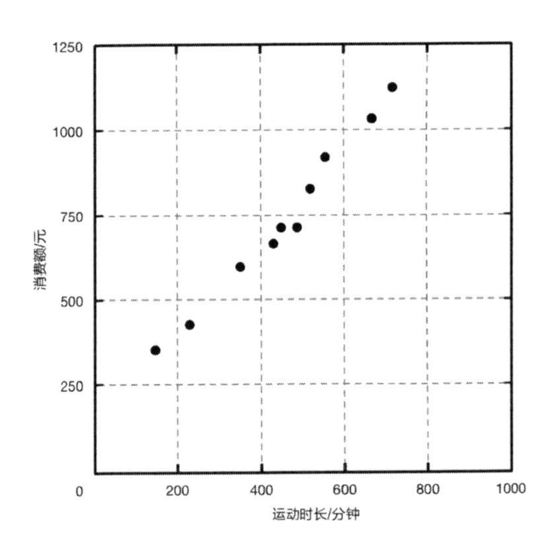

图 4-3　散点图

从这个散点图可以看出，如果想在这堆散点中用一条直线拟合这些数据点，可以画出很多条直线，如图 4-4 所示。

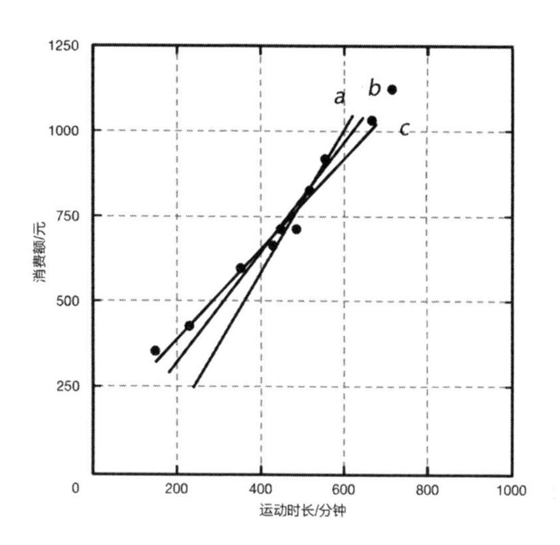

图 4-4 散点图中的拟合直线

图中的直线都可以用表达式 $y=ax+b$ 表示，但是在表达式中，参数 a 和 b 的取值如何确定？也就是说到底哪一条直线才是我们想要的方程呢？如何评判我们挑选的直线就是最合适的直线呢？

还记得我们在第 1 章曾讲过，训练模型的过程从本质上来说，就是通过一堆训练数据找到一个与理想函数最接近的函数。设想在最理想的情况下，对于任何适合使用机器学习去解决的问题，在理论上都存在一个最优的函数能够完美解决这个问题。但在现实应用中不一定能这么准确地找到这个函数，所以我们找与这个理想函数接近的函数，如果其能够满足我们的使用那么我们就认为它是一个好的函数。

回到这个场景中，模型找到与理想函数最接近函数的过程，实际上就是我们通过这些数据点找到最佳的一元线性回归方程的过程。最佳的一元线性方程按照我们的理解，就是能够完美穿过所有点的直线，每一个样本点都“恰好”在这条线上。但是从图可以看出，**实际上我们找不出这样的直线，恰好穿过所有的样本点，所以只能找到最接近理想直线的直线，即这条直线尽量靠近所有的样本点**。

图中的数据点称为样本点，我们预测的直线上的点称为预测点，让这条直线尽量靠近所有数据点，也就是让预测点距离样本点的误差尽可能小，如图 4-5 所示。

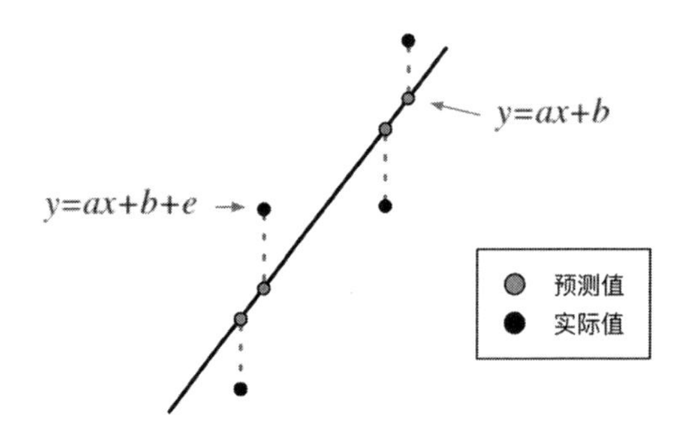

图 4-5　预测直线到实际点的误差

为了计算预测点到样本点之间的误差，我们需要在算式中加入参数 e 代表误差，用公式表示为：

$$y = ax + b + e$$

现在的解决思路转变为，寻找最理想函数的过程实际上是寻找让总误差最小的方程，因此我们做一个移项，把每个点的误差表示为：

$$|e| = |y - ax - b|$$

只需要想办法利用已知的样本点(x,y)来寻找合适的参数 a 和 b，使得误差$|e|$的和对于所有已知点来说最小，我们就能够解决线性回归的问题。$|e|$的和被称为残差和，可以表示为：

$$q = \sum_{i=1}^{n} |e_i| = \sum_{i=1}^{n} \left|Y_i - \widehat{Y}_i\right| = \sum_{i=1}^{n} \left|Y - \hat{b} - \widehat{aX}_i\right|$$

为了消除绝对值符号，我们对原式求平方，得到能够满足我们要求的式子：

$$Q = \sum_{i=1}^{n} e_i^2 = \sum_{i=1}^{n} (Y_i - \widehat{Y}_i)^2 = \sum_{i=1}^{n} (Y_i - \hat{b} - \widehat{aX}_i)^2$$

最后求残差和的最小值，我们一般通过“最小二乘估计”法推导出参数 a 和 b 的求解公式，从而算出残差和。

在此简单讲解一下什么是“最小二乘估计”法，最小二乘估计法涉及较多简单的数学知识。首先我们知道一元函数最小值点的导数为 0，例如函数 $y=x^2$，式中 x^2 的导

数为 $2x$。接下来我们令 $2x=0$，求得 $x=0$ 的时候，y 取最小值。

实际上二元函数和一元函数比较类似。我们不妨把二元函数的图像设想成一个曲面，把最小值想象成一个凹陷的位置，在这个凹陷底部，从任意方向上看，偏导数都是 0。因此，对于函数 Q，分别对 a 和 b 求偏导数，然后令偏导数等于 0，可以得到一个关于 a 和 b 的二元方程组，由此可以求出 a 和 b 的具体取值，这个方法被称为最小二乘法。

推导过程我们不展开叙述。通过最小二乘估计法，我们可以得到 a 和 b 的求解公式为：

$$a = \frac{n\sum X_iY_i - \sum X_i\sum Y_i}{n\sum X_i^2 - (\sum X_i)^2}$$

$$b = \frac{\sum X_i^2\sum Y_i - \sum X_i\sum X_iY_i}{n\sum X_i^2 - (\sum X_i)^2}$$

有了这个公式，若想知道运动时长与商城购买金额之间的关系，我们可以通过数据算出那条拟合直线，分别求出公式中的各种平均数，然后代入即可。最后算出 a=1.98，b=2.25，即最终的回归拟合直线为：

$$y = 1.98x + 2.25$$

利用这条回归直线，产品经理可以设置一些提高销售额的目标。例如要让商城的销售额达到人均 620 元，那么整体运动时长必须提升到 350 分钟以上。当用户运动到一定时长，我们可以增加一些激励措施或者设计一些小功能让用户继续运动，提升用户的运动时长，这也是提升用户购买欲望的潜在方法。

4.2.2 多元线性回归

在回归分析中，如果有两个或两个以上的自变量，就称为多元回归。在实际生活中，出现某种现象一定是与多个因素相关的，因此由多个自变量的组合共同预测因变量，会比只用一个自变量进行预测更准确。因此多元回归的实际意义更大。一元线性回归研究的是一个变量与结果之间的关系，而多元线性回归研究的是多个变量与结果之间的关系。用公式表示为：

$$f(x) = w_1x_1 + w_2x_2 + \cdots + w_dx_d + b$$

上式是一个多元一次线性方程，一般使用向量形式简写成：

$$f(\boldsymbol{x}) = \boldsymbol{w}^{\mathrm{T}}\boldsymbol{x} + b$$

其中 $\boldsymbol{w} = (w_1, w_2, \ldots, w_d)$，$\boldsymbol{w}$ 和 b 就是模型需要学习的参数。

在上面的例子中，我们探究的是用户的运动时长与购买力之间的关系。随着进一步的挖掘，产品经理又发现除了运动时长以外，用户在商城的平均浏览时长也会对销售额产生影响，从数据上看，平均浏览时长越长的用户，消费的金额越大。于是我们找到这 10 个用户的商城平均浏览时长，如图 4-6 所示。这一次我们研究两个自变量与一个因变量之间的关系，希望能够找出这两个变量对销售额的影响。

姓名	运动总时长(分钟)	浏览总时长(秒)	购买总金额(元)
陈磊	755	364	1147
李斌	435	180	718
孙明宇	574	243	905
林贝	525	221	832
刘明扬	411	160	688
陈高	355	122	604
沈聪君	522	234	842
陈政道	210	330	393
周俊恺	644	302	1023
高照	184	130	385

图 4-6　增加一个变量

增加一个变量以后，原本表示两个变量关系的二维平面变成了表示三个变量关系的三维立面，如图 4-7 所示。如果增加更多的变量，则表示的图像维度会不断升高，变成高维空间。超过三维后我们很难将其图像画出来。

从图中可以看出，实际上多元线性回归与一元线性回归的原理是相同的，也是希望找到一个函数能够穿过所有的样本点，在三维空间中就是找到一个平面，使所有的样本点恰好都落在这个平面上。但是实际上并不存在这样的平面。因此，与一元回归模型一样，我们需要找到一个离所有点最“接近”的平面。

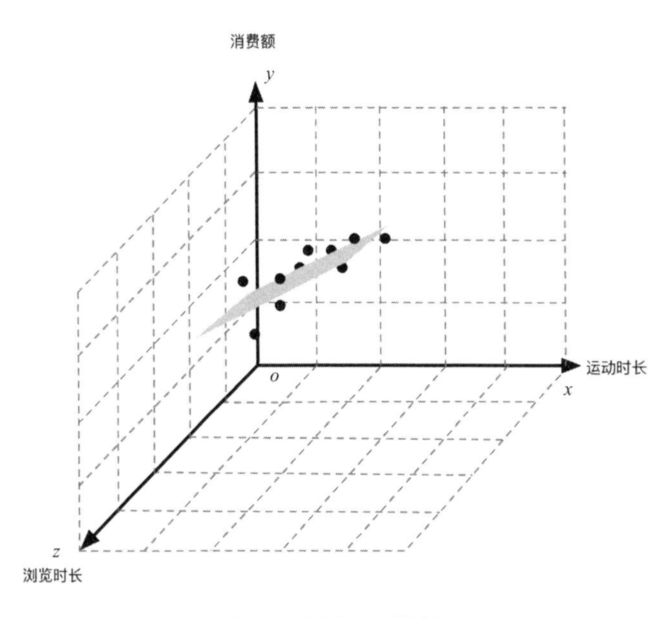

图 4-7　两个变量的散点图

值得注意的是，我们说线性回归的学习目标是要找到最优的参数 $\boldsymbol{w}$ 和 b ，以此确定一个超平面（直线与平面都是超平面），使得所有样本点到超平面最“接近”，也就是距离最小。那么怎么来定义这里所说的“远近”关系呢？在三维空间不像在二维平面那样好计算点到直线的距离，因此在回归问题中，我们常用均方误差（Mean Squared Error）来表示样本点到这个超平面的远近程度。均方误差的定义为：对于任意样本 (x,y) 和模型的预测值 $h(x)$ ，均方误差为标注值 y 和预测值 $h(x)$之间差的平方，用公式表示为：

$$\text{Error} = (h(x) - y)^2$$

因此，我们的目标变成了，使得训练数据中 N 个样本点的平均均方误差最小。即令以下式子的值最小：

$$J(\theta) = \frac{1}{2}\sum_{i=1}^{n}(h_\theta(x_i) - y_i)$$

这个式子称为线性回归的损失函数。损失函数是回归模型中非常重要的概念，它定义了模型效果的好与坏的评判标准。求得最优参数 $\boldsymbol{w}$，实际上就是让 $\boldsymbol{w}$ 的损失值最小。对于多元线性回归方程，可以采用“最小二乘估计法”或“梯度下降法”求解，具体的求解过程在此不展开叙述。

在实际项目中，并非所有场景都适合做回归分析，明确问题的分析目标很关键。获得样本数据以后，通常先从直方图、散点图入手，寻找数据之间因变量和自变量可能存在的关系。只有当因变量与自变量确实存在某种线性关系时，建立回归方程才有意义。因此作为自变量的因素与作为因变量的预测对象是否有关，相关程度如何，以及判断这种相关程度的把握性多大，都是进行回归分析必须要解决的问题。

在互联网领域，产品的运营数据无疑是一座待开垦的金矿。而机器学习模型则是强有力的挖掘工具，帮助我们找出数据规律。回归分析模型是产品经理手上一把强力的钻头，帮助其预测目标的趋势发展。例如上线某营销活动以后，预估流量转化的销售额有多少；分析客户购买了某产品后，多长时间后会再次购买新产品；预测某产品在未来半年内日活、月活用户数的增长趋势，等等。以上例子都是对某些变量进行分析与运算，以此得到目标值变化趋势的典型场景。

回归分析不但能够帮助我们预测发展趋势，制定业务运营的目标，也可以用来寻找发生某些现象的原因，找到影响因变量的自变量有哪些。例如影响用户购买某产品的原因、浏览某页面的时长的因素、用户点击购买的因素，等等。只有带着数据需求，深入业务流程中，才能做到透过现象看本质，并且做出理性的决策。

4.3 如何评价回归模型的效果

现在我们知道，在任何场景下都不存在一个“理想函数”，恰好拟合所有样本点的数值，所以我们求得的只是一个最接近“理想函数”的拟合函数。无论函数拟合得多好，肯定存在某些样本点没有落在该函数所表示的超平面上的情况。因此需要通过一些指标定义函数的“拟合程度”，这也是判断模型效果的关键。

回归分析来源于统计学，因此我们可以使用统计学的相关指标来评价拟合程度。统计学中常用判定系数（coefficient of determination）R^2 判断回归方程的拟合程度，R^2 越大，代表回归方程拟合程度越好；R^2 越小，代表回归方程拟合程度越差。**统计学认为，样本之所以存在波动，是函数的作用与非函数的作用共同造成的。因此我**

们需要使用三个不同的参数表示样本之间的波动、函数的作用以及非函数的作用。所以 R^2 一般由以下三个参数组成。

（1）总偏差平方和（Sum of Squares for Total，SST）：是指每个因变量 y 的实际值与因变量平均值 Y（给定样本点的所有 y 的平均）的差的平方和，这个指标反映了样本值的总体波动情况。总偏差平方和的计算公式为：

总偏差平方和=回归平方和+残差平方和

（2）回归平方和（Sum of Squares for Regression，SSR）：是指因变量 y 的回归值（函数上的 Y 值）与其均值（给定样本点的 Y 值平均）的差的平方和，它是由于自变量 x 的变化引起的 y 的变化，反映了因变量 y 的总偏差中由于 x 与 y 之间的线性关系引起的 y 的变化部分，这个变化可以由回归函数解释，它体现了函数的作用。

（3）残差平方和（Sum of Squaresfor Error，SSE）：为了明确解释变量和随机误差各产生的效应是多少，在统计学上把实际点与它在回归直线上预测点相应位置的差异称为残差，把每个残差的平方加起来称为残差平方和，它表示随机误差的效应。这个指标反映了除因变量对自变量的线性影响之外的其他因素对样本产生变化的作用，这个变化不能用回归函数解释，它体现了非函数的作用。

这三个参数怎么理解呢？还是以用户购买力与运动时长之间的关系为例。实际上运动时长只是影响用户购买力的众多因素中一个相对比较重要的因素，用户的购买力可能还受到用户的运动次数、商城的浏览时长、商品自身的吸引力等众多难以把控的因素所影响。因此用户购买力是众多因素相互作用的最终结果。由于每个用户在商城的消费金额是波动的，因此我们用每个用户的实际消费金额与整体用户消费金额的平均值之间差的平方和来表示整体的波动情况，即 SST。

用回归模型拟合的函数只表示运动时长这个变量对于用户消费金额的影响，因为还有其他的影响因素，所以实际值和预测值之间有所偏差，这也是部分样本点没有落在函数拟合出来的平面上的根本原因。因此我们说回归函数只能解释一部分影响用户购买力的因素。实际值与预测值之间的差异，就是除了运动时长之外其他因素共同作用的结果，是不能用回归函数解释的部分。因此我们可以得到如下计算公式：

SST=SSR（回归函数可以解释的偏差）+SSE（回归函数不能解释的偏差）

对以上三个概念有了一个初步认识以后，我们再看 R^2 的计算公式：

$$R^2 = \frac{\text{SSR}}{\text{SST}} \text{或} R^2 = 1 - \frac{\text{SSE}}{\text{SST}}$$

R^2 的取值在[0,1]之间，取值越接近 1 说明预测函数的拟合程度越好。假设所有的样本点都在回归函数上，则 SSE 为 0，R^2=1，这意味着 Y 的变化完全是由因变量的变化引起的，没有其他因素会影响样本的真实值，回归函数完全能够解释样本的变化。如果 R^2 很低，则说明 X 和 Y 之间可能不存在任何关系。

在产品工作中，经常遇到价值量化的问题。比如一些 B 端产品是为中小企业服务的，上线新功能后如何评价这个功能的价值是一个颇具争议的问题。如果单纯看点击率或使用率可能反映不了价值，只有销售额的变化最能够体现出新功能的价值。但是企业的销售额有周期性的变化并且变化也不是由这个新功能单独一个变量引起的，所以、我们就很难去量化新功能的价值。**学习了判定系数后，我们可以预测提升的产能与实际产能之间的偏差，尝试自己定义判定系数的计算方式，来量化新功能带来的业务价值。**

4.4 逻辑回归

4.4.1 从线性到非线性

逻辑回归（Logistic Regression，LR）与线性回归一样，是一种应用广泛的机器学习算法。该算法简单高效，预测速度快，而且容易学习和理解。逻辑回归不仅适用于回归问题，也可以用于分类问题，通常我们用于解决分类问题。实际上，逻辑回归仅仅是在线性回归的基础上，套用了一个逻辑函数。但也是因为这个逻辑函数，使得回归模型在分类任务中大显身手，有了更为广阔的应用前景，例如在流行病判别、个人信用评估以及计算广告学等很多领域都能见到逻辑回归的身影。

在讲述逻辑回归的原理之前，我们先回顾线性回归的原理。通过以上的讲解我们知道，线性回归的关键点是，对于多维空间中存在的样本点，可以用特征的线性组合去拟合空间中点的分布和轨迹，如图 4-8 所示。

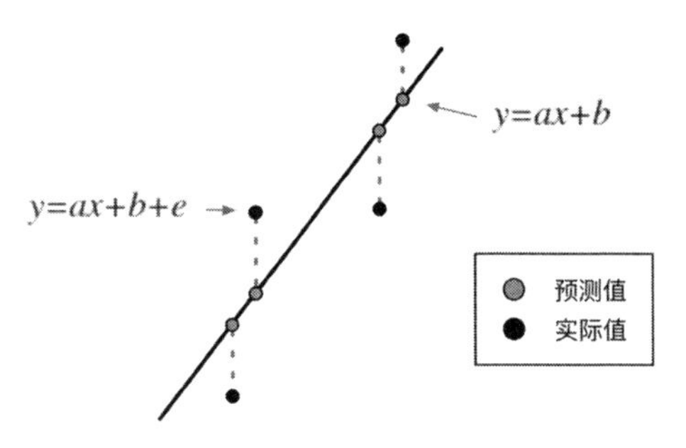

图 4-8 线性回归原理

这时我们会思考，线性回归能够对连续值进行预测，那么也能够适用分类场景吗？既然线性回归能够拟合出预测值的分布轨迹，即如果我们增加一个阈值，把低于阈值的结果设为 0，把高于阈值的结果设为 1，不就可以解决最简单的二分类问题了吗？

我们通过一个例子讲述这个问题。某信用卡中心试图通过以往客户的逾期还款数据建立一个模型来判断新客户是否会出现恶意逾期的情况。如图 4-9 所示，图中横坐标轴表示过往客户的逾期天数，纵坐标轴表示过往客户的欠款金额，且黑色样本为非恶意逾期客户，灰色样本为恶意逾期客户。构建线性回归模型后，我们设定阈值为 0.5，模型判定 $h_\theta(x) \geqslant 0.5$ 的客户为恶意逾期的客户，而 $h_\theta(x) < 0.5$ 的客户为非恶意逾期客户。

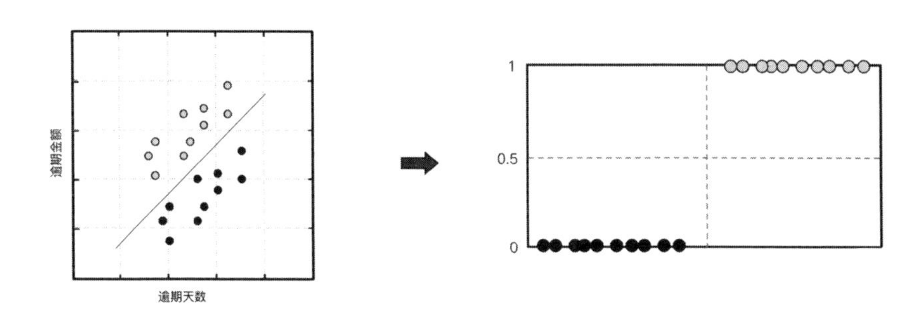

图 4-9 客户逾期情况预测结果

如果数据分布像图 4.9 一样规整，那么我们用前文讲述的方法就可以解决问题。但在实际情况中，我们拿到的样本数据并没有这么准确，有一些客户可能是超过了几天忘记还款，并非真的恶意逾期，如果用原来的方法判断会出现如图 4-10 所示的情况。

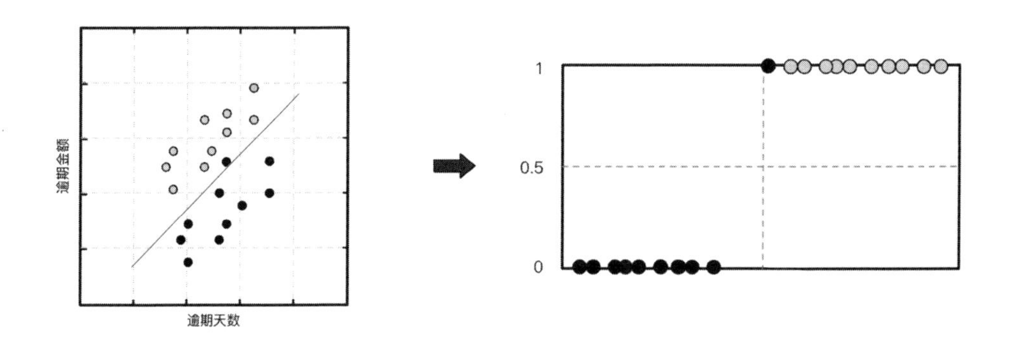

图 4-10　客户逾期的特殊情况

这时如果我们还是用 0.5 的阈值，那么判定为恶意逾期的结果中就包含了非恶意逾期的情况，判定结果显得没那么准确。如果出现更多逾期非恶意欠款的情况，模型就更加难以应对。显然在线性回归中加入阈值的方法已经不能够满足我们的分类需求。

细想到底是哪个环节出了问题。对于一个新输入的样本点，通过模型计算出来的结果只要是大于 0.5，哪怕只比 0.5 大了 0.0001 就会被分类为恶意逾期。这个函数在 0.5 处有一个跃阶的现象，导致模型过于“敏感”，如图 4-11 所示。

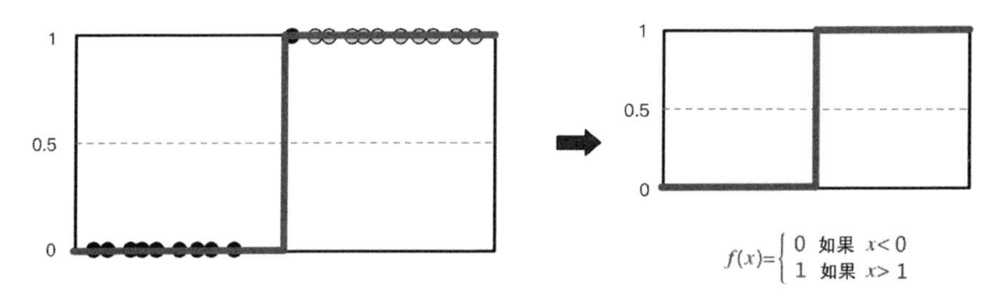

图 4-11　函数的跃阶现象

有没有什么方法可以让这个函数表现更“光滑”一点，变得不那么敏感呢？

生活中很多事情并不是非黑即白，所谓的对和错并没有那么绝对。现在我们遇到的情况就是模型太过于“死板”，出来的结果非负即正。要想解决这个问题，可以尝试将直接判断结果是正是负转化为判断结果是正类或负类的概率是多少。原本的方法在阈值大于 0.5 的情况下就直接判定为正类，现在改变为不直接判定类别，只输出是正类或负类的概率是多大，概率越高，判定的把握越大，是正类的可能性也就越高。有了这个思路以后，我们需要找到从输出某个结果转化为输出某个结果的概率的方法。

4.4.2 引入 Sigmoid 函数

有了解决思路，还需要找到具体的实现方法。在数学上恰好存在 Sigmoid 函数具有这样的特性，其能够满足我们的需要。这个函数的输入范围是−∞→+∞，而值域则光滑地分布在 0 到 1 之间。函数表达式和图像如图 4-12 所示。

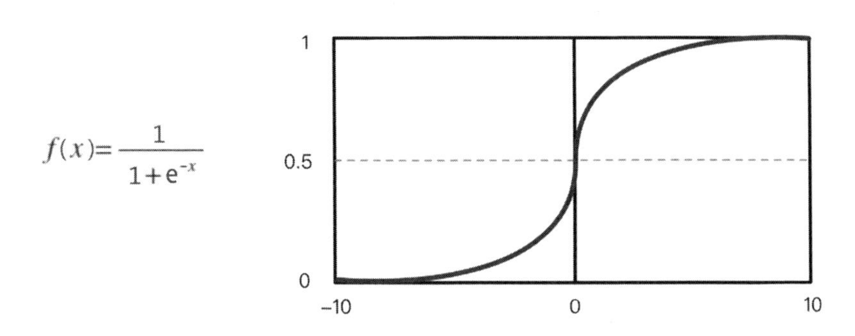

图 4-12 Sigmoid 函数的表达式与图像

从函数图像上看，函数 $y=g(z)$在 $z=0$ 的时候取值为 0.5。随着 z 逐渐变小，函数值趋于 0。z 逐渐变大时，函数值逐渐趋于 1，这正好是一个概率的表达范围。由此我们可以得到逻辑回归算法的公式为：

$$h_\theta(x) = \frac{1}{1 + e^{-\theta^{\mathrm{T}} x}}$$

逻辑回归的本质是线性回归。只是在特征转变为输出结果的时候，加入了一层函数映射，即先把特征线性求和，然后使用函数 $g(z)$作为假设函数进行预测。我们看到的参数 z 实际上是一个线性回归方程，只不过在这里用符号表示。逻辑回归的求解方式与线性回归相同，都是通过损失函数的方式逼近最优解求得结果。

逻辑回归的目的不仅仅是将样本分成 0 或 1 两类，更重要的是样本分类的准确性。例如进行肿瘤检测时，在患者确诊带有肿瘤的情况下，我们更关心患恶性肿瘤的概率是多少。因此对于逻辑回归，我们可以理解它通过概率将样本分成了 0 和 1 两类。由于逻辑回归的这个特性，在互联网领域我们通常使用逻辑回归预测客户流失的概率、客户恶意欠款概率以及进行风险监测。

因为逻辑回归不是通过一个固定的阈值判定样本数据的正负性，所以在二维平面上也不再是简单的一刀切，通过一条直线区分不同类别的样本。逻辑回归更具有包容性，可以将不能线性区分的数据集区分开。这一切归因于激活函数 Sigmoid，其将因变量与自变量之间的线性关系变成了非线性关系，使得函数在二维平面上的表现更为柔和，也就是说分类的判定边界变得更加贴合样本数据的特点，如图 4-13 所示。

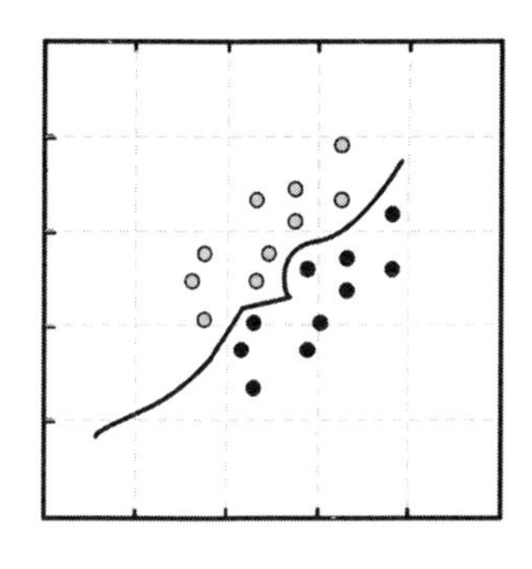
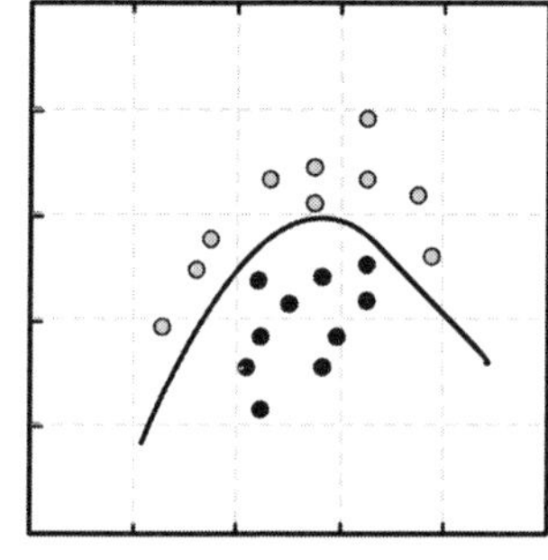
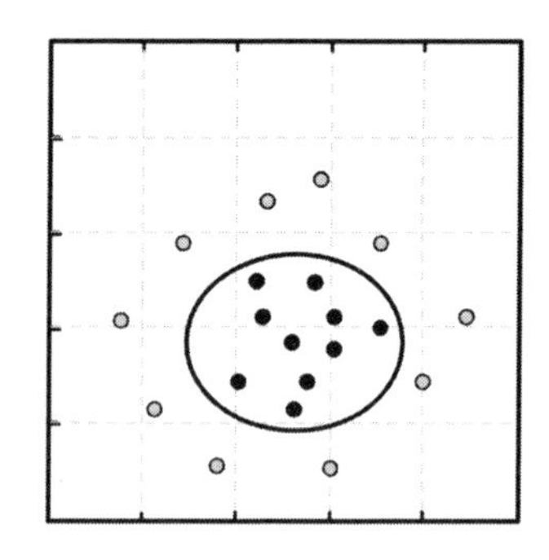

图 4-13　不同的逻辑回归分类图像

以上三幅图中的实心圆与空心圆样本点为不同的类别。使用逻辑回归生成的分类边界，不管是直线或曲线，都能够将图中的两类样本点区分开。下面我们来看看，逻辑回归是如何根据样本点获得这些判定边界的。

生成判定边界与 $h_\theta(x)$的取值有很大关系。只要 $h_\theta(x)$设计得足够合理，我们就能在不同的样本分布环境下，拟合出不同的判定边界，从而把不同类别的样本点区分开。接下来的问题就变成如何获得最合适的参数 $h_\theta(x)$，如何计算参数 $h_\theta(x)$的具体取值。

逻辑回归与线性回归相同，我们没有办法找到一个完美的函数完全拟合预测类别的概率，只能想办法找到一个最接近理想函数的函数。因此我们的解决思路是让 $h_\theta(x)$的计算值与理想值之间的损失最小，也就是引入一个损失函数。

最合适的参数$h_\theta(x)$，其实就是让损失最小的 $h_\theta(x)$。说到损失函数，我们首先想到的是线性回归模型中使用的均方误差。使用均方误差作为损失函数可以求解，但是会导致损失函数变成一个“非凸”函数，简单地说就是这个函数有很多个局部最低点，如图 4-14 所示。

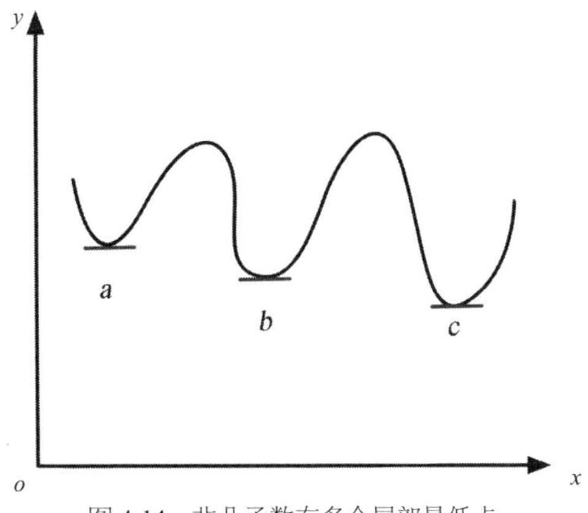

图 4-14 非凸函数有多个局部最低点

如果出现图 4-14 这种情况，我们很难把握到底在什么时候损失函数才达到了全局最小值。最理想的情况是找到一个“碗状结构”的凸函数作为损失函数，这样我们通过求解得到的局部最低点一定是全局最小值点，如图 4-15 所示。

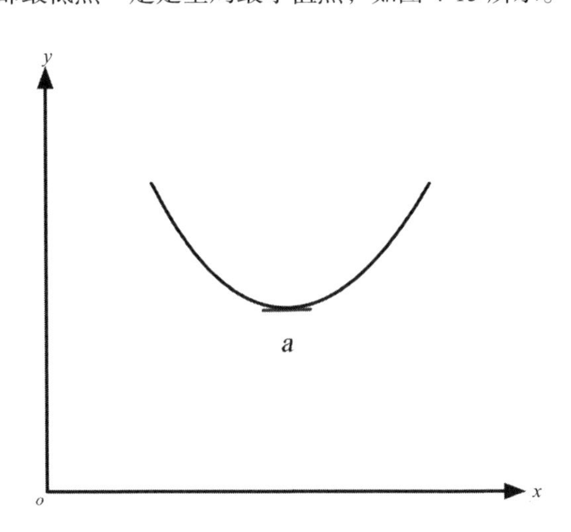

图 4-15 希望得到的碗状凸函数

十分幸运的是，在数学上恰好有一种方法可以构造这个碗状结构的凸函数，即采用“最大似然估计法”建立损失函数。使用最大似然估计法推导损失函数的过程比较繁杂，在这里不再展开叙述。我们只需要了解通过最大似然估计法，获得的损失函数的表达式为：

$$L(\theta) = \prod_{i=1}^{m} P(y_i|x_i;\theta) = \prod_{i=1}^{m} (h_\theta(x_i))^{y_i}(1-h_\theta(x_i))^{1-y_i}$$

构造出符合我们要求的碗状结构凸函数以后，问题还没结束。我们的目标是找到这个凸函数的最低点，那么如何才能找到这个函数的最低点呢?

4.5 梯度下降法

4.5.1 梯度下降原理

求解这个凸函数的最低点通常采用“梯度下降法”。构造损失函数，把求解最优参数 θ 的问题变成求解损失函数最小值的问题，便可以用梯度下降法求解。

梯度下降法是调整参数 θ 使得损失函数 $J(\theta)$取得最小值的最基本方法之一。从图像上看，就是在碗状结构的凸函数上取一个初始值，然后沿着楼梯一步步挪动这个值，直到下降到最低点。

梯度下降法的求解过程就像是一个旅客下山的场景。如图 4-16 所示，假设一位旅客在山上迷路了，身上没有水也没有食物，只有山下才有水源，因此他需要找到最快的下山路径。此时山上的浓雾很大导致可视度很低，下山的路径无法确定，他必须利用自己周围的信息找到下山的路径。在这种情况下，他可以尝试以他当前的所处位置为基准，寻找这个位置最陡峭的方向，然后朝着山的高度下降最多的地方走。

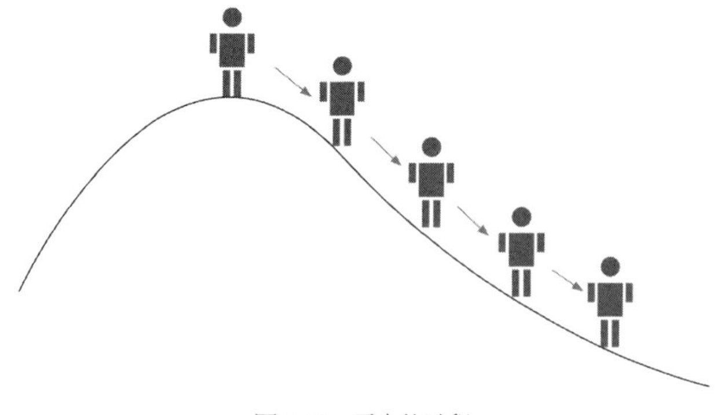

图 4-16 下山的过程

假设这座山最陡峭的地方没有办法通过肉眼立马观察出来，这位旅客需要用身上的测量工具去确定哪个方向最陡峭。因此，他每走一段距离，需要耗费一段时间来测量最陡峭的方向。为了在太阳下山之前到达山底，他需要尽可能地减少测量方向的次数。这是一个博弈的过程，如果测量得频繁，虽然确保了下山的方向最正确，但测量的耗时较长；如果测量得太少，又有偏离方向的风险。所以需要找到一个合适的测量频率，确保下山的方向不错误，同时又不至于耗费太多测量时间。

这个例子形象地说明了梯度下降法的求解过程。碗状凸函数就像两座山之间的山脚一样，我们的目标是找到这个函数的最小值，也就是走到山底。根据前面的场景假设，最快的下山方式就是找到当前位置最陡峭的方向，然后沿着此方向向下走，**对应到函数中就是找到最陡峭的下降梯度，然后朝着梯度相反的方向走，才能让函数值下降得最快**，如图 4-17 所示。

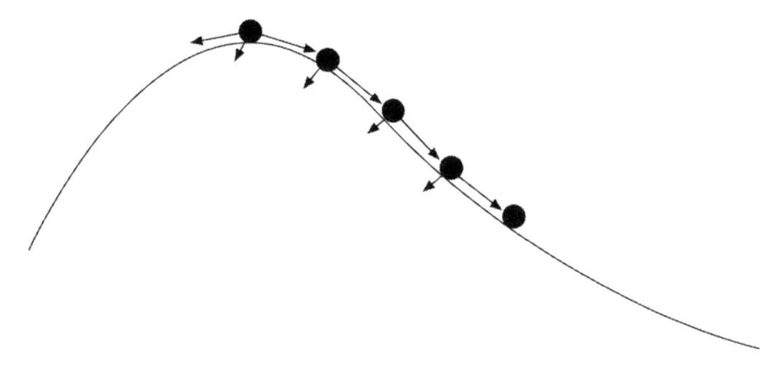

图 4-17　梯度下降的过程

在函数很接近最低点的时候，如果走得太快，很容易错过最低点。因此需要设置一个参数，控制每一次走的距离，这个参数叫作学习率。学习率不宜太大也不宜太小，太小的话可能导致迟迟走不到最低点，太大的话会容易错过最低点，如图 4-18 所示。在实际项目中，一开始我们可以采用稍大的学习率，当接近最低点的时候，适当降低学习率，这样能确保用最短的时间找到准确的函数最低点。

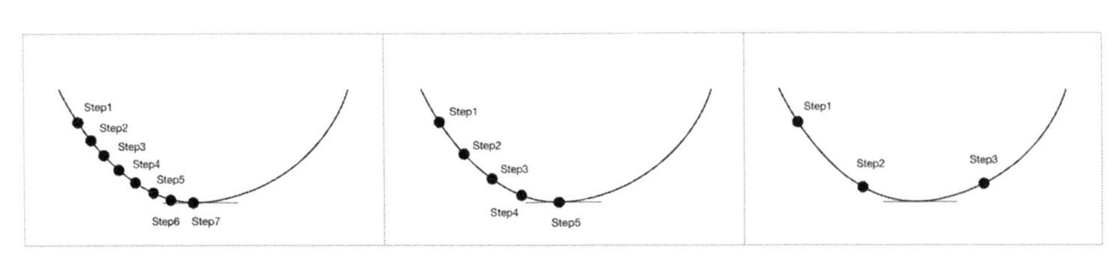

图 4-18　学习率太大或太小都不合适

4.5.2 梯度下降的特点

梯度下降法的求解过程是，以当前位置负梯度方向作为搜索方向快速下降求出最小值。因为负梯度方向为当前位置的最快下降方向，所以梯度下降法也被称为“最速下降法”。在梯度下降的过程中，越接近目标值，步长越小，前进越慢。一般按以下的步骤进行：

（1）给定 θ 的值。

（2）求当前 θ 位置处的梯度。

（3）改变 θ 的值，让损失函数 $J(\theta)$ 按梯度下降的方向减小。

（4）求得局部极小值。

由此我们可以通过梯度下降法计算逻辑回归中损失函数的最小值，计算过程在此不再展开叙述。对于产品经理来说，只需要掌握这个方法的核心思想即可。值得注意的是，梯度下降法并非一定能找到全局最小值，很多时候同样只能找到一个局部最小值。这就好比旅客在使用梯度下降法的过程中遇到了两座山之间的山谷，虽然在山谷附近这是一个最低点，但从整座山来看山脚才是最低点。为了解决这个问题，我们只能多次运行，随机化初始下山点，希望通过多次下山的方式寻找到整座山的最低点。

也因为这个原因，目前常用的梯度下降法有两种不同的进行方式。第一种方法是批量梯度下降法。这种方法需要遍历全部的样本集之后统一计算全局损失函数，使得最终求解的是全局的最优解。在采用批量梯度下降法的时候，每次更新参数时所有样本都需要遍历一次，计算量大，因此它不适用于样本规模比较大的情况。

另一种方法是随机梯度下降法，这种方法的特点是每遍历一个样本就计算一次损失函数，虽然不是每次迭代得到的损失函数都向着全局最优的方向前进，但是整体方向是向全局最优解前进的，最终得出的结果往往会在最优解的附近震荡，所以我们找到的只是近似最优解。当训练样本过大时，我们可以选择这种退而求其次的方法，虽然只是近似的最优解，但是在很多场景下已经能够满足我们的使用需求了。

为了克服这两种方法的缺点，在实际项目中我们通常采用一种比较折中的方法，即采用小批量的梯度下降法。这种方法将数据分为若干批次，按批更新参数，这样，一批的数据共同决定本次梯度下降的方向，下降的过程中不容易跑偏，减少了随机性，同时计算量也相对比较小，是一种比较实际的方法。

4.6 产品经理的经验之谈

本章进入到正式的算法讲解，首先学习的是回归分析模型。回归分析是最基础、最常用的算法之一，它是一种确定两个及两个以上变量间相互依赖关系的统计分析方法。当自变量与因变量确实存在某种关系时，建立回归方程能够挖掘其中的规律。因此，作为自变量的因素与作为因变量的预测对象是否有关，相关程度如何，成为进行回归分析首要解决的问题。

回归分析按照涉及的变量数量，可分为一元回归分析与多元回归分析；按照自变量和因变量之间的关系类型，可分为线性回归分析和非线性回归分析。本章主要学习一元线性回归、多元线性回归及逻辑回归的算法原理与实现方法。

在回归分析中，只包括一个自变量和一个因变量，且二者的关系可用一条直线近似表示，这种情况称为一元线性回归。如果包括两个或两个以上的自变量，且因变量和自变量之间是线性关系，则称为多元线性回归。无论是一元线性回归还是多元线性回归，我们都很难找到完全拟合所有真实样本点的函数，预测点和样本点之间总是存在误差。因此寻找最理想的拟合函数的过程变成了寻找使得误差最小的函数的过程，在数学上表示为损失函数的最小化求解。通常我们可以使用最小二乘估计法求解损失函数的最小值。

如何定义损失值最小是评判模型拟合程度的关键，预测值与样本值之间的误差并非完全是由于目标因变量引起的，还有其他的影响因素。因此设定评价指标的目的是为了找到模型变量带来的影响以及非模型变量带来的影响。在统计学中常用判定系数 R^2 判断回归方程的拟合程度，R^2 越大，代表回归线拟合程度越好；R^2 越小，代表回归线拟合程度越差。

逻辑回归是在线性回归的基础上，套用了一个激活函数，即 sigmoid 函数，使得原本敏感的函数变得更柔和。正因为这个激活函数，我们才能将原本对正类或负类的结果预测，转化为对正类或负类的概率预测。

逻辑回归本质上仍然是一个线性回归模型，只是在特征到结果的映射中加入了一层函数映射，先把特征线性求和，然后使用函数 $g(z)$作为假设函数求解。我们看到的参数 z 实际上也是一个线性回归的方程，只不过在这里用符号表示。因此逻辑回归的求解方法与线性回归相同，都是通过构造损失函数的方法逼近最优解。在逻辑回归中，通常使用梯度下降法求解损失函数的最小值。

5 最容易理解的分类算法：决策树

5.1 生活中的决策树

在日常生活中，我们几乎每天都在做选择题。小到午饭选哪家餐厅的外卖，大到毕业以后选择打工还是创业，都是一个有有限答案的选择题。这些看似简单的选项背后往往隐藏着一连串问题的答案，只有逐个回答，逐层深入方能找到答案。

当我们选择外卖的时候可能会思考以下几个问题。先想想今天想吃什么口味的菜品，再想想自己能接受的价格区间是多少。因为午休的时间比较短，还要考虑送达时间等问题，最后选出一家合适的餐馆。在面对打工还是创业的就业选择时，通常我们先考虑创业的风险，如果风险较低，再考虑有没有好的创业方向。如果碰巧有个比较靠谱的想法，接下来考虑启动资金够不够，如果不够的话，再考虑是借钱还是找人合伙等等一系列的问题。每一个问题在我们心里有了答案以后，后续的问题随之而来，如图 5-1 所示，这个思考过程就像铁索一样环环相扣，直到找到最终的答案。

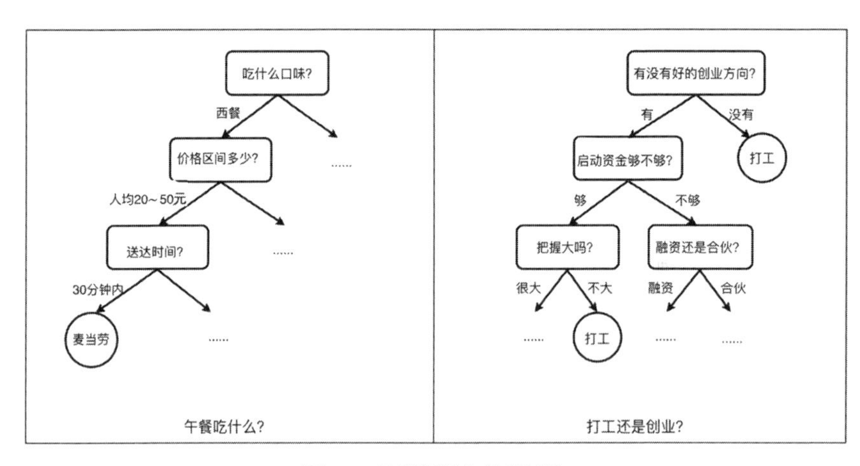

图 5-1　日常问题的思考过程

总结这个思考过程为：当我们要解决一个问题 A 时，首先会去思考问题 A 的子问题 A1，对于 A1 问题可以得到答案 B 或者答案 C；如果选了答案 B，会遇到新的问题 D，对于问题 D 可以得到答案 E 或者答案 F，选了答案 E 又会遇到新的问题 G，反复循环这个过程，直到获得最终的结果，也就是最初问题 A 的答案。这个过程用图形展现，就像是一棵倒着生长的树，随着问题越来越深入，枝叶越来越茂盛。因此，这个思考的过程有一个形象的名字——决策树。

5.2　决策树原理

决策树属于有监督学习分类算法。因为决策树具有构造简单、模型容易理解、高效实用且易维护的特性，这使得它成为目前应用最广泛的分类方法之一。决策树算法之所以如此流行，其中一个很重要的原因是使用者基本上不需要了解任何算法知识，也不用深究它的工作原理，从决策树给出的结果就能理解决策树的判断逻辑。从直观上，决策树分类器就像由很多分支判断组成的流程图，顺着流程就能得到结果。

一般情况下，一棵决策树包含一个根节点、若干个内部节点和若干个叶节点。树中的根节点与每个内部节点都表示一个属性，叶节点表示一个分类结果，每个分叉路径代表某个可能的属性值，而每个从根节点到该叶节点所经历的路径则表示分类对象的所有属性值，如图 5-2 所示。通常一棵决策树仅有单一输出值，若需要有一个以上的输出值，则可以建立多个独立的决策树以获得多个输出值。

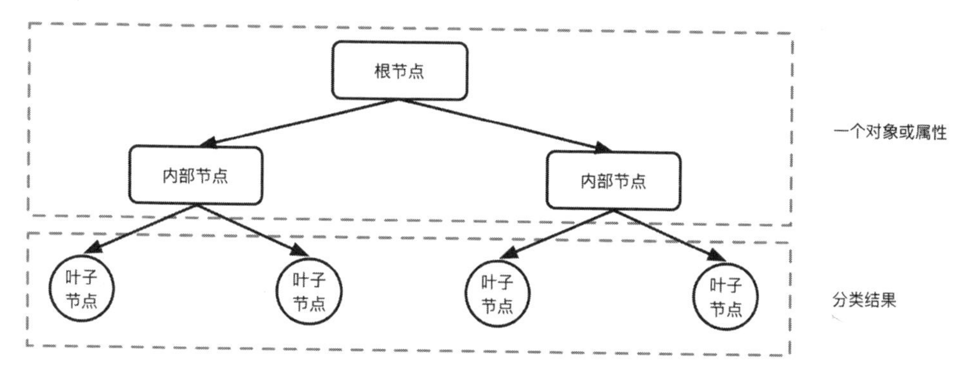

图 5-2 决策树构成

银行在决定要不要给某个客户办信用卡，以及确定卡片额度大小的时候，经常会对客户进行多方面的考量。将这个客户的职业、学历、房产信息、婚姻状况、有无贷款等特征输入模型中，最后让模型来分析这个客户会不会产生逾期还款。在构建模型前，首先要让模型知道普通客户使用信用卡有什么规律，因此需要取一批客户的信用卡还款记录（实际情况包含更多数据）输入模型中，如图 5-3 所示，有以下这些数据。

No	拥有房产（有/无）	婚姻状况（单身/已婚/离异）	学历（本科以下 / 本科 / 硕士及以上）	月收入（10k以下 / 10~20k / 20k以上）	一年内是否产生逾期（是 / 否）
1	无	单身	本科及以下	10~20k	否
2	有	离异	本科	10k以下	否
3	无	已婚	本科及以下	10k以下	是
4	无	单身	本科及以下	10k以下	否
5	有	已婚	本科	10~20k	否
6	无	单身	本科及以下	10k以下	是
7	有	离异	硕士及以上	20k以上	否
8	有	已婚	本科	10~20k	否
9	无	单身	本科	10k以下	是
10	无	单身	本科	10~20k	否

注：这里的 k 表示千元。

图 5-3 10 个申请信用卡客户数据

上表中的数据记录了每个客户自身的特征以及最终的偿还情况。从表中很容易看出，有房的客户一般都是有能力及时还款的，而没有房的客户则需要再考虑其他的影响因素。根据这些数据可以构造如图 5-4 所示的决策树。

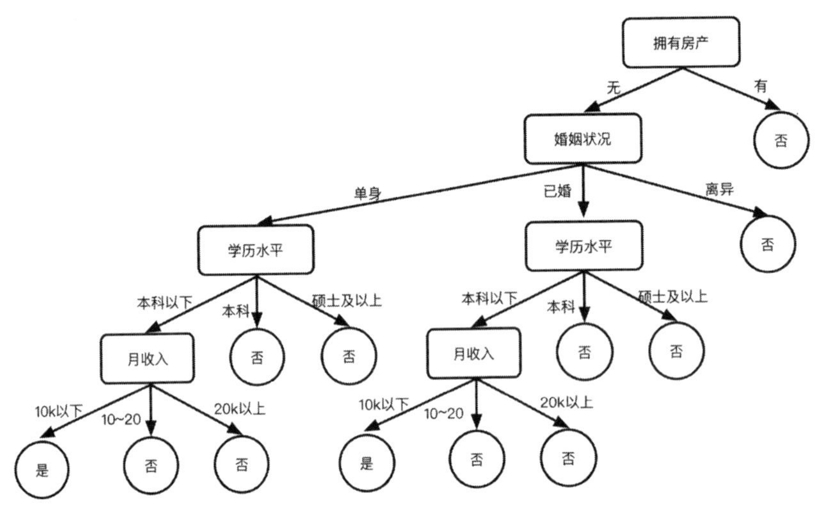

（注：这里的 k 表示千元）

图 5-4　根据 10 个客户数据构造的决策树

如果银行来了一个新客户办理信用卡，该客户没有房产，单身，学历在本科以下且月收入只有 10k 以下，那么根据上面的决策树，银行可以判断该客户产生信用卡逾期还款的概率较高，因此不能给该客户批太高的额度。此外从上面的决策树来看，还可以知道不同客户不同的特征组合产生逾期还款的可能性，这个结果对信用卡中心整体发放额度的制定具有指导意义。

从上述例子中，我们可以得出如下结论：决策树是一种树形结构，其中每个内部节点都表示一个属性上的子结果，每个分支代表一个中间输出，每个叶节点代表一种类别。

5.3　决策树实现过程

特征选择是构建决策树的第一步，也是最关键的一步。特征选择是指从训练样本的众多特征中选择一个特征作为当前节点的分裂标准，**分类决策树的核心思想就是每次分类时，找到一个当前最优特征，然后从这个特征的取值中找到一个最优结果值。**因为选择特征有很多不同的评估标准，所以衍生出很多不同的决策树算法。

回到上面的例子，我们是先判断客户的婚姻状况再去看学历。如果另一个同学认为客户的学历更重要，同样他也能基于他的判断去构造另外一棵决策树，如图 5-5 所示。

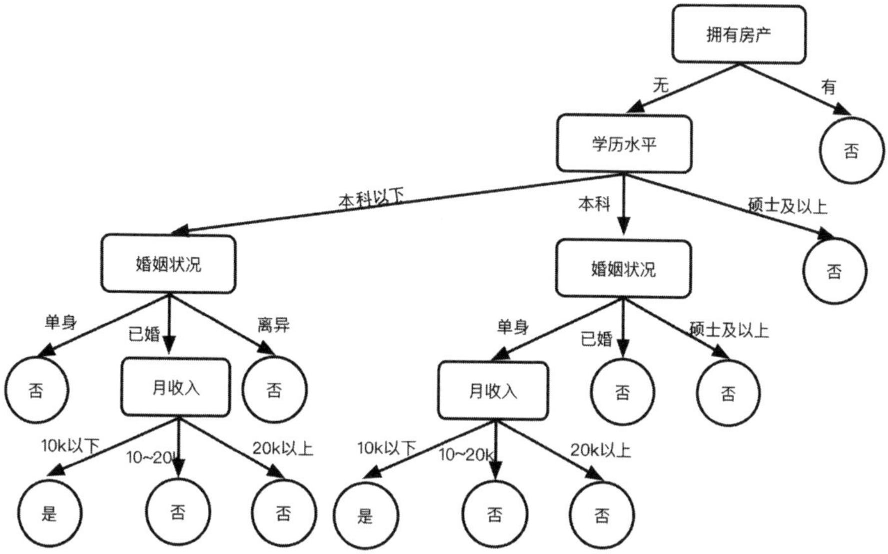

（注：这里的 k 表示千元）

图 5-5 选择特征的顺序不同构成的决策树不同

两种特征选择方法构造的决策树分支不同，带来的应用效果也不完全相同。那么对每个节点，应该选择什么特征作为当前节点呢？假设数据集再大一点，有 30 个特征，那怎么选择每个节点下的最优特征呢？我们更希望找到一种科学、合理的挑选方式。

5.3.1 ID3 算法

1986 年，一位叫兰昆（Ross Quinlan）的工程师提出，以“信息熵”和“信息增益”作为挑选节点的衡量标准，来构建决策树。这个方法一出现，它的简单构造以及高效选择特征的方式引起了学界的轰动，兰昆把这个算法命名为 ID3（Iterative Dichotomiser 3）算法。

在 ID3 算法中，采取“信息增益”作为纯度的度量，也就是特征选取的衡量标准。信息增益的计算公式为：信息熵–条件熵，用这个公式可以计算每个特征的信息增益。每次建立节点时，只需要选取信息增益最大的特征作为当前节点即可。

要理解这个公式首先需要理解信息熵这个概念。“熵”是一个热力学概念，热力学第二定律认为孤立系统总是存在从高有序度转变成低有序度的趋势，熵就是用来衡量事物混乱程度的指标。我们用这个混乱程度衡量一个随机变量出现的期望值。熵越大，代表一个物体的混乱程度越高，也就是说变量的不确定性就越大。造成这种现象的原因可能是这个变量的取值有很多，我们比较难判断哪个才是正确的取值，为了找到正确的取值所需要的信息量较大。

因此，可以把“熵”简单地理解为：了解一件事情所需要的信息量。同时信息熵是信息论中描述混乱度（有些书籍中称为纯度）的概念。一个系统越是有序，信息熵越低；反之，一个系统越是混乱，信息熵越高。

这里举个例子帮助读者更好地理解什么是信息熵。假设此时我的手上握着一枚硬币，如果直接松手，问你这个硬币会掉落在地上还是向天上飞去？根据万有引力定律，相信你很容易就能回答出来：硬币会掉落在地上。因为这件事情有物理定律的支撑，有一个必然的结果，所以我们判断这件事的熵为0，我们不需要任何的信息量。

现在假设我手里这枚硬币是匀质的，问你将硬币抛出后是正面朝上还是反面朝上？这个问题就比较难回答了，因为硬币正反朝上的概率相等，都是50%，我们不能有一个很明确的判断，此时判断这件事情的熵为1。根据上述两个例子，我们可以给出以下结论：当结果越容易判断时，熵越小；当结果越难判断时，熵越大。熵可以通过数学公式计算出来，在此不再展开叙述。

条件熵则为上述的判断增加一个前提条件。它描述了在已知随机变量 X 的前提下，随机变量 Y 的信息熵为多少。上述例子中假设硬币是匀质的，所以正面朝上或反面朝上的概率都是50%。但是在硬币制作过程中，硬币正反面的图案不相同，因此两面的质量可能有少许的差异，时常会出现正面比反面多0.001毫克，或者反面比正面多0.002毫克这样的情况。硬币正反面的质量不同，正反面朝上的概率也就不同。计算每种情况中正反面朝上的熵，每一个熵再乘以这个情况出现的概率，最后把所有情况下的熵加起来求和即可得到条件熵。

搞清楚信息熵和条件熵的含义后，我们再看“信息增益=信息熵–条件熵”这个公式，实际上信息增益描述的就是“没有前提条件 X 时的信息量–有前提条件 X 时的信息量”，表示在一定条件下信息不确定性减少的程度。信息不确定性减少变大，说明系统的混乱程度正在逐渐降低，数据的归类更加一致。

这时候有部分读者可能会问，为什么 ID3 算法选用信息增益作为最优特征的选择依据？这种方式对数据的归类更加一致有什么好处？

这个问题涉及 ID3 算法的设计理念。ID3 算法以“奥卡姆剃刀理论”为基础，其提出“越是小型的决策树越优于大型的决策树”的核心思想。奥卡姆剃刀理论又称为简单理论，这个理论表达的意思是，切勿浪费较多资源去做一件事，很多时候用较少的资源同样可以完成事情。当基于这个理论构建决策树时，我们的目标变成了建立一棵尽量小型的决策树。但是这个理论并非让我们无论在什么情况下都要生成最小型的决策树，仅仅指导我们尽量实现最小型的决策树。简单理论只是一个设计框架，类似于产品设计中我们常提到的易用性原则，仅仅帮助我们做出更合理的规划。

降低信息的不确定性可以使一棵决策树的节点变少，而信息增益描述的是信息不确定性减少的程度，因此使用信息增益作为节点选择依据，可以得到一棵在某些条件下高度相对较矮的决策树，也就是最小型的决策树。这也是 ID3 算法使用信息增益的重要原因。

掌握决策树的节点挑选方法以后，构建决策树的第二步是决策树生成。根据选择特征的标准，从上至下递归生成子节点，直到数据集不可分则决策树停止生长。以树结构来说，递归结构是最容易理解的。构建的基本步骤如图 5-6 所示。

（1）开始，把所有记录的特征都看作一个节点。

（2）遍历每个变量的每一种分割方式，找到最好的分割点；在 ID3 算法中就是计算每个特征的信息增益，选择最大的特征作为分割点。

（3）分割成两个节点 N_1 和 N_2。

（4）对 N_1 和 N_2 分别继续执行步骤 2 与 3，直到每个节点的数据足够“一致”为止。

经过以上四个步骤后，能够得到一棵较为完整的决策树。

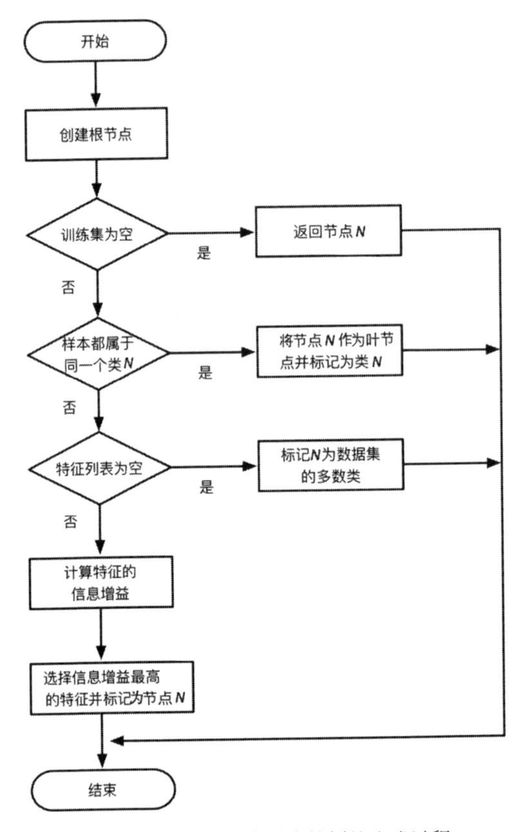

图 5-6　在 ID3 算法下决策树的生成过程

5.3.2　决策树剪枝

种过树的同学可能知道，有时候一棵树因为光照、水源等因素的影响，可能会顺着某个方向“长歪了”。为了让这棵树茁壮成长，有时候我们需要人为去修剪一些枝叶，“矫正”这棵树生长的方向。决策树算法也是同样的道理。

生成决策树并不复杂，但是如果只“生成树”而不“剪枝”的话，这棵树很容易产生过拟合现象。一棵好的决策树需要有较强的泛化能力，在新数据上能够取得较好的分类效果。为了避免过拟合现象，应该对决策树进行“剪枝处理”，通过主动去掉一些分支来降低过拟合的风险。

决策树剪枝的基本策略有“预剪枝”和“后剪枝”两种。预剪枝是指在决策树生成时，每个节点在划分前先进行计算，若当前节点的划分不能提升决策树的泛化性能，则停止划分并将当前节点标记为叶节点，这是一种“未卜先知”的策略。在树的构建过程中，通常设置一个阈值，若当前节点在分裂前和分裂后的误差超过这个阈值则分裂，否则不分裂。

后剪枝是指从训练集生成一棵完整的决策树，然后自底向上对非叶节点进行考察。若将该节点对应的子树替换为叶节点能带来决策树泛化性能提升，则将该子树替换为叶节点，如图 5-7 所示。选择去掉哪些子树，可以计算没有减掉子树之前的误差和减掉子树之后的误差，如果相差不大，则可以将子树减掉。对比两种剪枝方式，预剪枝发现“不对劲”时就停止节点的分裂过程；后剪枝是先分裂到不能分裂为止，再看这棵树中哪些分支是没有意义的。

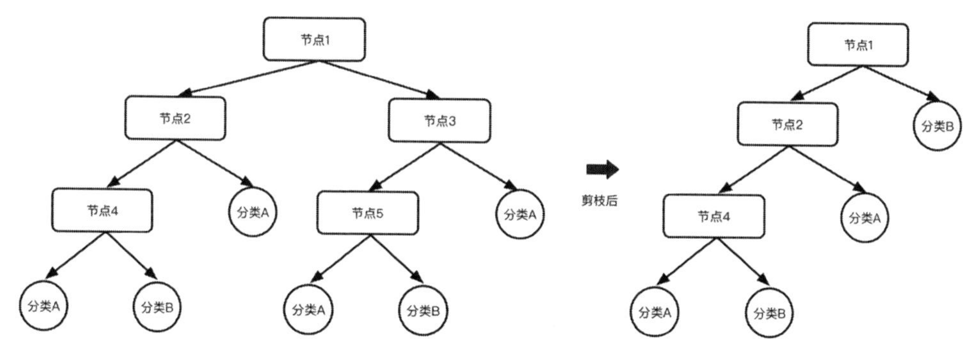

图 5-7 决策树剪枝

预剪枝使得决策树中部分分支没有充分“展开”，相当于将这个分支下的所有子类归为同一个类别。这不仅降低了过拟合的风险，还显著减少了决策树的训练时间和测试时间。但部分分支被修剪后不但不能提升泛化性能，甚至可能导致泛化性能暂时下降。预剪枝基于“简单理论”的本质禁止了一些分支展开，给预剪枝决策树带来了欠拟合的风险。

后剪枝决策树通常比预剪枝决策树保留了更多的分支。一般情形下，后剪枝决策树的欠拟合风险很小，泛化性能往往优于预剪枝决策树。但后剪枝需要等待决策树完全生成之后进行，并且需要对树中所有非叶节点进行逐一考察，因此其训练时间比未剪枝决策树和预剪枝决策树都要久得多。

剪枝是构建决策树的重要环节。有大量研究表明，剪枝过程比决策树生成过程更为重要。**对于由不同划分标准生成的决策树，在剪枝之后都能够保留最重要的属性划分，因此由不同划分标准生成的决策树在剪枝后差别不大**。与此相比，采用的剪枝方法，才是获得最优决策树的关键。

对比预剪枝与后剪枝生成的决策树，可以看出，后剪枝通常比预剪枝保留更多的分支，其欠拟合风险很小，因此后剪枝的泛化性能往往优于预剪枝。但后剪枝过程是从底层向上进行修剪，因此其训练时间开销要比预剪枝大得多。在实际使用时，还是要根据数据集的规模以及特点选择合适的剪枝方式。

5.4 ID3 算法的限制与改进

5.4.1 ID3 算法存在的问题

通过以上学习，我们知道在 ID3 算法中，决策树选择节点的原则是使无序的数据变得有序。如果一个训练数据中含有 20 个特征，则当下节点选择哪个特征需要采用一种量化方法判断，以评判划分方法有多重要。

针对如何选择最优特征这个问题，ID3 算法给出了一个比较好的解决思路，即采用信息增益作为评判标准，每次选取使得信息增益最大的特征作为当前节点。但随着学界对 ID3 算法的深入研究，人们也慢慢发现了 ID3 算法的不足之处，其主要存在以下三个问题，如图 5-8 所示。

图 5-8　ID3 算法的三个问题

ID3 算法最主要的问题在于不能处理连续特征，也就是说连续值无法在 ID3 算法中运用。例如上述申请信用卡的例子，银行如果想知道客户申请信用卡的日期与逾期还款有没有直接关联，需要利用申请日期这个特征。计算日期的信息增益时你会发现，由于日期每一天都是唯一的，而且日期是无穷无尽的，所以申请日期这个特征的特征值非常多，条件熵接近于 0。因为分母非常大，所以条件熵整体接近于 0。这就造成每个子节点都只有一个分类，纯度非常高。

这就导致了新的样本只要有日期这个特征，就会构造出十分受限的决策树。因为构建过程中首先会以日期作为根节点，这样的决策树显然不具有任何泛化能力。有的读者可能会认为，在日常项目中避开日期这类的连续特征不就好了吗？但偏偏在现实生活中存在大量的连续属性，例如年龄、密度、长度、温度，等等，因此大大限制了 ID3 算法的用途。

其次，ID3 采用信息增益大的特征优先作为决策树的当前节点。在相同条件下，取值比较多的特征比取值少的特征信息增益大，导致 ID3 算法总是倾向选择取值更多的特征，这是 ID3 算法最致命的缺点。例如“拥有房产”这个特征只有“是”“否”两个取值，“婚姻状况”这个特征有“未婚”“已婚”“离异”三个取值，通过计算我们会发现，“婚姻状况”的信息增益永远比“拥有房产”大，也就是说采用信息增益作为判断标准的话，在这两个特征中一定会选择“婚姻状况”作为优先级更高的节点。在机器学习领域，任何带有主观偏向性的算法都不是一个好的算法。

最后，ID3 算法没有考虑过拟合的问题。该算法一直递归计算每个特征的信息增益直至子数据集都属于同一类。这个过程缺少剪枝环节，没有考虑模型过拟合的风险。

5.4.2　C4.5 算法的出现

1993 年，ID3 算法的作者兰昆针对上述的不足之处，对 ID3 算法做了改进，提出了一种全新的 C4.5 算法。如今，C4.5 算法已经成为最经典的决策树构造算法之一，同时还被评为“数据挖掘十大算法”之一。值得注意的是，C4.5 不是单个算法，而是一组算法，该算法在继承了 ID3 算法优点的同时，还在以下几个方面做出了改进，如图 5-9 所示。

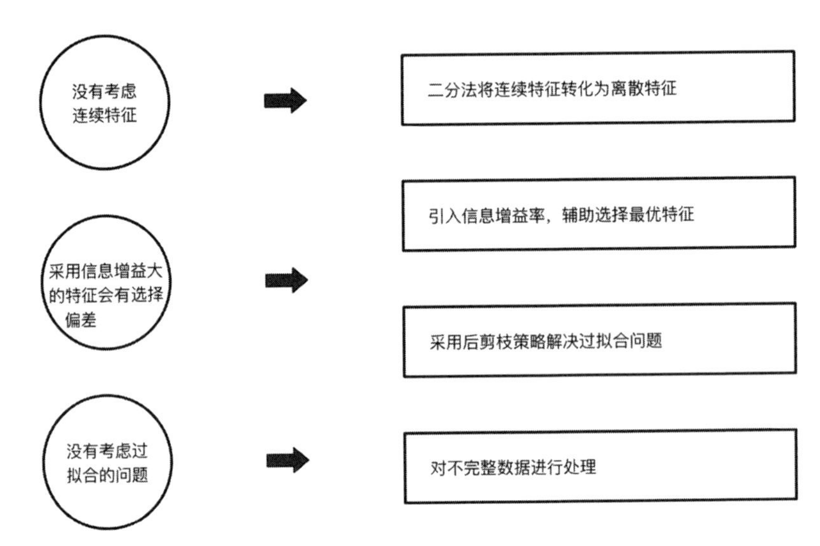

图 5-9　C4.5 在 ID3 算法基础上的改进

（1）C4.5 算法不再直接使用信息增益率，而是引入信息增益率来选择特征，克服了用信息增益选择特征时偏向选择取值多的特征这一缺点。信息增益率的计算公式为“信息增益/分裂信息度量”。从公式可以看出，在 C4.5 算法中引入了“分裂信息度量”计算信息增益率。**分裂信息度量这个概念不好理解，我们只需要知道它是一个惩罚项，对于取值很多的特征在权重上会有一定的惩罚，让这种特征“显得”不那么重要。**通过信息增益除以分裂信息度量得到的信息增益率对于取值多的属性不会有偏向性，能够做到更公平地选择合适的特征。

增加了一个惩罚项以后，使用信息增益率作为节点选择依据实际上也存在偏好性，这个指标会优先选择可取值较少的特征，因为这种特征的惩罚力度往往较低。

因此 C4.5 算法很聪明地选择了一种折中的办法。该算法不直接选择信息增益率最大的特征作为最优特征，而是先在所有候选特征中找到信息增益高于平均水平的特征，以保证选择出来的特征大概率是好的特征，再从中选择信息增益率最高的特征，以保证最后不会挑选出“日期”这类极端的特征，可谓把两种指标的优势发挥到极致。

（2）在 C4.5 算法中设计了一种对连续属性离散化处理的方法。该算法采用二分法，将连续属性分段处理。我们用一个例子讲述二分法的实现方式。假设银行仍然想把客户申请信用卡的日期作为一个特征加入决策树中，如图 5-10 所示。

No	拥有房产（有/无）	婚姻状况（单身/已婚/离异）	学历（本科以下 / 本科 / 硕士及以上）	月收入（10k以下 / 10~20k / 20k以上）	申请日期	一年内是否产生逾期（是 / 否）
1	无	单身	本科及以下	10~20k	9月24日	否
2	有	离异	本科	10k以下	9月11日	否
3	无	已婚	本科及以下	10k以下	9月15日	是
4	无	单身	本科及以下	10k以下	9月28日	否
5	有	已婚	本科	10~20k	9月19日	否
6	无	单身	本科及以下	10k以下	9月16日	是
7	有	离异	硕士及以上	20k以上	9月23日	否
8	有	已婚	本科	10~20k	9月11日	否
9	无	单身	本科	10k以下	9月27日	是
10	无	单身	本科	10~20k	9月28日	否

注：这里的 k 表示千元

图 5-10　引入申请日期

首先将训练数据集中所有申请日期按照时间顺序排列，如图 5-11 所示。

No	拥有房产（有/无）	婚姻状况（单身/已婚/离异）	学历（本科以下 / 本科 / 硕士及以上）	月收入（10k以下 / 10~20k / 20k以上）	申请日期	一年内是否产生逾期（是 / 否）
2	有	离异	本科	10k以下	9月11日	否
8	有	已婚	本科	10~20k	9月11日	否
3	无	已婚	本科及以下	10k以下	9月15日	是
6	无	单身	本科及以下	10k以下	9月16日	是
5	有	已婚	本科	10~20k	9月19日	否
7	有	离异	硕士及以上	20k以上	9月23日	否
1	无	单身	本科及以下	10~20k	9月24日	否
9	无	单身	本科	10k以下	9月27日	是
4	无	单身	本科及以下	10k以下	9月29日	否
10	无	单身	本科	10~20k	9月28日	否

注：这里的 k 表示千元

图 5-11　对申请日期进行排序

接下来在每两个相邻日期之间取中位值，10 个日期可以得到 9 个中位值。然后对 9 个中位值日期分别计算信息增益，选择信息增益最大的中位值日期作为划分点。通过计算，将日期这个连续属性划分为“小于 9 月 13 日”和“大于等于 9 月 13 日”这两个离散值，如图 5-12 所示。这种令连续属性变成离散属性的方法大大增加了 C4.5 算法的普适性。

对于离散属性只需要计算 1 次信息增益率，连续属性却需要计算 N–1 次，如果有 10 个日期就需要计算 9 次，这个计算量是相当大的。那么，有没有什么方法可以减少计算量呢？

No	拥有房产（有/无）	婚姻状况（单身/已婚/离异）	学历（本科以下 / 本科 / 硕士及以上）	月收入（10k以下 / 10~20k / 20k以上）	申请日期
2	有	离异	本科	10k以下	9月11日
8	有	已婚	本科	10~20k	9月11日
3	无	已婚	本科及以下	10k以下	9月15日
6	无	单身	本科及以下	10k以下	9月16日
5	有	已婚	本科	10~20k	9月19日
7	有	离异	硕士及以上	20k以上	9月23日
1	无	单身	本科及以下	10~20k	9月24日
9	无	单身	本科	10k以下	9月27日
4	无	单身	本科及以下	10k以下	9月29日
10	无	单身	本科	10~20k	9月28日

9月11日
9月13日
9月16日
9月18日
9月21日
9月24日
9月26日
9月27日
9月28日

分别计算9月11日、13日、16日、18日、21日、24日、26日、27日、29日，一共9天的信息增益，
算出来9月13日的信息增益率最大，则把数据划分为“<13日”与“≥ 13日”两段

注：这里的 k 表示千元

图 5-12 二分法离散化处理

聪明的读者可能会发现，10 个日期中，存在几个相邻日期的逾期情况都是一样的情形，我们可以在只有逾期情况发生改变的相邻日期之间取中位值，这样我们就只需要计算 4 次信息增益，如图 5-13 所示，这种方式能够比原来节省一大半时间。

No	拥有房产（有/无）	婚姻状况（单身/已婚/离异）	学历（本科以下 / 本科 / 硕士及以上）	月收入（10k以下 / 10~20k / 20k以上）	申请日期
2	有	离异	本科	10k以下	9月11日
8	有	已婚	本科	10~20k	9月11日
3	无	已婚	本科及以下	10k以下	9月15日
6	无	单身	本科及以下	10k以下	9月16日
5	有	已婚	本科	10~20k	9月19日
7	有	离异	硕士及以上	20k以上	9月23日
1	无	单身	本科及以下	10~20k	9月24日
9	无	单身	本科	10k以下	9月27日
4	无	单身	本科及以下	10k以下	9月29日
10	无	单身	本科	10~20k	9月28日

9月13日
9月18日
9月26日
9月27日

注：这里的 k 表示千元

图 5-13 二分法的改进

（3）在构造树的过程中剪枝，避免模型产生过拟合现象。C4.5 算法采用后剪枝中的“悲观剪枝法”，该方法的核心思想是根据剪枝前后的误判率来判定子树是否可以修剪。将一棵子树（具有多个叶子节点）归到同一类，变成一个叶子节点，这样在训练集上的误判率肯定会上升，但是对于新样本的误判率不一定会升高。假设一棵决策树被剪枝前后，某个分支节点在测试样本上的精度并无太大变化，则可对该节点剪枝。

虽然悲观剪枝法存在局限性，但其在实际应用中有较好的表现。另外，这种方法不需要分离训练集和验证集，有利于训练规模较小的数据集。而且悲观剪枝法与其他方法相比效率更高，速度更快。因为在剪枝过程中，树中的每棵子树只需要被访问一次，因此在最坏的情况下，也不需要太长的计算时间。

（4）C4.5 算法能够对不完整的数据集进行处理。在实际工作中，我们可能会拿到缺少某些属性值的样本集。如果样本集中属性值缺失的样本数量较少，则可以直接删除不完整的样本。如果数据集中存在大量缺失属性值的样本，则不能简单地删除样本，因为大量删除样本，对于模型而言损失了大量有用的信息，得到的结果不够精确。

在这种情况下，处理缺失属性值的正确做法是赋予该特征的常见值，或者属性均值。另外一种比较好的方法是为每个属性可能出现的取值赋予一个概率，将该属性以概率值形式赋值，再去计算这个特征的信息增益。

假设某个申请信用卡的客户，我们不知道他是否有房，但是我们从其他 10 个申请人的数据来看，其中有 6 个人无房、4 个人有房，那么在赋值过程中，该客户是否有房的缺失值会以 1/6 的概率被分到无房的分支，以 1/4 的概率被分到有房的分支，如图 5-14 所示，然后按前面介绍的方法计算条件熵。这种处理方式的目的是使得对这类缺失属性值的样本也能计算信息增益。

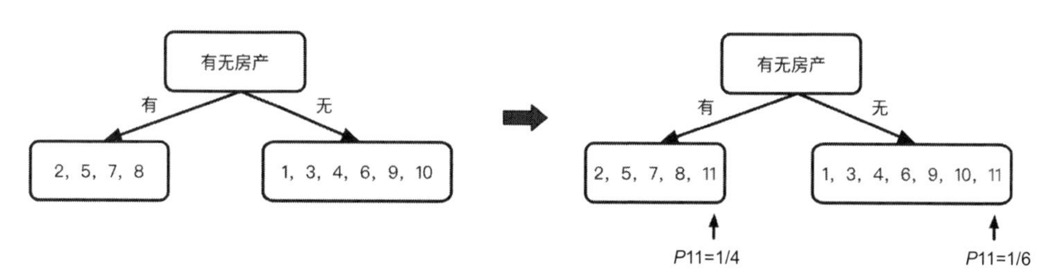

图 5-14　对缺失值赋予概率，分别计算可能的情况

因此，在引入了这些改善机制后，C4.5 算法的流程如图 5-15 所示。

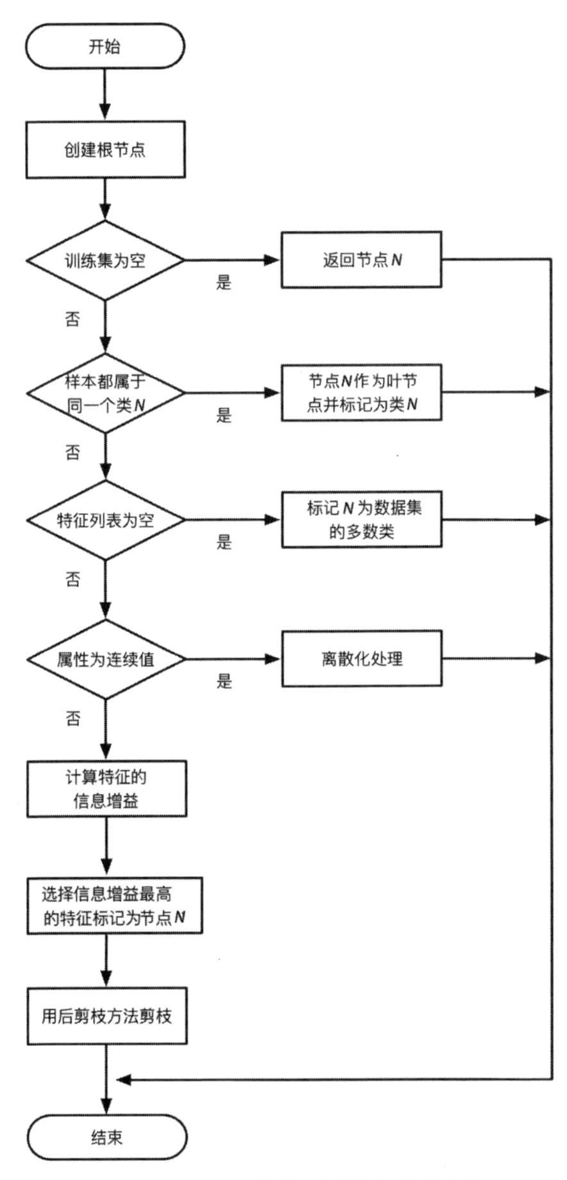

图 5-15 在 C4.5 算法下决策树的生成过程

综上所述，C4.5 算法不但解决了 ID3 算法遇到的限制，而且产生的分类规则更易于理解，准确率更高，是一种更有效的算法。但是在实际应用中，存在下面两个性能问题：

（1）当面对连续属性时，需要对数据集进行多次的顺序扫描和排序，导致算法耗时较长。

（2）C4.5 算法只适合于能够驻留在内存的数据集，当训练集大到内存无法容纳时，程序无法运行。

这两个性能上的小缺陷让 C4.5 算法很难在工业中有大规模的应用，只能针对小规模的数据集使用。好在兰昆仍不放弃，又在 C4.5 的基础上改进升级，提出了 C5.0 算法。C5.0 是 C4.5 应用于大规模数据集的分类算法，C5.0 算法不但优化了性能问题，而且采用 Boosting 的方式提高了模型准确率，因此又常被称为提升树（BoostingTrees）。在性能表现上，C5.0 算法的计算速度比较快，占用的内存资源较少，能够有效解决执行效率和内存使用方面的问题。同时也是目前工业上应用比较普遍的算法，产品经理只需了解这个算法即可，在此不再展开叙述。

5.4.3 CART 算法

ID3 算法和 C4.5 算法可以挖掘出训练样本集中的有效信息，但这两个算法生成的决策树分支较多，规模较大。为了简化决策树的规模，提升构建决策树的效率，学者又发明了根据“基尼系数”选择最优特征的 CART 算法。

CART 算法全称为“分类回归树”。从名字可以看出，CART 算法既适用于分类问题也适用于回归问题，本章只讨论如何用 CART 算法解决分类问题。CART 树同样由特征选择、生成树以及剪枝三个环节组成。与 ID3、C4.5 算法相比，CART 树具有以下两个特点：

（1）CART 树采用二分递归分割技术。每次分裂时，将当前样本分成两个子样本集，使得生成的非叶子节点只有两个分支，因此 CART 树实际上是一棵二叉树。

（2）CART 树使用基尼（Gini）系数代替信息增益比。基尼系数代表模型的不纯度，特征的基尼系数越小，则不纯度越低，代表该特征越好，这与信息增益相反。之所以采用基尼系数，是因为与信息熵相较而言，基尼系数的计算速度更快。

在 CART 算法中，基尼系数表示一个随机样本在分类子集中被分错的可能性，用于度量任何不均匀的分布。基尼系数的计算方式为这个样本被选中的概率乘以它被分错的概率，所以基尼系数的取值范围在 0~1 之间。总体空间内包含的类别越杂乱，基尼系数越大，这一点与信息熵的概念很相似。当一个节点中所有样本都属于一个类时，基尼系数为 0；反之当一个节点中所有的样本完全不相同时，基尼系数为 1。

回忆在 ID3 算法或者 C4.5 算法中，如果选取“婚姻状况”这个特征建立决策树节点，因为它有未婚、已婚、离异三个特征值，所以我们会在决策树上建立一个三叉的节点，这样生成的决策树就是多叉树。但是 CART 树不同，采用的是不断二分的方法。如果用 CART 树，我们会考虑将婚姻状况分成{未婚}和{已婚、离异}，{已婚}和{未婚、离异}，{离异}和{未婚、已婚}三种情况，对这三种情况分别计算相应的基尼系数，找到基尼系数最小的组合。例如以{未婚}和{已婚、离异}这个组合建立二叉树节点，一个节点是{未婚}对应的样本，另一个节点是{已婚、离异}两种取值对应的样本，如图 5-16 所示。

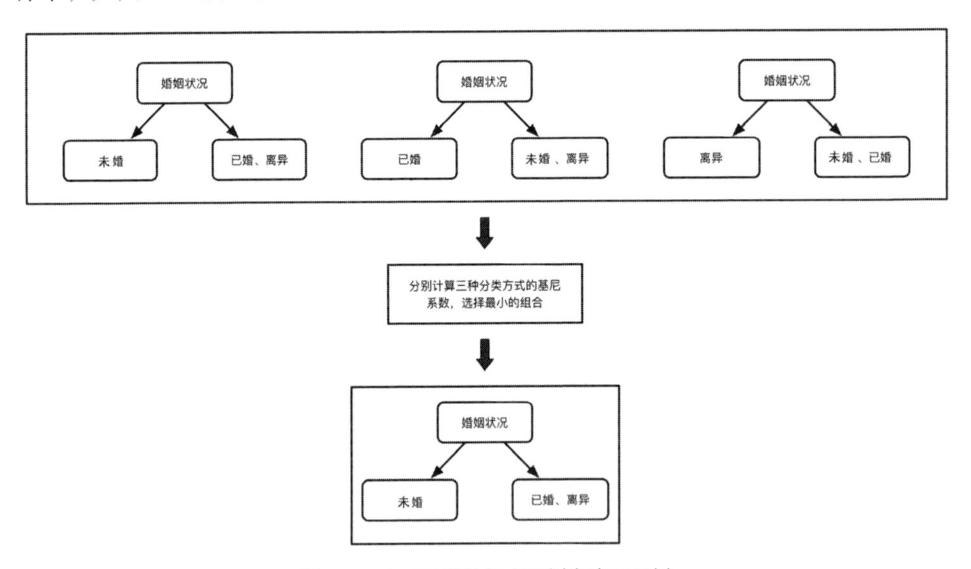

图 5-16　CART 算法把多叉树变为二叉树

在{已婚、离异}这棵子树中，由于本次分类没有将婚姻状况的取值完全分开，因此在后面迭代的时候，还有机会在子节点中继续选择婚姻状况这个特征，划分为已婚和离异这两种不同的情况，这点和 ID3 算法、C4.5 算法有很大的不同。在 ID3 算法、C4.5 算法的一棵子树中，每个离散特征只会参与一次节点的建立。按照二分的方式，循环递归，直至所有的特征被完全分类，再加上后剪枝策略，就构成了一棵 CART

分类树。

5.4.4 三种树的对比

上一节对 CART 算法做了一个详细的介绍。相比 ID3 算法与 C4.5 算法，CART 算法最大的优点在于，不但可以解决分类问题，还能解决回归问题。图 5-17 给出了 ID3、C4.5 和 CART 树三种算法的比较。

属性＼算法	ID3	C4.5	CART
最优特征选择方式	信息增益	信息增益率	基尼系数
分支方式	多分支点	多分支点	二叉树
变量类型	离散变量	离散、连续变量	离散、连续变量
是否有缺失值处理	否	是	是
适用范围	分类	分类、回归	分类、回归
样本属性	单次使用	单次使用	多次使用

图 5-17 三种决策树算法的对比

介绍完决策树三个最经典的算法以后，相信读者对决策树的原理与构造过程有了更加深入的认识。虽然这三种算法之间有不小的差别，但它们的本质仍然是决策树算法，具有决策树普遍的特性。总结下来决策树算法主要有以下 3 个优点：

（1）简单直观，相比神经网络之类的黑盒模型，决策树在逻辑上可以得到很好的解释。可以实际运用于很多场景，比如贷款倾向度的预测都是需要知道模型关键因子以便后期模型调优与关键数据获取，最重要的是它的可解释性能够很好地指导业务同事确定需要客户重点补充哪些资料，所以决策树很适用于这种情况。

（2）数据预处理工作相较之下很简单，不需要提前处理缺失值和噪声点，因为有剪枝的机制，所以对于异常点的容错性较强。

（3）既可以处理离散值也可以处理连续值。很多算法只能适用于离散值或连续值，决策树的 C4.5 和 CART 等算法能够满足不同要求。

同样，决策树算法并非完美的算法，它也有算法上的限制，具体表现为：

（1）决策树非常容易产生过拟合现象，导致泛化能力不强。

（2）样本数据只要发生一点点的改动，就会导致树结构的剧烈改变。也就是说构建的决策树模型不适用于特征不同的数据集，这个问题可以通过集成学习的方法解决。

（3）决策树很难学习特征之间的复杂关系。例如决策树不能实现异或关系，这种关系通常使用神经网络分类方法解决。

（4）忽略了数据之间的关联性。无论是 ID3、C4.5 还是 CART 算法，在做特征选择的时候都是选择当前节点最优的一个特征来做分类决策。但是在大多数情况下，分类决策不应该由某一个特征决定，而应该由一组特征决定，比如医疗影像分析、投资决策分析等，通过这样的决策得到的决策树才会更加准确。

（5）对于各类别样本数量不一致的数据，在决策树中，信息增益的结果偏向于那些具有更多数值的特征。只要是使用信息增益作为节点挑选依据的算法都有这个缺点。

通过以上的总结我们可以看出，决策树算法最大的优点是简单直观，每次对一个特征进行决策，可解释性强。**但因为每次决策都是“船到桥头自然直”的模式，使得在分类过程中，每次特征选择都是做当前来看最好的选择，并没有从整体上充分考虑最优特征的划分，忽略了数据之间的关联。**所以决策树所做的选择只能是某种意义上的局部最优选择，针对这个问题，学者们也在不断进行改进探索，但目前在实践中还没有找到能够大规模应用的方法。目前比较成熟的解决方案是基于决策树衍生的随机森林、GBDT 等集成算法，这类算法在后面章节再展开叙述。

5.5 决策树的应用

在机器学习业界有一个广为流传的说法：没有最好的分类器，只有最合适的分类器。任何算法都具有两面性，关键在于能否发挥算法的特点，找到适用的场景。“从场景出发”对于机器学习或产品设计来说，都不是一句空喊的口号。早期，决策树主要解决简单的二分类问题，其在恶意入侵行为检测、预测互联网用户对在线广告点击的概率、预测客户停止购买某项服务的概率等应用场景上都有高效的表现，因为这类场景所需要的训练数据集较少，数据之间的关联性较小，比较适合使用决策树解决。

早期的电信业运营商使用决策树寻找目标用户，进行细分客群营销。运营商每个营销活动都覆盖具有不同特点的客群。在预算有限的情况下，若想找到目标客群，可以根据以往类似活动的历史消费数据，用决策树建立一个分类器对新客户进行分类，找到目标客群。

同时也因为决策树简单、高效的特性，使它成了许多高阶算法的基石。梯度提升决策树（GBDT）、随机森林（RF）都是由决策树衍生出来的组合算法。这些算法能够解决更复杂的问题，在后面章节中再做详细介绍。

决策树的分类思维对于产品经理的思维转变也具有参考的意义。在日常的产品工作中，我们可以使用决策树的思维，组织产品的菜单架构与信息层级，使用户在使用产品的过程中能够顺着"决策"的思路找到自己想要的功能或信息。

用户使用美团搜索去哪家餐厅吃饭就是一个典型的决策树场景。当用户有时间有能力去较远的地方就餐时，可以直接在美团的"首页"看看推荐的餐馆，或者按照口味、价格等因素进行更精确的挑选。当用户受限于出行，只能找附近的餐厅时，则可以在美团的"附近"页面寻找一公里以内能步行到达的餐馆。这种按照用户思考过程组织的菜单结构，使得用户在找休闲场所的时候不会到"美食"菜单中寻找，在挑选外卖的时候，能够从众多品种中快速找到最适合自己的，因此决策树思维对于信息架构的分层和设计有很大的帮助。

另外在设计每个页面的跳转逻辑时，使用决策树思维，能够帮助用户感知下一步需要做什么，下一步会跳转到哪里。每一步的操作都符合用户的操作预期，降低理解成本。当我们使用携程预订机票或酒店时，细想每一步，填写日期、选择出行地点、选择酒店到选择房间都是按照用户在线下订房时思考的流程去设计的，这样的设计方式能够让用户按照习惯去使用产品，不需要额外学习适应，从而提高产品的用户体验。

5.6 产品经理的经验之谈

本章主要讲述了决策树的原理与实际应用。决策树分类法属于机器学习中的有监督学习分类算法。一般情况下，一棵决策树包含一个根节点、若干个内部节点和若干个叶子节点。树中的根节点与每个内部节点都表示一个特征或属性，叶节点表示一个分类结果，每个分叉路径代表某个可能的属性值。选择特征的评判标准不同，衍生了不同的决策树算法。

在 ID3 算法中，我们使用信息增益作为纯度的度量。信息增益=信息熵−条件熵，可以用该公式计算每个特征的信息增益，然后选取使得信息增益最大的特征作为判断节点。

在 C4.5 算法中，我们使用信息增益率作为度量标准，这种方式克服了用信息增益选择属性时偏向选择取值多的属性的不足。信息增益率=信息增益/分裂信息度量，可以用该公式计算每个特征的信息增益率，然后选择信息增益率最大的特征作为判断节点。并且 C4.5 算法使用了剪枝方法，避免模型产生过拟合的现象。

为了避免过拟合问题，应该对决策树进行“剪枝处理”，可通过主动去掉一些分支来降低过拟合的风险。决策树剪枝的基本策略有“预剪枝”和“后剪枝”两种。前一种方法发现事情“不对劲”时就停止节点的分裂过程；后一种方法是先分裂到不能分裂为止，再看这棵树中有哪些分支是没有意义的。

在 CART 算法中，使用基尼系数来代替信息增益率，基尼系数代表了模型的不纯度，基尼系数越小，则不纯度越低，特征越好。这和信息增益的概念是相反的。

决策树在早期主要用来解决简单的二分类问题，在恶意入侵行为的检测、预测互联网用户对在线广告点击的概率、预测客户停止购买某项服务的概率等应用场景上都有着高效的表现，但决策树寻找到的最优解只是一个局部最优解，这使得决策树的适用场景比较受限。

6 垃圾邮件克星：朴素贝叶斯算法

6.1 什么是朴素贝叶斯

6.1.1 一个流量预测的场景

某广告平台接到小明和小李两家服装店的需求，准备在 A、B 两个线上渠道投放广告。因为小明和小李两家店都卖女装，属于同一行业相同品类的广告，所以在 A、B 两个渠道面向的不同用户前只会展示其中一家。一个月以后，从点击率来看小明的服装店占了 A、B 两个渠道总流量的 65%，小李服装店占剩下 35%的流量。小明服装店的总流量中只有 30%的流量是在 B 渠道中获得的，而小李服装店在 B 渠道获得的流量占总流量的 75%，如图 6-1 所示。现在因广告平台与 A 渠道合作到期的缘故，投放的渠道只剩下 B 渠道，请你预测接下来一段时间，小明与小李哪一家服装店的流量会更高？

学习完决策树算法以后，聪明的读者都会跃跃欲试。有些读者认为只要找到这两家服装店的受众以及这个渠道的人群特点，就能构造一棵决策树解决这个问题。如果以这种方式做，我们需要收集大量的样本数据以及特征维度，才能构建一棵比较靠谱的决策树。如果我们的目的仅仅是弄清楚哪家店的流量会更高，那有没有更简单的方法，只借助现有的信息就能解决这个问题呢？

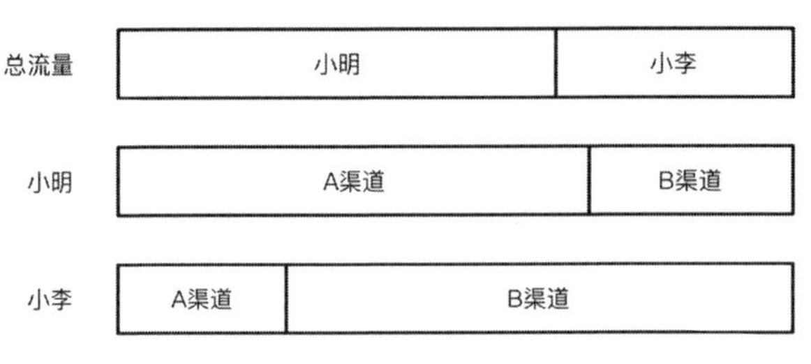

图 6-1　广告系统的流量

在机器学习领域还有一种更简单、高效的分类算法可以帮助我们解决这个问题，那就是朴素贝叶斯分类（Naive Bayesian Classifier）算法。

6.1.2　朴素贝叶斯登场

贝叶斯分类是一类分类算法的总称，这类算法均以“贝叶斯定理”为基础，以“特征条件独立假设”为前提。而朴素贝叶斯分类是贝叶斯分类中最常见的一种分类方法，同时它也是最经典的机器学习算法之一。在很多场景下处理问题直接又高效，因此在很多领域有着广泛的应用，如垃圾邮件过滤、文本分类与拼写纠错等。同时对于产品经理来说，贝叶斯分类法是一个很好的研究自然语言处理问题的切入点。

朴素贝叶斯分类是一种十分简单的分类算法，说它十分简单是因为它的解决思路非常简单，即对于给出的待分类项，求解在某些条件下各个类别出现的概率，哪个最大，就认为此待分类项属于哪个类别。举个形象的例子，若我们走在街上看到一个黑皮肤的外国友人，让你来猜这位外国友人来自哪里，十有八九你会猜是从非洲来的，因为黑皮肤人种中非洲人的占比最多，虽然黑皮肤的外国人也有可能是美洲人或者亚洲人。但是在没有其他可用信息的情况下，我们会选择出现的概率最高的类别，这就是朴素贝叶斯的基本思想。

值得注意的是，朴素贝叶斯分类并非瞎猜，也并非没有任何理论依据。它是以贝叶斯理论和特征条件独立假设为基础的分类算法。想要弄明白算法的原理，首先需要理解什么是“特征条件独立假设”以及“贝叶斯定理”，而贝叶斯定理又牵涉“先验概率”“后验概率”及“条件概率”的概念，如图 6-2 所示，虽然概念比较多但是都比较容易理解，下面我们逐个详细介绍。

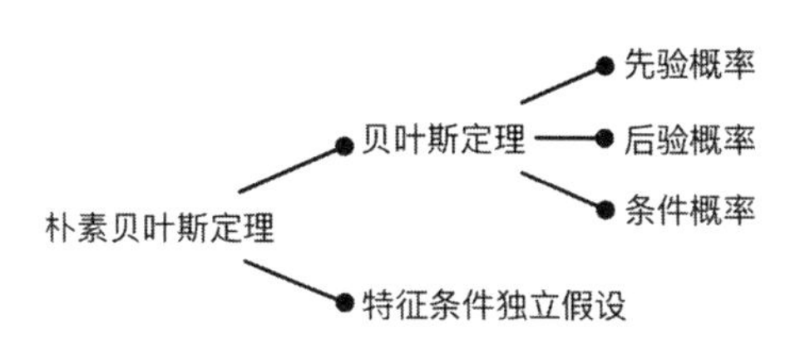

图 6-2 朴素贝叶斯分类结构图

特征条件独立假设是贝叶斯分类的基础，意思是假定该样本中每个特征与其他特征都不相关。例如在预测信用卡客户逾期的例子中，我们会通过客户的月收入、信用卡额度、房车情况等不同方面的特征综合判断。两件看似不相关的事情实际上可能存在内在的联系，就像蝴蝶效应一样。一般情况下，银行批给收入较高的客户的信用卡额度也比较高。同时收入高也代表这个客户更有能力购买房产，所以这些特征之间存在一定的依赖关系，某些特征是由其他特征决定的。然而**在朴素贝叶斯算法中，我们会忽略这种特征之间的内在关系**，直接认为客户的月收入、房产与信用卡额度之间没有任何关系，三者是各自独立的特征。

接下来我们重点理解什么是“理论概率”与“条件概率”，以及“先验概率”与“后验概率”之间的区别。

6.2 朴素贝叶斯如何计算

6.2.1 理论概率与条件概率

首先我们进行一个小实验。假设将一枚质地均匀的硬币抛向空中，理论上，因为硬币的正反面质地均匀，落地时正面朝上或反面朝上的概率都是 50%。这个概率不会随着抛掷次数的增减而变化，哪怕抛了 10 次结果都是正面朝上，那下一次正面朝上的概率仍然是 50%。

但在实际测试中，如果我们抛 100 次硬币，则正面朝上和反面朝上的次数通常不会恰好都是 50 次。有可能出现 40 次正面朝上和 60 次反面朝上的情况，也有可能出现 35 次正面朝上和 65 次反面朝上的情况。只有我们一直抛，抛了成千上万次，硬币正面朝上与反面朝上的次数才会逐渐趋向于相等。

因此，“正面朝上和反面朝上各有 50%的概率”这句话中的概率是理论上的客观概率。只有抛掷次数足够多时，才会达到这种理想中的概率。在理论概率下，尽管抛 10 次硬币，前面 5 次都是正面朝上，第 6 次是反面朝上的概率仍然是 50%。但是在实际中，抛过硬币的人都有这样的感觉，如果出现连续 5 次正面朝上的情况，那么下一次是反面朝上的可能性极大，大到什么程度？有没有什么方法可以求出实际的概率呢？

为了解决这个问题，一位名叫托马斯·贝叶斯（Thomas Bayes）的数学家发明了一种方法，用于计算“在已知条件下，另外一个事件发生”的概率。该方法要求我们先预估一个主观的先验概率，再根据后续观察到的结果进行调整，随着调整次数的增加，真实的概率会越来越精确。这句话怎么理解呢？我们通过一个坐地铁的例子解释这句话的含义。

深圳地铁一号线从车公庙站出发至终点站共有 18 站，每天早上小林要从车公庙站出发经过 5 个站到高新园站上班，如图 6-3 所示。

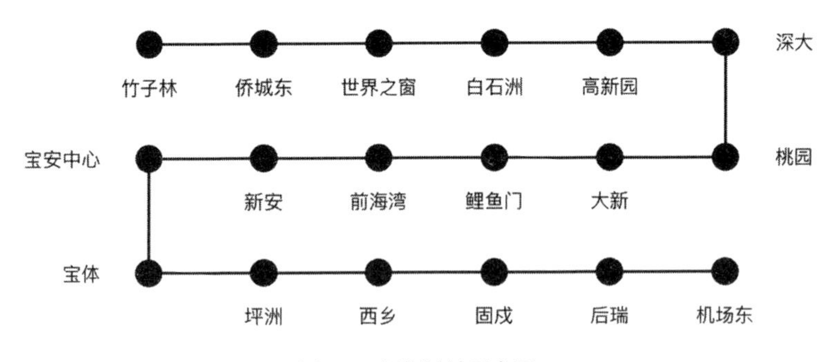

图 6-3　深圳地铁示意图

某天早高峰时段，小林被站立的人群遮挡住视线并且戴着耳机听不到报站的内容，因此他不知道列车是否到达高新园站。如果下一站列车到站时，他直接出站，理论上他正好到高新园站的概率只有 1/18，出对站的概率非常小。这时候小林恰巧在人群中看到一个同事，他正走出站台。小林心想，尽管不知道这个同事要去哪里，但在早高峰时段，同事去公司的概率显然更高。因此在获得这个有效信息后，小林跟随出站，正好到达高新园站。这种思考方式就是贝叶斯定理的思考方式。

6.2.2 引入贝叶斯定理

在概率论与统计学中，贝叶斯定理描述了一个事件发生的可能性，这个可能性是基于事先掌握的一些与该事件相关的情况而推测的。假设癌症是否会发病与每个人的年龄有关，如果使用贝叶斯定理，当我们知道一个人的年龄时，就可以更准确地评估他癌症发病的概率。也就是说，贝叶斯理论是指根据一个已发生事件的概率，计算另一个事件的发生概率。从数学上，贝叶斯理论可以表示为：

$$P(\mathrm{B}|\mathrm{A})=\frac{P(\mathrm{B})P(\mathrm{A}|\mathrm{B})}{P(\mathrm{A})}$$

- P(B)表示发生 B 事件的概率，即小林到高新园站的概率。
- P(A)表示发生 A 事件的概率，即小林的同事出站的概率。
- P(B|A)表示在 A 事件已经发生的情况下 B 事件会发生的概率，即同事出站的时候，小林正好到高新园站的概率。
- P(A|B)表示在 B 事件已经发生的情况下 A 事件会发生的概率，即小林到达高新园站，同事出站的概率。

这时候我们再来看贝叶斯定理，这个公式说明了两个互换的条件概率之间的关系，它们通过联合概率关联起来。在这种情况下，若知道 P(A|B)的值，就能够计算 P(B|A)的值。因此贝叶斯公式实际上阐述了这么一个事情，如图 6-4 所示。

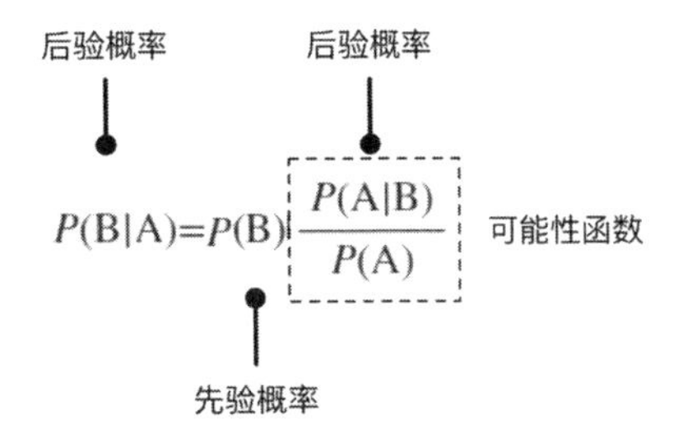

图 6-4 贝叶斯公式解释

我们可以通过文氏图加深对贝叶斯定理的理解，如图 6-5 所示。

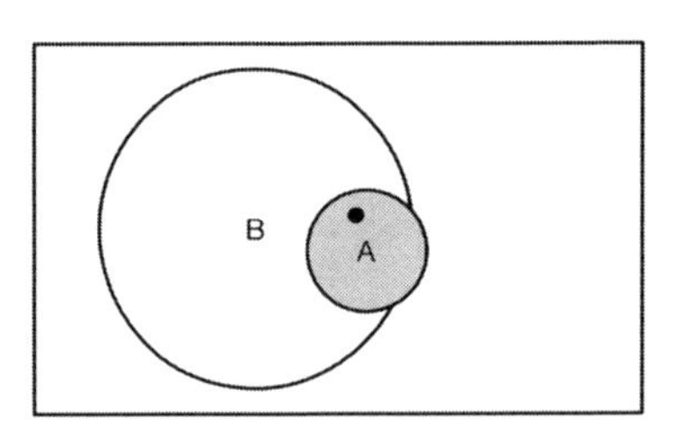

图 6-5　贝叶斯公式的文氏图理解

在上述例子中，小林刚好在早高峰时段看到同事出站，代表出现了新的信息。就像上图中已知黑点已经落入 A 区域了，由于 A 区域大部分区域与 B 区域相交，因此推断黑点也在 B 区域的概率很大。我们想获得的结果其实是 $P(\mathrm{B}|\mathrm{A})$，即我们想知道，在考虑了一些现有的因素后，这个随机事件会以多大概率出现。参考这个概率结果，在很多事情上我们都可以有针对性地做出决策。

我们需要同时知道 $P(\mathrm{B})$、$P(\mathrm{A}|\mathrm{B})$与 $P(\mathrm{A})$，才能算出目标值 $P(\mathrm{B}|\mathrm{A})$，但是 $P(\mathrm{A})$的值似乎比较难求。仔细想一想，$P(\mathrm{A})$与 $P(\mathrm{B})$之间似乎没有任何关联，两者本身就是独立事件，无论 $P(\mathrm{B})$的值是大还是小，$P(\mathrm{A})$都是固定的分母。也就是说，我们计算 $P(\mathrm{A})$各种取值的可能性并不会对各结果的相对大小产生影响，因此可以忽略 $P(\mathrm{A})$的取值。假设 $P(\mathrm{A})$的取值为 m，$P(\mathrm{B})$的可能取值为 $b1$、$b2$ 或者 $b3$，已知：

$$P(b1)=o，P(b2)=p，P(b3)=q，$$

$$P(\mathrm{A}|b1)=x，P(\mathrm{A}|b2)=y，P(\mathrm{A}|b3)=z$$

那么计算 $P(\mathrm{B}|\mathrm{A})$时，分别会得到结果：

$$P(b1|\mathrm{A})=\frac{ox}{m}，P(b2|\mathrm{A})=\frac{py}{m}，P(b3|\mathrm{A})=\frac{qz}{m}$$

且由于 $P(b1|\mathrm{A})$、$P(b2|\mathrm{A})$与 $P(b3|\mathrm{A})$三者之和一定为 1，因此可以得出 $ox+py+qz=m$。即使 m 的值不知道也没关系，因为 ox、py、qz 的值都是可以计算出来的，所以 m 的值自然也就知道了。剩下的工作就是计算 $P(\mathrm{B})$、$P(\mathrm{A}|\mathrm{B})$，而这两个概率必须要通过我们手上有的数据集来进行估计。

关于贝叶斯算法有一段小插曲。贝叶斯算法被发明后有接近 200 年的时间无人问津，因为经典统计学在当时完全能够解决客观上能够解释的简单概率问题，而且相比需要靠主观判断的贝叶斯算法，显然当时的人们更愿意接受建立在客观事实上的经典统计学，他们更愿意接受一个硬币无论抛多少次后正反面朝上的概率都是50%的事实。

但我们的生活中还存在很多无法预知概率的复杂问题，例如台风侵袭、地震等。经典统计学在面对复杂问题时，往往无法获得足够多的样本数据，导致其无法推断总体规律。总不能说每天预测台风来的概率都是 50%，只有来或者不来两种情况。数据的稀疏性令贝叶斯定理频频碰壁，随着近代计算机技术的飞速发展，对数据的大量运算不再是困难的事情，贝叶斯算法才被人们重新重视起来。

6.2.3 贝叶斯定理有什么用

讲到这里有读者可能会问，虽然贝叶斯定理模拟了人类思考的过程，但是它又能够帮助我们解决什么样的问题呢？我们先来看一个一讲到贝叶斯定理必定会提到的经典案例。

在疾病检测领域，假设某种疾病在所有人群中的感染率是 0.1%，医院现有的技术对于该疾病检测的准确率能够达到 99%。也就是说，在已知某人已经患病的情况下，有 99%的可能性检测为阳性；而正常人去检查有 99%的可能性是正常的，如果从人群中随机抽一个人去检测，医院给出的检测结果为阳性，则这个人实际得病的概率是多少？

也许很多读者都会脱口而出是“99%”。但真实的得病概率其实远低于此，原因在于很多读者将先验概率和后验概率搞混了。如果用 A 表示这个人患有该疾病，用 B 表示医院检测的结果是阳性，那么 $P(B|A)=99\%$表示的是，“已知一个人已经得病的情况下医院检测出阳性的概率”。而我们现在问的是，“对于随机抽取的这个人，在已知检测结果为阳性的情况下这个人患病的概率”，即 $P(A|B)$，通过计算可得 $P(A|B)=9\%$。所以即使被医院检测为阳性，实际患病的概率其实还不到 10%，有很大可能是假阳性。因此需要通过复诊，引入新的信息，才有更大的把握确诊。通过以上例子可以看出，**生活中我们经常会把先验概率与后验概率弄混淆，从而得出错误的判断**。贝叶斯定理可以帮我们理清概率的先后条件之间的逻辑关系，得到更精确的概率。

我们常常遇到这样的场景。当与友人聊天时，一开始可能不知道他要说什么，但是他说了一句话之后，你就能猜到接下来他要讲什么内容。友人给的信息越多，我们越能够推断出他想表达的意思，这也是贝叶斯定理的思考方式。贝叶斯定理得以广泛应用是因为它符合人类认知事物的自然规律。我们并非生下来就知道一切事情的内在规律，在大多数时候，我们面对的是信息不充分、不确定的情况，这个时候我们只能在有限资源的情况下，做出决定，再根据后续的发展进行修正。

实际上，这个定理的核心思想对产品经理如何思考问题也有很大的启发，一方面我们要搞清楚需求场景中的先验概率是什么，后验概率是什么，不要被数据的表象蒙蔽了双眼。另一方面我们可以借助贝叶斯定理搭建一个思考的框架，在这个框架中需要不断地调整我们对某事物的看法，在一系列的新事情被证实后，才形成比较稳定、正确的看法。

当我们的脑子里有新想法出现时，在大多数情况下，我们只能根据经验大概判断某个产品靠谱不靠谱。投入市场中反响有多大没有人能够说清楚，因此很多时候我们需要尝试，需要做一个简单的版本投入市场上快速验证自己的想法，然后不断想办法获得“事件 B”，不断增加新产品的成功率，这样我们的产品才有可能获得成功。因此“小步快跑，快速迭代”才是提升容错率最好的办法。

6.3 朴素贝叶斯的实际应用

6.3.1 垃圾邮件的克星

朴素贝叶斯算法与我们前面学习的回归算法、决策树算法都不太相同。回归和决策树算法都是实际可以直接应用的算法。朴素贝叶斯算法虽然实现简单，但是它有一个很重要的前提：假设属性之间相互独立，这个假设在现实应用中往往是不成立的。因为这个前提的限制导致贝叶斯算法在很长一段时间内只能用于特征较少、特征之间的相关性较小的场景，一旦属性个数变多或者属性之间的关联变大分类的效果就会急剧下降。

这种局面非常像目前一些前沿技术的处境，同样是有技术有解决方案，但是没有找到合适的应用场景，因此没法大展身手。得益于近代自然语言处理领域的快速发展，人们逐渐发现朴素贝叶斯算法非常适合用于处理文本类的信息，例如垃圾邮件检测、社区违规信息检测与文档分类等方面。主要原因在于文本单词之间的关联性很小，基本可以假设为相互独立，因此贝叶斯算法在文本方面的应用有显著效果。

大概在 10 年前，每天我们打开邮箱都会发现大量的广告邮件，淹没了重要的邮件，这让很多用户苦不堪言。聪明的产品经理发现了这个痛点，于是马上想到可以设定规则过滤掉标题中带有一些特定词语的邮件，直到现在还有很多邮箱保留了这样的功能。但是狡猾的商家总是变着法躲避关键词的检测，因此这种方法过滤的效果并不好。如果更进一步，每遇到一种新出现的垃圾邮件种类就设定过滤的规则，则这个过滤器的误判率也会上升，有可能将正常邮件错误判断为垃圾邮件。对于大多数用户来说，错过一封正常邮件的后果要比收到垃圾邮件严重得多，所以一个良好的过滤器是不能误判邮件的，这是一种“宁可放过，不可杀错”的场景。

在这种情况下，一位名为保罗·格雷厄姆（Paul Graham）的工程师提出可以使用“朴素贝叶斯”的方式过滤垃圾邮件，并且从他的试验结果来看效果非常好，它可以过滤掉 1000 封垃圾邮件中的 995 封，并且这 995 封中没有一个误判。更强大的地方在于这个过滤器能够自我学习，会根据新收到的邮件不断调整模型，收到的垃圾邮件越多，它的判定效果就越好。

如此神奇的分类器是怎么实现的呢？实际上，格雷厄姆只是建立了一个基于朴素贝叶斯的分类器。在数据准备阶段，他找到正常邮件与垃圾邮件各 4000 封。首先解析所有的邮件，提取这 8000 封邮件里的每一个单词建立一个词汇库，这个库包含了两张表，其中一张记录所有在邮件中出现过的词语，另外一张则对应统计这些词语各自出现的频率。接下来计算每个词在正常邮件与垃圾邮件中出现的频率。例如我们检测出在 4000 封垃圾邮件中有 200 封邮件中包含“sex”这个单词，则该单词在垃圾邮件中出现的概率是 5%。而在 4000 封正常邮件中只有 2 封包含这个词，则该单词在正常邮件中出现的概率为 0.05%。有了这个初步统计结果，分类器就可以投入使用了。

当我们收到一封新邮件时，它只可能是正常邮件或垃圾邮件。因此我们假定先验概率为 50%。用 S 表示垃圾邮件（spam），用 H 表示正常邮件（healthy），则 $P(\mathrm{S})$和$P(\mathrm{H})$的先验概率都是 50%，如下所示：

$$P(\mathrm{S}) = P(\mathrm{H}) = 50\%$$

解析这封新邮件，发现包含关键词“sex”，此时这封新邮件是垃圾邮件的概率是多少呢？

我们用 W 表示“sex”这个词，问题变成了如何计算 P(S|W)的值，即在某个词语（W）已经存在的条件下，是垃圾邮件（S）的概率有多大。根据条件概率公式，可得：

$$P(\mathrm{S}|\mathrm{W})=\frac{P(\mathrm{S},\mathrm{W})}{P(\mathrm{W})}=\frac{P(\mathrm{W}|\mathrm{S})P(\mathrm{S})}{P(\mathrm{W}|\mathrm{S})P(\mathrm{S})+P(\mathrm{W}|\mathrm{H})P(\mathrm{H})}$$

式中，P(W|S)和 P(W|H)表示的是这个词语在垃圾邮件和正常邮件中分别出现的概率。对“sex”这个词，我们计算出来这两个概率分别为 5%和 0.05%，且 P(S)和 P(H)的值都等于 50%。因此可以计算 P(S|W)的值为：

$$P(\mathrm{S}|\mathrm{W})=\frac{5\%\times 50\%}{5\%\times 50\%+0.05\%\times 50\%}=\frac{0.025}{0.02525}=0.9901$$

从上述推断过程可以看出来，“sex”这个词具有很好的判定效果，将原本 50%是垃圾邮件的概率一下子提升到 99%。但是现在我们就能直接下结论说这封新邮件就是垃圾邮件吗？有些正常邮件中可能也会包含“sex”这个单词，如果单凭一个词去判断，未免过于武断。聪明的格雷厄姆当然也想到这个问题。它采用的解决方法是选出这封信中 P(S|W)最高的 15 个词，计算它们的联合概率。

联合概率指的是在多个事件发生的情况下，另一个事件发生的概率有多大。假定 W1 和 W2 都是垃圾邮件中经常出现的词语，如果它们都出现在同一封邮件里，那么这封邮件是垃圾邮件的概率就称为联合概率。联合概率的计算公式如下：

$$P(\mathrm{A}_1\mathrm{A}_2\mathrm{A}_3\cdots\mathrm{A}_n)=P(\mathrm{A}_1)P(\mathrm{A}_2|\mathrm{A}_1)P(\mathrm{A}_3|\mathrm{A}_1\mathrm{A}_2)\ldots P(\mathrm{A}_n|\mathrm{A}_1\mathrm{A}_2\mathrm{A}_3\cdots\mathrm{A}_{n-1})$$

有了这个公式以后，对所有新邮件都可以用它来判定是否为垃圾邮件。在使用这个公式时，就像使用线性回归进行分类一样，需要设置一个阈值，高于这个阈值的邮件才会被判定为垃圾邮件。格雷厄姆经过反复测试后，将阈值设置为 0.9，这个时候效果最佳。某封邮件经过联合概率计算后若结果高于 0.9，则表示经过 15 个词联合认定这封邮件有 90%以上的概率为垃圾邮件。由此，一封正常的邮件即使包含了某些关键词也不会被认定为垃圾邮件，分类的效率大大提高。

朴素贝叶斯算法不但能够将普通的垃圾邮件找出来，当发件人尝试改变邮件的句子结构、词语、显示效果，甚至以“有一款新 1 产 1 品”这样的方式来绕过反邮件系统时，朴素贝叶斯算法也能展示出其独特的优势。因为它是基于统计的方法，**只要新来的邮件中含有以往没出现过的词语，分类器都将自动将这些词语凸显出来，并根据敏感性给它们分配适当的权重**。这样无论遇到什么样的新组合词语，都逃不出贝叶斯分类器的筛选。

6.3.2 朴素贝叶斯的实现过程

从上述的案例可以看出来，朴素贝叶斯算法的实现方式与其他的机器学习算法基本相同，如图 6-6 所示，主要分为三个阶段。

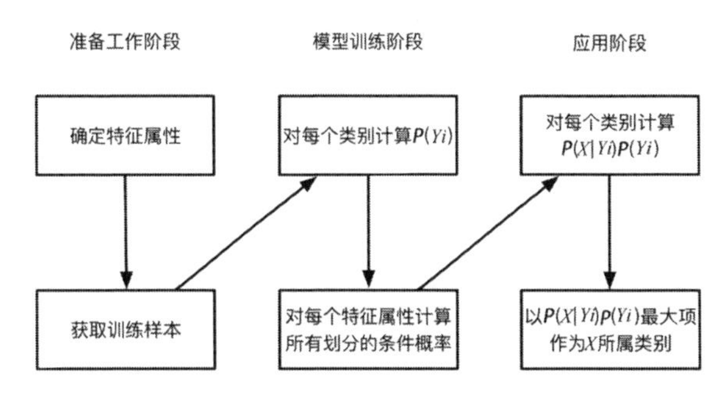

图 6-6　朴素贝叶斯算法的模型训练流程

（1）准备工作阶段：这个阶段的任务是为分类做必要的数据准备。朴素贝叶斯分类属于有监督学习，建模前需要准备大量正确样本以及错误样本，且样本属性的取值只能是布尔型或数值型数据。我们拿到的样本的有些特征可能是连续型变量，例如人的身高、体重或物体的长度等，这些特征可以通过分段的方式转换成离散值。例如将“身高”划分为 170cm 以下的区间，特征值用 1 表示；170cm 到 180cm 的区间，特征值用 2 表示；180cm 以上的区间，特征值用 3 表示。

选择过多的特征对朴素贝叶斯算法来说并非好事。在选择特征的时候，我们可以绘制一个特征直方图来帮助我们挑选出合适的特征，并对每个特征进行适当划分，人工挑选一部分待分类项进行分类，形成训练样本集合。这一阶段的输入是所有待分类样本，输出是特征和训练样本。

这一阶段是整个朴素贝叶斯分类中唯一需要人工完成的阶段，特征的质量对整个建模工作有重要的影响，分类器的效果在很大程度上由特征、特征划分方式及训练样本质量决定。

（2）分类器训练阶段：这个阶段的任务是生成分类器。主要工作是计算每个类别在训练样本中的出现频率及每个特征在所有划分下的条件概率，并记录结果。这一阶段的输入是特征和训练样本，输出是分类器。我们可以用准确率、误判率等指标指导模型校准，提升模型分类效果。

（3）应用阶段：这个阶段的任务是使用分类器对待分类项进行分类。其输入是分类器和待预测样本。计算每个类别的后验概率，最后提取后验概率最高的15个特征组成联合概率，判断联合概率是否高于现有的阈值，以实现样本的分类。

6.4 进一步的提升

6.4.1 词袋子困境

实现需求以后，我们不能仅满足于解决现有问题。作为产品经理当然还要去思考这个解决方案有没有进一步提升的空间，这个过程中还有什么细节目前做得不够好，我们可以想办法优化。

现在我们知道，朴素贝叶斯实际上就是增加了条件独立假设作为前提的贝叶斯算法。正是这样一个假设大大简化了贝叶斯算法的计算方式，同时我们也能在现实生活中找到文本信息处理这一匹配假设的场景。任何事物都存在两面性，虽然这样做在文本处理领域可以解决不少问题，但同样也会遇到新的问题。

我们仔细思考后会发现，因为朴素贝叶斯假设所有的词语之间都没有关联，所以缺少对词语的组合顺序的理解。在这种情况下，如果一封邮件只有“请基金产品经理看看”这句话，那么在计算联合概率时你会发现，“请基金产品经理看看”与“经理请看看基金产品”这两句话的联合概率是相同的，而后者可能在一些广告邮件中出现。这就相当于朴素贝叶斯分类把所有的词汇扔进一个袋子里随便搅和，认为它们无论怎么组合表达的意思是一样的，因此这种情况也称作词袋子模型。

然而，邮件中的每个词都不重复，这在现实中其实非常少见，尤其是在一封垃圾邮件里。如果文本的长度较长，必然会有许多词语重复出现，比如一封邮件的内容为：“2019新春爆款产品上市，多款产品适合不同需求的你，快来挑选心仪的产品吧。”这封典型的垃圾邮件中仅“产品”一词就重复了三遍。但在词袋子模型里，无论一个词语重复了多少遍，对整体概率的计算都没有多大的影响，并不会因为某个词多次重复就对它重点关照，这显然是不够“智能”的。根据生活经验我们知道，通常垃圾邮件为了突出某些内容，肯定会大量重复某个词语或固定的句式，因此在这个地方我们可以采取一些措施提升模型的辨别能力。

6.4.2 多项式模型与伯努利模型

对于这个问题，目前常用的解决方法是采用多项式模型、伯努利模型或两个模型相结合的混合模型。为了搞清楚这两个模型的区别，首先我们要知道文本是如何分类的。

假设现在有一封邮件的内容为：“新品上市欢迎咨询。”我们可以用一个文本特征向量来表示这封邮件的内容，即 ***x***=(新，品，上，市，欢，迎，咨，询)。在邮件分类中，我们需要给这封邮件打上一个标签，假设把邮件 ***x*** 归类到“垃圾邮件”中，即打上“垃圾邮件”的标签，用 c 表示。

伯努利模型也称为文档模型，在模型中以“文档”为统计单位，统计某个特征词出现在多少个文档中。假设某个特征词只在某一个文档中出现多次，贝努利模型在统计的时候会忽略该词出现的次数，只算作一次。因此在伯努利模型中，每个特征的取值范围为{0,1}，0 代表没有出现，1 代表出现过。在邮件分类中，就是指一个特征有没有在邮件中出现过。

而多项式模型也称为词频模型，即以“词”为统计单位，当某个特征词在某个文档中多次出现的时候，与伯努利模型相反，它算作多次。如果总共用 8000 封邮件构成词汇库，其中恰好在一封垃圾邮件中“水杯”一词出现了 1000 次，则往后当遇到一封新的正常邮件时，只要其中出现了“水杯”一词就很可能被分为垃圾邮件。

两个模型最大的区别在于两者的计算粒度不一样，多项式模型以单词为粒度，伯努利模型以文档为粒度，因此二者的先验概率和条件概率的计算方法都不同。当计算后验概率时，在多项式模型中，只有在邮件中出现过的单词才会参与后验概率的计算；但是在伯努利模型中，某个单词即使没有在邮件中出现，只要在词汇库中存在，最后也会参与计算。在进行模型计算时，这种在词汇库中出现但是在邮件当中没有出现的单词会被当作“反方”，作为一个惩罚项参与。从两个模型的特性上看，**伯努利模型更适合处理短文档，在词汇数量较少时效果较好；而多项式模型适合处理长文档，**

在词汇数量较多时效果比较好。

朴素贝叶斯算法还存在另外一个问题，就是对数据稀疏现象过于敏感。假设在一封邮件中出现了一个词汇库中不存在的单词，按照朴素贝叶斯模型的计算方式，会认为这个词在任何一封邮件中出现的概率都为 0，所以最后计算联合概率时结果也为 0。这样得到的结果并不合理，因为我们不能因为在某封邮件中有一个单词从来没有出现过，就判断这封邮件百分之百不是垃圾邮件。

为了解决零概率的问题，法国数学家拉普拉斯最早提出用“加 1”的方法估计没有出现过的单词的概率，所以加法平滑也叫拉普拉斯平滑，是比较常用的平滑方法。它的解决思路非常简单，就是对每个类别下所有划分的计数“+1”，这种方式并不会对结果产生影响，并且解决了上述联合概率为零的问题。很多时候简单的方式恰恰也是最有效的方式，就是这样一个简单的调整，问题迎刃而解。

解决了词袋子困境以及数据稀疏问题以后，实际上我们已经获得了一个效果非常好的垃圾邮件分类器。由此可以看出，朴素贝叶斯算法本身就具备非常高效、简单的解决思路，只需进行一些小的改进，就能够解决不少问题。

6.5 产品经理的经验之谈

本章主要讲述贝叶斯算法的原理与应用。到目前为止，朴素贝叶斯算法仍然是最流行的十大挖掘算法之一。它是一种有监督的学习算法，该算法的优点在于简单易懂，学习效率高，在某些分类问题中的表现能够与决策树、神经网络相媲美。

贝叶斯分类是一类分类算法的总称，这类算法均以“贝叶斯定理”和“特征条件独立假设”为基础。而朴素贝叶斯分类是贝叶斯分类中最常见的一种分类方法。朴素贝叶斯的中心思想很简单，先对某事会不会发生预估一个主观的先验概率，再根据随后观察到的结果进行调整，随着调整次数的增加，得到的概率将会越来越精确，这个概率称为后验概率。

贝叶斯定理描述了一个事件发生的可能性，这个可能性基于某些与该事件相关的条件。这个方法要求我们先预估一个主观的先验概率，再根据后续观察到的结果进行调整，随着调整次数的增加，真实的概率会越来越精确。假设癌症是否会发病与每个人的年龄有关，如果使用贝叶斯定理，只需要知道患者的年龄，就能够准确地评估该患者是否会发病的概率。也就是说，贝叶斯定理指的是根据一个已发生事件的概率，计算另一个事件的发生概率。

朴素贝叶斯分类器的训练过程分为数据准备、分类器训练以及应用阶段。数据准备阶段加工的特征质量对模型效果有重要影响，分类器的效果在很大程度上由特征、特征划分方式及训练样本质量决定。

朴素贝叶斯的独立性假设在现实生活中很难成立。但是在文本处理领域，朴素贝叶斯算法有广阔的应用前景，其非常适合用于处理文本类的信息。例如垃圾邮件检测、社区违规信息检测以及文档分类等。这些场景的核心要素都体现在将条件变量之间的独立性假设应用到文本分类上。在这个基础上做了两个假设：一个是假设各个特征词对分类的影响是独立的；另一个是假设词语先后顺序的变化与词频对结果没有影响。但在实际情况中词语先后顺序与词频对于邮件的内容有直接的影响，因此我们采用多项式模型或伯努利模型来避免条件独立假设带来的影响。

伯努利模型也称为文档模型，以“文档”为统计单位，即统计某个特征词出现在多少个文档中。假设某个特征词只在某个文档中出现多次，伯努利模型在统计的时候会忽略特征词出现的次数，只算作一次。而多项式模型也称为词频模型，以“单词”为统计单位。当某个特征词在某个文档中多次出现的时候，与伯努利模型相反，它会重复计算。

两个模型最大的区别在于两者的计算粒度不一样，多项式模型以“单词”为粒度，伯努利模型以“文档”为粒度，因此二者的先验概率和条件概率的计算方法都不同。在计算后验概率时，对于一封邮件，在多项式模型中，只有在邮件中出现过的单词才会参与后验概率计算；但是在伯努利模型中，某个单词即使没有出现在邮件中，但只要在词汇库中存在，最后也会参与计算。在进行模型计算时，这种在词汇库中出现而在邮件当中没有出现的单词会被当作“反方”，作为一个惩罚项参与。从两个模型的特性上看，伯努利模型更适合处理短文档，在特征数量较少时效果较好；而多项式模型适合处理长文档，在特征数量较多时效果较好。

朴素贝叶斯算法的核心思想对产品经理具有指导意义，提醒我们凡事不能只看表象，看到需求更应该深挖需求，积极验证自己的想法，才能获得准确的判断。

7 模拟人类思考过程：神经网络

7.1 最简单的神经元模型

7.1.1 从生物学到机器学习

2012 年底，微软研究院的创始人里克·雷斯特（Rick Rashid）教授在一次大会做主题演讲时，展示了一套实时语音机器翻译系统。他在系统中输入一些英文内容，系统自动翻译成中文并且合成他的声音用中文朗读，在场观众无不惊叹。实际上这套实时语音翻译系统是基于神经网络算法研发的，会前雷斯特用自己的声音反复训练模型，在神经网络的帮助下，让模型学习他的声音，最终实现用机器合成他的中文声音，将以往难以想象的事情变成了现实。

谈起神经网络，很多对它不了解的产品经理会认为这是一种很深奥、复杂的算法。在工作中，有机会听工程师提起这项技术也是各种调参以及网络结构设计，渐渐变得敬而远之。实际上神经网络是一种模仿人类思考方式的模型，就像飞机为了减小空气阻力，模仿鸟的形态一样，其借鉴了生物学的结构。如果将神经网络拆开来看，结构非常简单，它就是一种将简单结构进行组合，从而解决复杂问题的典型案例之一。

神经网络（Artificial Neural Network）算法，是 20 世纪 80 年代以来人工智能领域兴起的研究热点之一，也是当今应用最广泛的算法。无论是脸书的人脸识别、微软的翻译还是谷歌的搜索，背后都有神经网络的身影。神经网络发展到今天已经变成多学科交叉的研究领域，各相关学科对神经网络的定义多样，目前最广泛使用的定义是托伊沃・科霍宁（Teuvo Kohonen）教授于 1988 年给出的定义，即神经网络是由具有适应性的简单单元组成的广泛并行互连的网络，这种结构使得它能够模拟生物神经系统对真实世界物体所做出的交互反应。

上述定义听起来有点拗口，表达的意思却很简单。用通俗的话讲，神经网络由很多个计算单元组成，每一个计算单元都有强大的计算能力。**这些计算单元之间相互连接形成一个网状的结构，网状结构具有很强的包容性，因此这种设计使得神经网络具有很强大的学习能力。**

通常我们理解的神经网络包含两种：一种是生物神经网络；一种是人工神经网络。人工神经网络由生物神经网络发展而来，所以在学习人工神经网络之前，首先我们要搞清楚生物神经网络是怎么一回事。

一直以来科学家都在研究人脑的构造，希望有朝一日能够模拟人类思考过程，造出实现“自主”思考的计算机。人类为什么能够思考呢？生物学家经过不懈的探索终于发现，在人脑中大约有 860 亿个神经元，这些神经元相互联结构成了极其复杂的神经系统，这是人类能够思考的物质基础。

神经元细胞主要由树突、轴突和细胞体构成，如图 7-1 所示。一个神经元有多个树突，树突用于接收其他神经元传导过来的信号，并将信号传递给细胞体。细胞体是神经元中的核心模块，用于处理所有的传入信号，它把各个树突传递过来的信号加总起来，得到一个总刺激信号。轴突是输出信号的单元，它有很多个轴突末梢，可以给其他神经元的树突传递信号。神经元的突触会和其他神经元的树突连接在一起，从而形成庞大的生物神经网络。

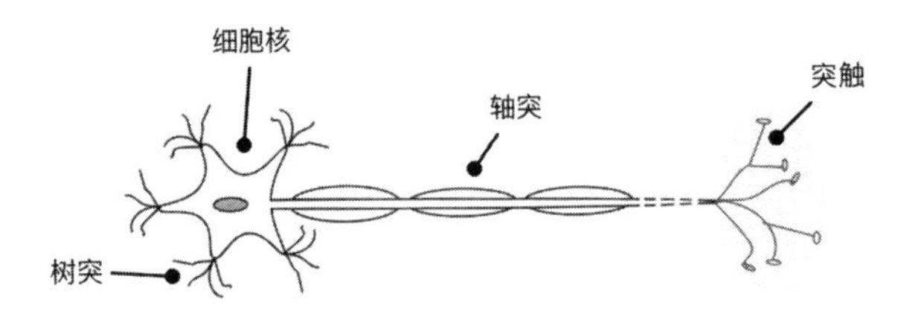

图 7-1　神经元细胞

神经元有两种状态，即激活状态和非激活状态。在生物神经网络中，神经元与神经元互相连接。当神经元处于激活状态时，就会向相连的神经元发送化学物质，从而改变这些神经元内的电位。如果某神经元的电位超过了一个“阈值”，那么它就会被激活，即该神经元“兴奋”起来，向其他神经元发送化学物质。

7.1.2　神经元模型

1943 年，美国心理学家麦卡洛克（McCulloch, W. S.）和数学家皮特斯（Puts, W.）参考了生物神经元的结构，把神经元视为二值开关，通过不同的组合方式来实现不同的逻辑运算，并且将这种逻辑神经元称为二值神经元模型（McCulloch-Pitts Model，MP 模型），结构如图 7-2 所示。

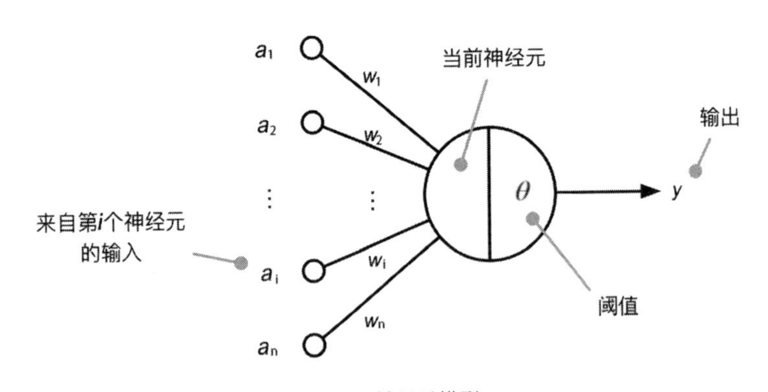

图 7-2　神经元模型

MP 模型是一个包含输入、输出与计算功能的模型。可以将输入功能类比为神经元的树突，而将输出功能类比为神经元的轴突，计算功能则可以类比为细胞体。神经元接收来自其他神经元传递过来的输入信号，这些输入信号通过带权重的连接进行传递，神经元接收到的总输入值将与神经元的阈值进行比较，然后经过“激活函数”

（Activation Function）的处理才能够产生神经元的输出。

在 MP 模型中，非线性的激活函数是整个模型的核心。在数学上的定义为，当函数的自变量大于某个阈值时，则等于 1，否则等于 0。具体的公式如下：

$$f(x)=\begin{cases}1, x > 0\\0, x \leqslant 0\end{cases}$$

实际上 MP 模型的原理非常好理解，有点类似于我们学生时代的考试，把模型中很多个影响因素看成很多道题目的得分，不同的题目重要程度不同，我们对每道题的掌握程度也不同，将题目的重要程度与掌握程度相乘，就是我们这次考试的分数。

通常我们考完试，老师如何评判考得好不好呢？最简单的方法就是设置一条阈值线，看看得分有没有超过阈值线，如果超过了就是及格了（正结果），即对应的输出值为 1，如果没有超过就是不及格（负结果），对应的输出值为–1。

很多同学不理解为什么 MP 模型中也需要使用激活函数，为什么不用总输出值直接与阈值比较，然后直接判断输出结果？原因很简单，和逻辑回归函数一样，如果没有激活函数，无论我们如何训练神经网络的参数，得到的模型都是一个线性模型，在二维空间下是一条线，在三维空间下是一个平面。而线性模型是有非常大的局限性的，因为在现实世界中线性模型的应用十分有限，如图 7-3 所示。

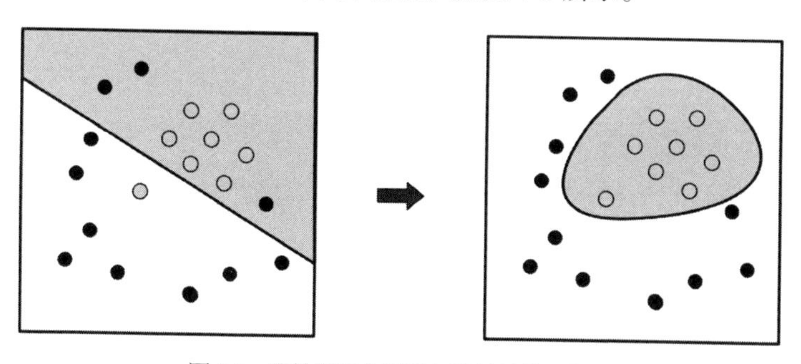

图 7-3　线性模型的局限与激活函数的作用

激活函数能够帮助我们通过对加权的输入进行非线性组合产生非线性决策边界。简单理解就是将线性模型转变成非线性模型，扩大使用场景。

接下来我们用一个例子帮助大家理解 MP 模型的决策过程。小李今天的工作比较忙，正在犹豫中午饭是与同事出去吃还是叫外卖。影响他决定的因素主要有如下三个方面。

（1）工作量：今天的工作是否能在下班前完成？

（2）同伴：有没有同事一起出去吃饭？

（3）餐厅远近：午休时间较短，选择的餐厅距离是否合适？

遇到这样的问题你是否马上想起了决策树算法？今天我们用另外一种思路来解决这个问题。值得注意的是，在决策树算法中这三个问题存在先后顺序，但是对于 MP 模型来说，上面三个问题是并列的，三个影响因素就是三个外部输入，最后小李决定去还是不去是模型的输出。如果三个问题的答案都是“YES”，则对应的输出值为 1，即去外面吃；如果三个问题的答案都是“NO”，则对应的输出值为 0，即点外卖。

以上两种情况是最理想的情况，判断比较简单。但是在生活中最让人纠结的地方在于，有一部分因素成立，另一部分因素不成立，在这种情况下最后的输出会是什么呢？比如今天的工作能做完，但是没有人陪小李出去吃饭，餐厅也比较远。

在我们实际考虑问题时，每个因素对我们的影响都是不同的。某些因素是决定性因素，有些因素是次要因素。因此可以给这些因素指定权重，表示不同的重要性。

工作量：6

同伴：2

餐厅远近：2

通过以上权重可以看出来，工作量是决定性因素，同伴和餐厅远近都是次要因素。如果三个因素的初始赋值都为 1，它们乘以权重的总和就是 6+2+2=10。如果工作量和餐厅远近因素的初始赋值为 1，同伴因素为 0，则总和就变为 6+0+2=8。

最后，我们还需要指定一个阈值。如果总和大于阈值，模型输出 1，否则输出 0。假定阈值为 7，那么当总和超过 7 时表示小李决定出去吃饭，当总和小于 7 时表示小李决定叫外卖。

以上就是一个 MP 模型的直观解释。1943 年发布的 MP 模型，虽然简单小巧，但已经建立了神经网络大厦的地基。MP 模型最大的缺陷在于，权重的值都是预先设置的，模型没有办法根据数据的情况进行学习，这让当时的研究人员意识到，MP 模型与人类真正的思考方式仍然有很大区别。直到心理学家唐纳德·赫布（Donald Olding Hebb）经过研究后指出，人脑神经细胞的连接的强度是可以变化的，于是科学家们开始考虑用调整权值的方法让机器学习，这为后面的神经网络算法奠定了基础。

7.2　感知机

7.2.1　基础感知机原理

因为 MP 模型只能预设参数，无法随数据的不同自适应调整参数，所以研究人员开始寻找能够自主“学习”的神经网络。在 1958 年，计算科学家罗森布拉特（Rosenblatt）提出由两层神经元组成的神经网络，取名为感知机（Perceptron）算法。

感知机是最古老的分类算法，同时也是最简单、最经典的机器学习算法之一。每个人工智能领域的产品经理都必须掌握感知机的基本原理，很多业界学者认为学习感知机的思想是理解神经网络和深度学习的重要途径。

简单来说，感知机学习算法是一种适用于二分类的线性分类算法，一般用于解决二分类（非负即正，只存在两个结果）问题。例如我们判断一个同学的考试成绩合格还是不合格，今天会不会下雨，银行会不会给某个客户发放贷款等，像这种只存在是或否（正、负）两个答案的问题称为二分类的问题。

感知机由两层神经元组成，如图 7-4 所示，输入层接受外界信号后将其传递给输出层，输出层为 MP 神经元。感知机在原来 MP 模型的“输入”位置添加神经元节点，构成“输入单元”，其余不变。它的工作原理与 MP 模型非常相似。给每一个属性指定一个权重 $\boldsymbol{w}$，对属性值和权重的乘积求和，将结果值与阈值比较，从而判定正负样本结果。这个过程用函数表示为：

$$f(\boldsymbol{x})=\text{sign}(\boldsymbol{wx}+b)$$

其中，$\boldsymbol{w}$、b 为模型参数，$\boldsymbol{w}$ 为权值，b 为偏置。$\boldsymbol{wx}$ 表示 $\boldsymbol{w}$ 与 $\boldsymbol{x}$ 的内积，sign 为

激励函数。

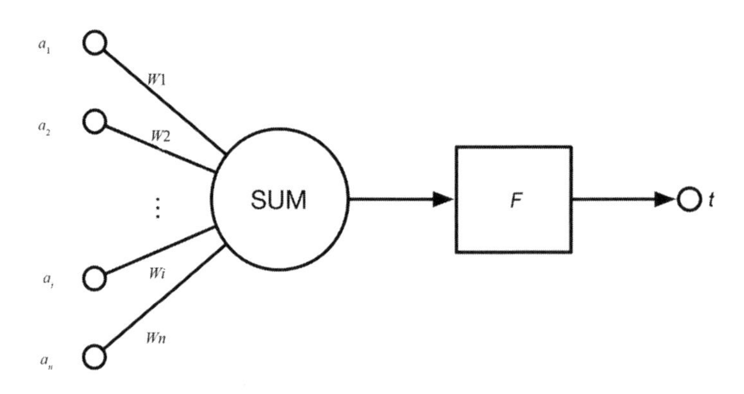

图 7-4　感知机构成

看到这个函数表达式是否觉得很眼熟？这个函数与我们初中所学的一元一次方程 $y=ax+b$ 十分相似。这样，在二维空间内，用来训练的样本数据就变成了平面上的一个数据点，如图 7-5 所示。这些数据包含正样本及负样本，我们将成功放贷的客户定义为正样本，没有放贷的客户定义为负样本。感知机算法的学习过程就是在这个平面中找到一条能够将所有的正样本和负样本区分开来的直线。在后续应用的时候，面对新来的数据，若通过模型计算出是正结果，银行就给这个客户发放贷款；若算出来是负结果，则银行不发放贷款。

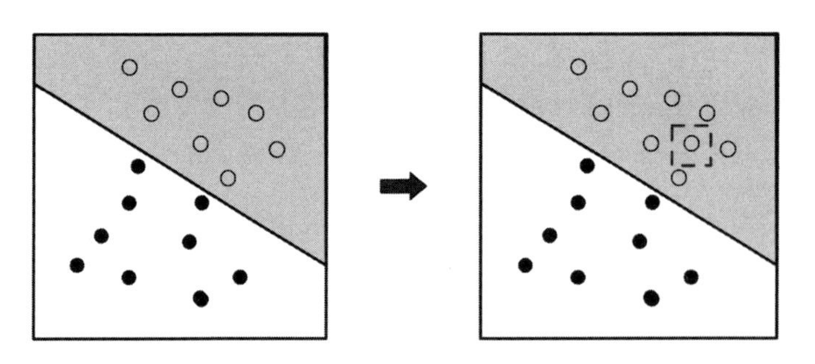

图 7-5　感知机在二维平面的表示

由此我们可知，**感知机算法就是找到类别决策分界的过程**。当样本特征只有两个时，决策分界就是在二维平面中找到一条划分直线区分不同的样本；当样本特征有三个时，决策分界就是在三维的空间中找到一个划分平面；当样本特征有 N 个时，决

策分界就是在 N 维空间中找到一个 n–1 维的划分超平面。

接下来我们的目标就比较清晰了，就是找到一个方法调整参数 $\boldsymbol{w}$、b 的值，一旦确定了这两个参数的值，直线的位置也就确定下来了。感知机采用的学习方式如下所示。

第 1 步：设定一个初始值，即在平面内随便找一条直线。

第 2 步：随机找到一个误分类点，调整参数 $\boldsymbol{w}$、b 的值使得分离直线向该误分类点的一侧移动。

第 3 步：重复第 2 步，直到所有误分类点被正确分类为止。

第 4 步：输出最终参数 $\boldsymbol{w}$、b 的取值。

确定了学习方式后，接下来我们尝试用函数来表达上述过程。按照上述方式，当一个样本点被误分类时，误分类点肯定出现在当前划分直线的错误一侧。我们的矫正方式是调整参数 $\boldsymbol{w}$、b 的值，使得模型表示的直线往该误分类点的方向平移一定距离，也就是缩小它们之间的距离，如图 7-6 所示。

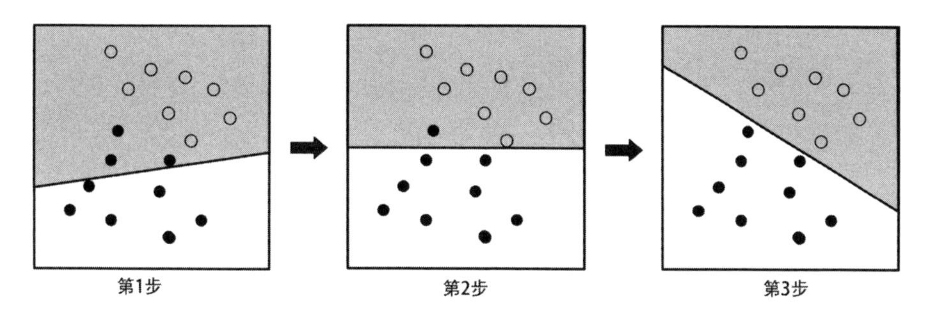

图 7-6 感知机学习过程

在最优化问题中，我们当前调整的划分直线可能对于单个误分类点来说，已经达到了最优效果，即误差点相对于直线的距离为 0。但是这种调整可能会因为强行适应某个误分类点从而出现更多的误差点，也就是说模型调整过头了，如图 7-7 所示。

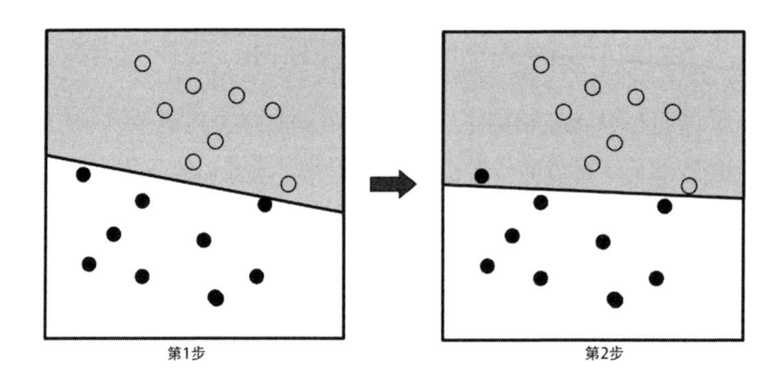

图 7-7　产生更多的误分类点

因此我们需要保证参数 $\boldsymbol{w}$、b 的值总是朝着整体变好的方向调整，也就是总体误差点最少的方向。换成距离的概念，就变成了使得误分类点距离直线的总长度最小，这样才能确保训练得到的模型最接近真实模型。因此我们把误分类点到直线的总距离定义为一个损失函数，感知机的目标就是求出损失函数的最小值。首先我们定义空间中任意一点到直线的距离 l 为

$$l = \frac{1}{\|\boldsymbol{w}\|}|\boldsymbol{wx} + b|$$

对于每个误分类点来说都满足

$$-y_i(\boldsymbol{wx} + b)$$

所以可将所有误分类点到划分直线的总距离定义为

$$L = -\frac{1}{\|\boldsymbol{w}\|}\sum_{x_j \in M} y_i(wx_i + b)$$

由于感知机的任务只是完成二分类，因此对于最后的计算结果我们只关心是否全部样本点分类正确即可。因此对于上式，为了简化计算可以暂不考虑 $1/\boldsymbol{w}$，最后得到感知机学习的损失函数为

$$L(\boldsymbol{w}, b) = -\sum_{x_j \in M} y_i(wx_i + b)$$

到这一步问题就变得简单了，就是求 $L(\boldsymbol{w},b)$的极小值。极小值的求解方法有很多

种，在感知机里我们用第 4 章讲述的“梯度下降法”求极小值。在这里我们简单回顾一下求解过程，首先对函数求导，默认指定一个点的导数方向为这个点的梯度方向，梯度表示某一函数在该点处的方向导数沿着该方向取得最大值，即函数在该点处沿着该方向（此梯度的方向）变化最快，变化率最大。结合定义的步长，相当于每次都往函数梯度下降最快的方向走一步，逐渐达到最优解，求得极小值。

7.2.2 感知机的限制

以上为感知机的求解过程。从上述的学习过程可以看出，感知机算法有两个特点。

1. 感知机求得的超平面并不唯一

一方面是因为初始值不同，直线最初的位置不同，所以调整的角度不同；另一方面，在训练集中是随机选择一个误分类点更新参数的，选择的顺序不同结果也可能不同。

2. 感知机只适用于线性可分的数据集

只有当数据集是线性可分的时，才存在一个超平面能够将不同类别分开。如图 7-8 所示，从左到右，“与”“非”“或”问题都是线性可分的，感知机可以很容易通过调节参数获得其决策边界。但是“异或”问题却是线性不可分的，感知机对其无能为力。异或的意思是若 a、b 取值不相同，则异或结果为 1。若 a、b 取值相同，异或结果为 0。就好比两个男人或者两个女人结合都没有办法生孩子，只有一个男人和一个女人结合才能生孩子。从图中可以看出来，感知机没有办法解决异或问题，所有的线性模型都没有办法解决异或问题。

感知机可以被视为一种简单形式的前馈神经网络，是一种二元线性分类模型。其输入为样本的特征向量，输出为样本的类别，取值为“+1”或“−1”。感知机是神经网络的雏形，同时也是支持向量机的基础。但是使用感知机的前提为数据线性可分，这一点严重限制了感知机的实际应用场景。

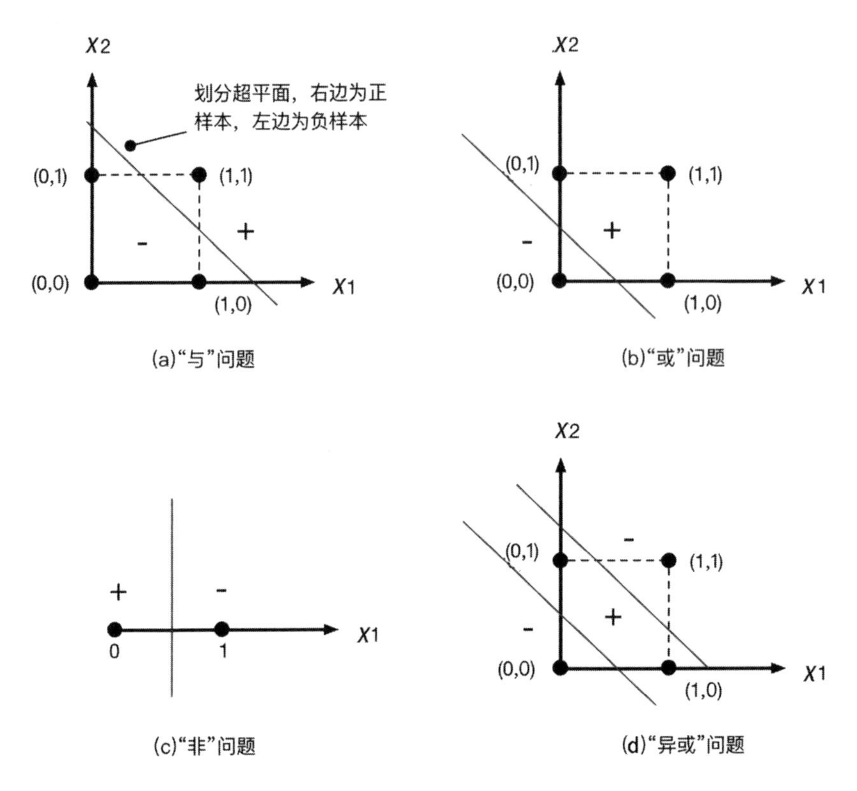

图 7-8　与、或、非、异或问题

1969 年，被誉为“人工智能之父”的马文 · 明斯基（Marvin Lee Minsky）教授用详细的数学计算证明了感知机的弱点，尤其是感知机不能解决异或问题这个重大缺陷。如果将计算层增加到两层，计算量则过于庞大，而且没有有效的学习算法。在当时，由于明斯基教授在业界的巨大影响力以及对感知机的悲观态度，让很多学者和实验室纷纷放弃了对神经网络的研究，这个时期被称为“神经网络寒冬期”。直到 10 年以后，对于两层神经网络的研究才带来神经网络领域的复苏。

7.3　多层神经网络与误差逆传播算法

7.3.1　从单层到多层神经网络

明斯基教授曾表示，单层神经网络无法解决异或问题，但是当增加一个计算层以后，两层神经网络不仅可以解决异或问题，而且具有非常好的非线性分类效果。只是两层神经网络的计算量过于庞大，没有一个较好的解法。

直到 1986 年，戴维·鲁梅尔哈特（Rumelhar）教授与杰弗里·欣顿（Geoffrey Hinton）教授等人提出了误差逆传播（Back Propagation，BP）算法，彻底解决了两层神经网络计算量问题，从而带动了业界研究多层神经网络的热潮。由于神经网络在解决复杂问题时，提供了一种相对简单的方法，因此近年来越来越受到人们的关注。目前，神经网络已经广泛应用于人工智能、自动控制、机器人、统计学等领域。

什么是多层神经网络？如图 7-9 所示，通常多层神经网络具有三层或三层以上的结构，每一层都由若干个神经元组成，它的左、右层之间的各个神经元实现全连接，即左层的每一个神经元与右层的每个神经元都连接，而同一层中上下各神经元之间无连接。为了方便应用，我们把神经网络划分为三个层次。

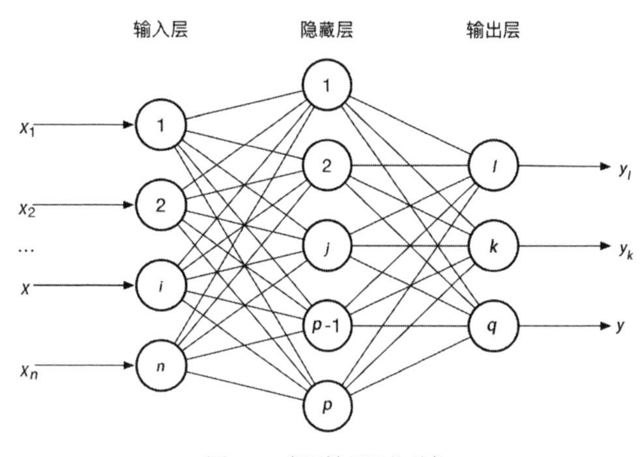

图 7-9　多层神经网络结构

（1）输入层：在输入阶段，将来自外部的信息提供给网络的部分，统称为“输入层”。输入层对于输入的元素不做任何处理，所有的输入节点都不执行计算，只负责将信息传递至隐藏层。

（2）隐藏层：隐藏层的节点与外界没有直接联系，就像一个黑盒，因此得名“隐藏层”。隐藏层的神经元负责执行运算并将信息从输入节点传输到输出节点。神经网络只有一个输入层和输出层，但是可以拥有多个隐藏层。

（3）输出层：输出节点统称为“输出层”，负责计算并将信息从网络输出到外部。

在正常情况下，一个多层神经网络的计算流程是从数据进入输入层开始，输入层将其传递到第一层隐藏层，然后经过第一层神经元运算（乘上权值，加上偏置，激活函数运算一次），得到输出，再把第一层的输出作为第二层的输入，重复进行运算，得到第二层的输出，直到所有隐藏层计算完毕，最后数据被输出至输出层运算，得到输出结果。

如图 7-10 所示，这个过程也称为神经网络的正向传播过程。也就是说，从输入层到隐藏层、从隐藏层到输出层，将网络从头到尾运算一遍，计算每个节点对其下一层节点的影响。从这个过程也可以看出，**对于多层神经网络，我们的首要任务是求出各个神经元的权值和偏置参数值，使得输出结果达到我们的要求。**

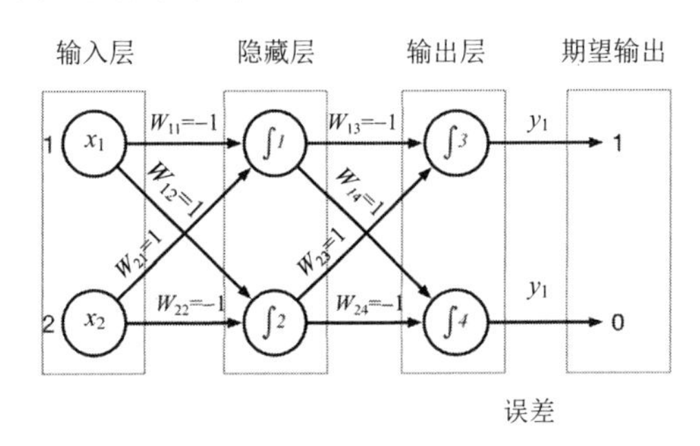

图 7-10 神经网络的正向传播过程

7.3.2 巧用 BP 算法解决计算问题

如果我们用正向传播的思路去求各个神经元的权值和偏置参数值，面对的是庞大的计算量，好在 BP 算法帮我们解决了这个问题。

BP 算法主要包含两个过程：第一步是正向传播，即输入信号从输入层经隐藏层，传至输出层。如果最后的输出结果与预期不相符，则需要启动第二步。将误差从输出层反向传至输入层，并通过梯度下降算法来调节连接权值与偏置值，修正各层单元的权值，直到误差减小到可接受程度。此过程的关键点在于利用输出后的误差来估计输出层前一层的误差，再用这层误差来估计更前一层误差，通过这种方式获取各层误差。这里的误差估计可以理解为某种偏导数，根据这种偏导数来调整各层的连接权值，再用调整后的连接权值重新计算输出误差。**这种信号正向传播与误差反向传播的权值调整过程周而复始地进行，直到网络输出的误差减小到我们可接受的程度，或模型进**

行到预先设定的学习次数为止。

这个过程其实很容易理解。就像在职场里领导交给我们一份工作，做完后，需要自下而上逐层汇报，根据领导心里的预期与实际的效果不断修改，直到领导满意为止。领导层级到最底下的执行层级之间可能横跨了几个管理层级，于是需要从上至下逆向一个层级一个层级地下达命令修改，直到最初的执行者改正后再逐层提交。

如图 7-11 所示，BP 算法的主要执行步骤为：

（1）初始化参数。根据问题计算规模手工为神经网络设置层数，并且为每个神经元赋予随机的初始参数。

（2）输入训练样本，计算各层输出，并且计算最后输出结果与实际结果的误差。

（3）从输出层反向逆推，计算各隐藏层的误差。

（4）根据数据，使用梯度下降法等学习方法调整各层的权值与参数。

（5）检查网络总误差是否达到精度要求。

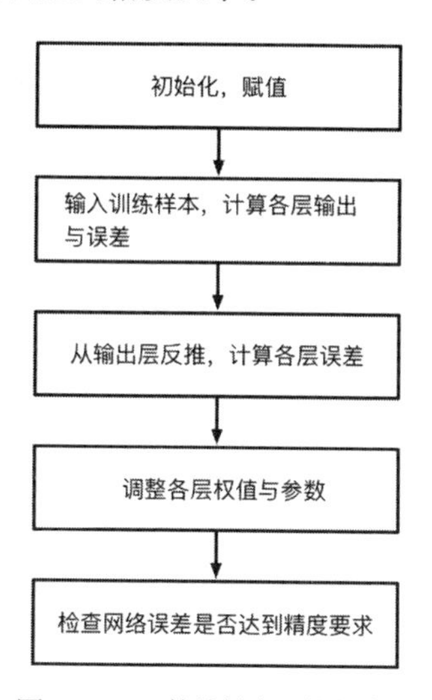

图 7-11　BP 算法的主要执行步骤

在机器学习领域有一种说法，即“神经网络是一种万能算法”。可能很多读者都会好奇，多层神经网络为什么被称为万能算法呢？原因在于神经网络强大的表达能力。理论上，三层神经网络可以无限逼近任意连续函数。接着又有读者会问，既然增加一层隐藏层神经网络就已经能够取得这么好的效果，为什么还要设置这么多的隐藏层？因为如此简单的结构，在实际使用时难以面对复杂问题。通过长期的实践发现，越深层的神经网络结构越灵活，表达效果越好，特别是对于卷积神经网络（Convolutional Neural Network，CNN），后面章节我们再展开叙述。

综上，多层神经网络有如下优点。

（1）非线性映射能力：BP 神经网络实现了一个从输入到输出的映射功能，从数学上可证明三层的神经网络就能够以任意精度逼近任何非线性连续函数。因此其特别适合于求解内部机制复杂的问题，也就是说 BP 神经网络具有较强的非线性映射能力。

为了让读者更好地理解神经网络的特点，我们用一张图说明随着网络层数的增加以及激活函数的调整，神经网络分类能力的提升。从图 7-12 中可以看出，随着层数的增加，其非线性分界拟合能力不断增强。

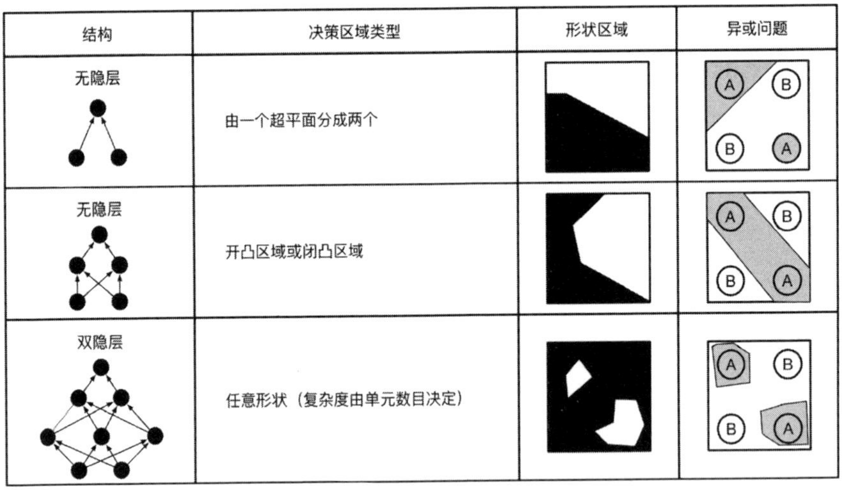

结构	决策区域类型	形状区域	异或问题
无隐层	由一个超平面分成两个		A B B A
无隐层	开凸区域或闭凸区域		A B B A
双隐层	任意形状（复杂度由单元数目决定）		A B B A

图 7-12　三种不同的神经网络对比

（2）自学习和自适应能力：BP 神经网络能够通过学习自动提取输出数据间的“合理规则”，并将学习内容记忆于网络的权值中。这说明 BP 神经网络具有高度自学习与自适应的能力。

（3）泛化能力：所谓泛化能力是指在设计分类器时，既要考虑网络在保证对所需分类对象进行正确分类的情况下，还要关心网络在经过训练后，能否对未见过的数据或有噪声污染的数据进行正确的分类。BP 神经网络具有将学习成果应用于新数据的能力。

（4）容错能力：BP 神经网络在部分神经元受到破坏后，对全局的训练结果不会造成很大的影响。也就是说即使系统受到局部损伤它还是可以正常工作的，BP 神经网络具有一定的容错能力。

但同时，多层神经网络也不是万能的。随着应用范围的逐步扩大，BP 神经网络也暴露出了越来越多的缺点和不足，主要有以下两个方面。

（1）黑盒性：BP 神经网络最为人广知的缺点就是黑盒子性质。由于隐藏层复杂的神经元网络，我们不知道网络是如何运行的，以及为什么会产生这样的输出。当我们输入一张鼠标的图片到模型中时，模型识别出这是一个键盘，我们很难解释模型为什么会有这样的判断。

神经网络不像贝叶斯或决策树算法，具有很强的解释性。**在很多场景下，模型的可解释性是非常重要的**。例如券商在分析某支股票下一年的趋势时，若模型只给出"上涨""下跌"的结果，则难以帮助券商做出决策；银行给某个客户提供贷款额度时，也只能靠模型得出的结论说服客户。

（2）在实际项目里使用神经网络的成本较高：成本主要体现在两方面，一方面是耗费人力。与传统的机器学习算法相比，神经网络通常需要更多的训练数据，至少需要数千甚至数百万个标记样本。面对如此庞大的数据，人为提取原始数据的特征作为输入是一件很困难的事情。

原因在于人为提取特征是一个很难把握尺度的事情，必须在挑选出不相关的变量的同时保留有效信息。如果挑选的特征精度太高，神经网络会把同一个人戴着帽子和不戴帽子的两张照片识别为两个人；如果挑选的特征精度太低，又会导致将双胞胎兄弟的照片识别为同一个人，前者是对不相关变量过于敏感，后者则是无法提取有实际意义的特征。

另一方面是耗费计算资源。神经网络的计算速度普遍较慢，所需的计算能力在很大程度上取决于数据的大小以及网络的深度、复杂程度。相比具有 1000 棵子树的随机森林算法，隐藏层只有 1 层的神经网络的运算速度要快得多。但是如果一个神经网络有 50 层隐藏层，它与仅有 10 棵子树的随机森林相比，运算速度要慢很多。还有一个更严重的问题，神经网络的隐藏层数越多，越容易产生梯度下降现象，即增加了层数但模型的精度却没有太大的变化，也就是说即使耗费了大量的运算资源，但计算精度依旧没有太大变化。

讲到这里，相信大多数产品经理对神经网络已经有了新的认识。其实多层神经网络在结构上并不复杂，三层结构能够模拟各种非线性函数，并将每个神经元的计算能力发挥到极致，因此它能够适用于广泛的应用场景。如上所述，虽然训练神经网络的过程更多的还是根据训练效果进行参数调整，但是神经网络对于数据的质量要求相当高。人为挑选的特征越准确，越能够帮助模型做出正确的判断。因此产品经理需要理解神经网络的工作原理，并且在具体项目中运用自身的业务经验，和工程师一起使神经网络发挥出最大威力。

除了 BP 神经网络，后人在此基础上研究出了很多改良版的神经网络。因篇幅所限，在此我们只介绍最常用的 RBF 神经网络。

7.4 RBF 神经网络

7.4.1 全连接与局部连接

1968 年，生物学家休伯尔（David Hunter Hubel）教授与维泽尔（Torsten N.Wiesel）教授在研究动物如何处理视觉信息时有一个重要的发现。他们发现动物大脑皮层是分级、分层处理信息的。在大脑的初级视觉皮层中存在好几种不同的细胞，这些不同类型的细胞承担着不同层次的视觉感知工作。

两位学者的研究成果对于神经网络领域有着重要的启发。原来当我们思考的时候，大脑里的神经元不是采用“全连接”的方式，也就是说没有必要激活大脑所有细胞去思考一件事情。那么人工神经网络是否也可以像大脑一样，使用神经元“局部激活”的模式？这样一来，可以大大简化神经网络的复杂性。径向基函数神经网络就是其中的代表之一。

径向基函数（Radial Basis Function，RBF）神经网络是一种性能优良的前馈型神经网络，与基于 BP 算法的其他前向神经网络一样，其能够实现对任意非线性函数的逼近，这一点是所有神经网络的共性，逼近能力取决于隐藏层的神经元个数。RBF神经网络由输入层、隐藏层、输出层组成。从输入空间到隐藏层空间的变换是非线性的，而从隐藏层空间到输出层空间的变换是线性的，如图 7-13 所示。

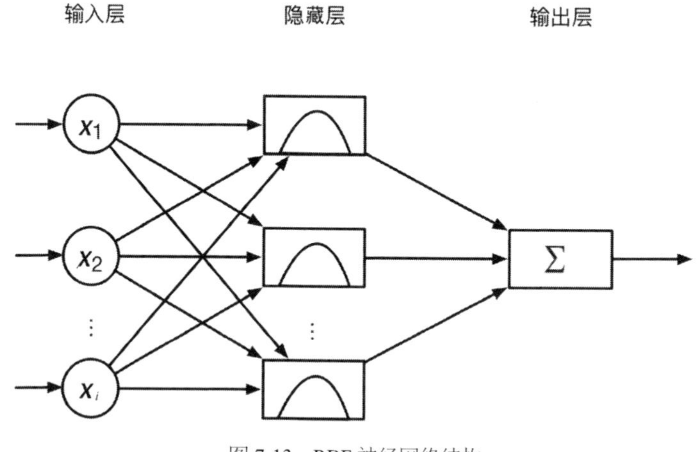

图 7-13　RBF 神经网络结构

从网络结构上看，RBF 神经网络与 BP 神经网络有明显的差异。主要表现在以下三个方面：

（1）BP 神经网络可以包含多个隐藏层，但是 RBF 只有一个隐藏层。

（2）BP 神经网络实行权值连接，隐藏层单元的转移函数一般选择非线性函数。而在 RBF 神经网络中输入层到隐藏层之间为直接连接，隐藏层到输出层实行权值连接，RBF 神经网络隐藏层单元的转移函数一般是中心对称的高斯函数。

（3）BP 神经网络是全局逼近网络，网络中各个参数对于输出结果都有影响。每次输入新的样本，网络所有神经元的权值全部都要更新，因此学习速度比较慢；RBF神经网络是局部逼近网络，也就是说在网络输入空间的某个局部区域只有少数几个连接神经元影响网络的输出。如图 7-14 所示，每次输入时，只有和输入样本向量较为接近的神经元才会活跃起来，对应的权值才会更新，其他权值保持不变，这是由高斯分布函数的特点决定的。

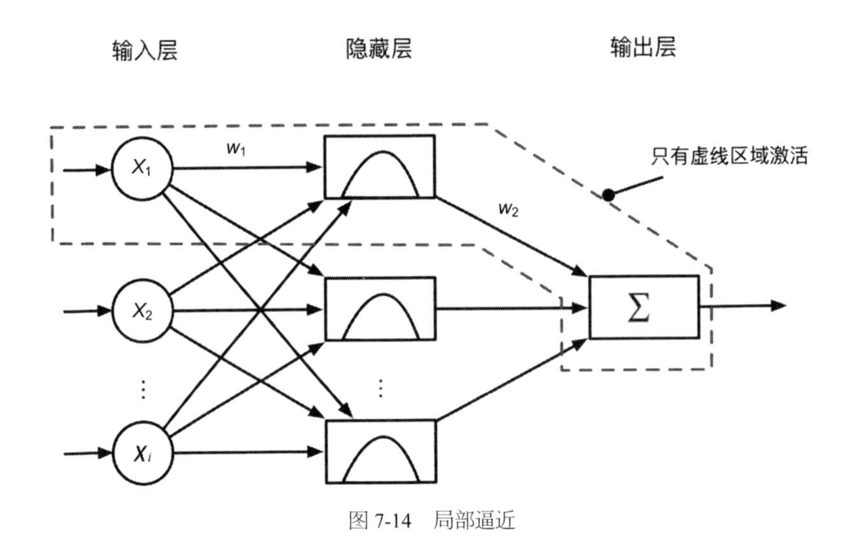

图 7-14　局部逼近

BP 神经网络好比是，当我们看到一张猫的图像时，大脑里负责视觉、嗅觉、味觉、听觉的神经元全部都被激活。大脑全局响应，综合所有感官计算之后判断出这是一只猫的图片；RBF 神经网络好比是当我们看到一张猫的图像时，大脑里只有负责视觉的神经元被激活，其他的嗅觉、味觉、听觉的神经元不会被激活。大脑局部响应，计算量小，这样模型的运算速度当然比 BP 神经网络要快得多。

7.4.2　改变激活函数

造成以上区别的主要原因在于两种网络中隐藏层神经元的激活函数不同。**RBF 网络的基本思想是用高斯函数作为隐藏层神经元的基本构成，然后将输入直接映射到隐藏层空间，不需要通过权重连接**。当 RBF 的中心点确定以后，映射关系也随之确定。隐藏层到输出层的映射是线性的，即网络的输出是隐藏层所有神经元输出的线性加权和。在 RBF 神经网络中，隐藏层的作用是将数据从低维空间映射到高维空间，当将低维空间中线性不可分的数据集转换到高维空间时可以找到线性可分的超平面。例如在二维平面无法线性区分的数据被映射到三维空间中时可以找到一个平面区分，如图 7-15 所示。

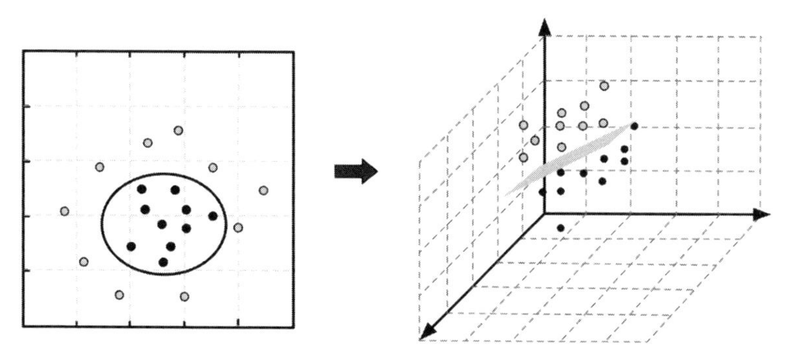

图 7-15 将二维平面转换到三维空间

在 RBF 网络中输入到输出的映射是非线性的，而输出对可调参数而言却是线性的。这种设计让网络的权值可由线性方程组直接解出，从而提升学习速度并避免局部极小问题。

为什么使用高斯函数作为激活函数以后，全局逼近网络会变成局部逼近网络呢？我们来看看高斯函数的图像特点，高斯函数的图像符合正态分布，函数图像是两边衰减且径向对称的，如图 7-16 所示。

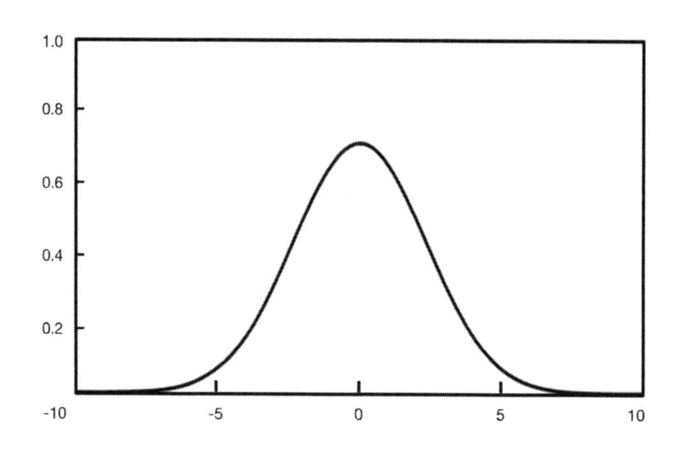

图 7-16 高斯函数的特点

RBF 神经网络的隐藏层神经元采用输入样本与中心向量的距离（如欧式距离）作为函数的自变量。神经元的输入离激活函数的中心越远，神经元的激活程度就越低。这句话可以理解为：与输入样本距离较近的神经元，在高斯公式的作用下就会被映射到较大的值，这时候神经元才能够被激活。

与输入样本距离较远的神经元就被映射到几乎为 0 的值，即神经元没有被激活，在反向传播的时候没有权值不更新。从全局的角度来看，网络中只有一部分神经元更新权值，也就是所谓的局部学习。由此可见对于 RBF 神经网络而言，核心问题是确定隐藏层神经元的中心参数。常用的方法是从给定的训练样本集里按照某种方法直接选取中心参数，或者通过聚类的方法获得。

RBF 网络的优点在于，网络可根据具体问题确定相应的拓扑结构，具有自学习、自组织、自适应的特点。它对非线性连续函数具有一致逼近性，学习速度快，可以进行大范围的数据融合，可以并行高速地处理数据。目前 RBF 神经网络已成功应用于非线性函数逼近、时间序列分析、模式识别、图像处理、控制和故障诊断等不同的领域。

目前人工神经网络已经在一些特定领域取得了举世瞩目的成绩，可它的学习和训练却往往是一个艰难的过程，为了获得最佳效果，常常要重复试验多次。因此，神经网络的多元化应用、场景的挖掘离不开产品经理与工程师共同的努力。随着业界对神经网络的深入研究以及硬件计算能力的提升，相信在不久的将来，神经网络一定有更广泛的应用。

7.5 产品经理的经验之谈

本章主要讲述了神经网络的原理以及常见的神经网络形态。神经网络主要分为人工神经网络与生物神经网络，人工神经网络由生物学中的神经元细胞结构演化而来。科学家根据生物神经元细胞的结构抽象出神经元模型，神经元模型是神经网络的基本组成。

神经元模型是一个包含输入、输出与计算功能的模型。每个神经元接收相邻神经元传递过来的输入信号，这些输入信号通过带权重的连接进行传递，将神经元接收到的总输入与神经元的阈值进行比较，最后通过“激活函数”处理产生神经元的输出 。

感知机学习算法是一种适用于二分类的线性分类算法，由两层神经元组成，输入层接收外界信号后传递给输出层，输出层是神经元模型。它的工作原理与 MP 模型非常相似。给每个属性指定一个权重 w，对属性值和权重的乘积求和，将这个值和阈值进行比较，可以判定正负样本。这个过程就是不断调整参数，找到决策分界的过程。

因为感知机没有办法解决异或问题，所以需要搭建多层神经网络增加适用性。多层神经网络相比感知机增加了一层隐藏层，输入层只用于输入，隐藏层承载运算，最后由输出层汇总后输出。误差逆传播算法是用于解决多层神经网络中求解参数的计算量问题的方法，在算法中增加了一个误差项，这个误差项表示每一层的预期值与实际值之间的差距，逆向往前计算每一层误差的过程，称为逆向过程。BP 神经网络有更强的适应性以及自主学习能力，能够逼近任何非线性函数。但同时，BP 神经网络的黑盒性以及耗费成本较高等问题也是让多层神经网络在实际应用中受限的主要原因。

RBF 神经网络是一种改良型 BP 神经网络，在结构上 RBF 神经网络从输入空间到隐藏层空间的变换是非线性的，而从隐藏层空间到输出层空间的变换是线性的。RBF 最大的特点在于每次运算时不需要更新网络中所有的参数，只需要更新相关联的参数。通过这种改变能够极大地提升神经网络的运算效率，因此其也具有更广泛的应用前景。

产品经理想要在业务上做出更多的创新，首先得了解手上的“武器”。神经网络是我们手中一款强有力的武器，我们不必谈“神经网络”色变。了解算法的优缺点、局限性，可以使我们在面对业务问题时，广开思路，创造更大价值。

8 求解支持向量机

8.1 线性支持向量机

8.1.1 区分咖啡豆

经常喝咖啡的读者知道，咖啡豆的产地不同，冲出来的咖啡口味也不相同。阿拉比卡的咖啡具有均衡的风味、口感与香气，而罗布斯塔的咖啡带有强烈的酸味，口感比较浓郁。挑选咖啡豆是一件非常有讲究的事情，如何区分两种不同的咖啡豆呢？

假设我们现在要训练一个模型，借助计算机将两种不同产地的咖啡豆区分开来。经过前面章节的学习，我们很自然会想到使用感知机算法。使用感知机算法，只需要从已有咖啡豆的“豆体”和“颜色”这两个特征数据不断调整模型，就能学习得到一个超平面将两类咖啡豆分开。我们也知道在感知机算法中，赋予的初始值和参数不同，这个划分超平面的位置也不同，如图 8-1 所示。图中两种颜色的数据点代表两种不同类别的咖啡豆，可以看到三个图中的直线都能够将两个产地的咖啡豆分开，但是哪种分类效果最好呢？

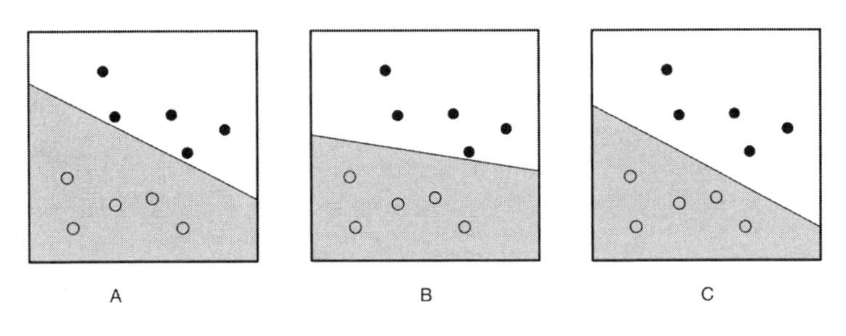

图 8-1　不同的划分超平面

分类效果最好的划分直线，一定对新来的咖啡豆能够准确划分。从图像上看，新样本点距离哪边的样本点更接近，那么它属于那个类别的概率就会更高。因此可以从距离的角度出发，定义分类效果最好的划分直线。如图 8-2 所示，在决策面不变的情况下，我们添加一个新的咖啡豆。这时可以看到，分类器 C 依然能有很好的分类结果，而分类器 B 则出现了分类错误。

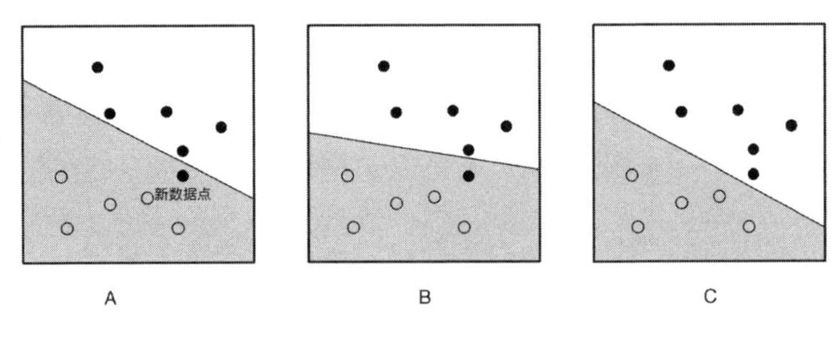

图 8-2　新增数据点后的效果

也就是说，我们应该去找位于两类训练样本数据点“正中间”的划分直线，因为这个划分直线对新数据的包容性最好。新的数据在平面内的分布是随机的，因此总会出现比训练数据点更接近分界线的情况，这就导致许多划分直线出现错误分类，而位于“正中间”的划分直线受影响最小，所以我们认为这个划分直线的效果最好。用专业术语讲，我们说这个划分直线的“鲁棒性”最好。鲁棒是 Robust 的音译，也就是健壮、强壮的意思。所谓鲁棒性我们可以理解为稳定性，是指系统在一定参数调整的变化下，维持其他性能的特性。

8.1.2　支持向量来帮忙

为了描述这个“正中间”，我们引入“支持向量”（Support Vector）的概念来表示这个间隔。在两个类别的分界面处总是可以找到各自的一些样本点，以这些样本点的中垂线划分，可以使类别中的点都离分界面足够远，这个分隔线所在的划分面就是最理想的分割超平面，如图 8-3 所示。而支持向量机，其实就是找到这个超平面的方法。

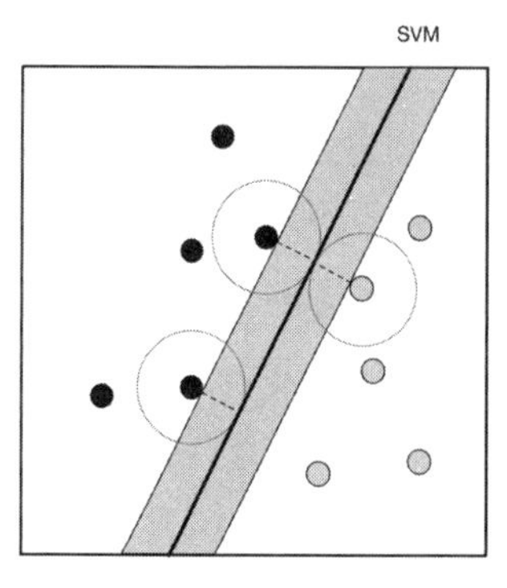

图 8-3　支持向量

支持向量机（Support Vector Machine，SVM）是丹麦科学家科琳娜（Corinna Cortes）教授与俄罗斯统计学家万普尼克（Vladimir Naumovich Vapnik）教授等于 1995 年提出的一种适用于二分类的机器学习算法。它的核心思想是对于给定的数据集，在样本空间中找到一条划分直线，从而将两个不同类别的样本分开，并且这条直线距离最接近的训练数据点最远。

虽然 SVM 的推导过程涉及公式较多，比较复杂，但这里仍然希望产品经理能够理解推导的思路及关键步骤，这对深入理解分类算法有很大的帮助。本章比较特殊，我们会花一些时间在公式的推导上，重点讲解 SVM 的推导过程。

8.2　线性支持向量机推导过程

8.2.1　SVM 的数学定义

我们知道，**SVM 算法的目的是找到距离两类数据间隔最大的超平面**，实际上就是求解得到一个超平面：

$$\boldsymbol{w}^{\mathrm{T}}\boldsymbol{x}+b=0$$

式中，$\boldsymbol{w}^{\mathrm{T}}\boldsymbol{x}$ 表示法向量，其决定了超平面的方向；b表示位移项，决定了超平面与原点之间的距离。显而易见，求解 SVM 就是求解式中的参数$\boldsymbol{w}$和b，确定了这两个参数就能确定这个超平面的位置。如何求解$\boldsymbol{w}$和b？怎么判断训练后的参数$\boldsymbol{w}$、b构成的平面已经足够好呢？

解决这个问题的唯一方法是将它转换成数学问题，从而明确求解的目标以及约束条件。如果转化成数学问题，我们需要构建对应的函数来表达划分超平面。要构建函数，我们很自然能想到从距离入手，**通过距离计算哪个是间隔最大的超平面**。因此我们要定义距离，根据点到平面的距离公式和超平面公式， 推导得到几何间隔为

$$\gamma = \frac{|\boldsymbol{w}^{\mathrm{T}}\boldsymbol{x} + b|}{\|\boldsymbol{w}\|}$$

上式表示样本空间中任意一个点x到超平面（$\boldsymbol{w}, b$）的距离。定义了点到平面的距离以后，接下来我们定义“间隔”的表达式为

$$\gamma = \frac{2|\boldsymbol{w}^{\mathrm{T}}\boldsymbol{x} + b|}{\|\boldsymbol{w}\|}$$

这个表达式不好计算，我们需要想办法化简。假设这个超平面能够将样本集全部分类正确，那么对于所有的训练样本，都满足以下公式：

$$\begin{cases}\boldsymbol{w}^{\mathrm{T}}x_i + b \geqslant +1, y_i = +1 \\ \boldsymbol{w}^{\mathrm{T}}x_i + b \leqslant -1, y_i = -1\end{cases}$$

式中，$y_i = +1$表示样本为正样本，$y_i = -1$表示样本为负样本。这里设置大于等于 1 以及小于等于–1 只是为了计算方便，原则上可以取任意常数。但无论正负样本取值如何，都可以通过对$\boldsymbol{w}$的变换使其转化为 1 和–1，此时将上式左右都乘以y_i，得到

$$y_i(\boldsymbol{w}^{\mathrm{T}}x_i + b) \geqslant +1$$

将得到的式子代入原式中，可得

$$\begin{cases}1\times(\boldsymbol{w}^{\mathrm{T}}x_+ + b) = 1, y_i = +1 \\ -1\times(\boldsymbol{w}^{\mathrm{T}}x_- + b) = 1, y_i = -1\end{cases}$$

简化后可推出

$$\begin{cases}\boldsymbol{w}^{\mathrm{T}}x_+ = 1 - b \\ \boldsymbol{w}x_- = -1 - b\end{cases}$$

再把这个式子代入原来的距离公式，可得

$$\gamma = \frac{1 - b + (1 + b)}{\|\boldsymbol{w}\|} = \frac{2}{\|\boldsymbol{w}\|}$$

为了方便读者理解，我们将式中的关系用图形表示，结果如图 8-4 所示。

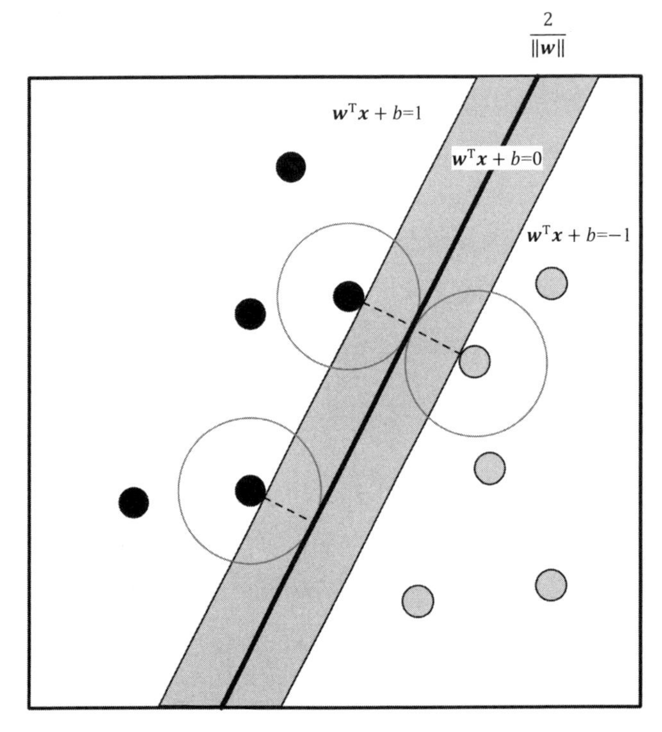

图 8-4　支持向量与间隔

至此，我们求出了样本点到划分平面之间的间隔的表达式为

$$\max_{\boldsymbol{w},b} \frac{2}{\|\boldsymbol{w}\|}$$

$$\text{s.t.}\ \ y_i(\boldsymbol{w}^{\mathrm{T}}x_i + b)\geqslant 1(i = 1,2,\ldots,m)$$

s.t.表示“Subject to”，意思为“服从某某条件”。从公式可以看出来，求$\frac{2}{\|\boldsymbol{w}\|}$的最大值，相当于求$\|\boldsymbol{w}\|$的最小值。为了方便计算，可把等式化简为如下形式，该形式也是 SVM 的基本型。

$$\min_{\boldsymbol{w},b}\frac{1}{2}\|\boldsymbol{w}\|^2$$

$$\text{s.t. } y_i(\boldsymbol{w}^{\mathrm{T}}\boldsymbol{x}_i+b)\geqslant 1, i=1,2,\dots,m$$

式中，m为样本点的总个数。上述公式描述的是一个典型的在不等式约束条件下的二次型函数优化问题，同时也是支持向量机的基本数学模型。

至此，我们的第一个任务完成了。第一环节我们所做的事情是将寻找最优的分割超平面的问题转换为带有一系列不等式约束的优化问题，这个优化问题被称作原问题。直接对原问题进行求解比较复杂，我们需要找到一个更高效的方法来求解，目前常用的方法为拉格朗日乘子法。

8.2.2 拉格朗日乘子法

我们的目的是求解支持向量机的最小间隔，也就是求解原问题的最小值。但是我们目前遇到的问题是原问题有约束的优化问题，不容易求解。所以最直观的解决方法是构造一个函数，使得该函数在可行解区域内与原目标函数完全一致，而若在可行解区域外的数值非常大，甚至是无穷大，那么这个没有约束条件的新目标函数的优化问题就与原来有约束条件的原始目标函数的优化问题是等价的问题。这就是使用拉格朗日方程的目的，它将约束条件放到目标函数中，从而将有约束的优化问题转换为无约束的优化问题。

具体来说，就是对原问题的每条约束条件添加拉格朗日乘子$\alpha_i\geqslant 0$，则该问题的拉格朗日函数可写为

$$\mathcal{L}(\boldsymbol{w},b,\alpha)=\frac{1}{2}\|\boldsymbol{w}\|^2+\sum_{i=1}^{m}\alpha_i(1-y_i(\boldsymbol{w}^{\mathrm{T}}x_i+b))$$

其中，α_i即拉格朗日乘子，且α_i大于等于 0，是我们构造新目标函数时引入的系数变量。现在我们令

$$\theta(\boldsymbol{w})=\max_{\alpha_i\geqslant 0}\mathcal{L}(\boldsymbol{w},b,\alpha)$$

当样本点不满足约束条件时，即在可行解区域外：

$$y_i(\boldsymbol{w}^{\mathrm{T}}x_i+b)<1$$

此时，我们将α_i设置为正无穷，那么$\theta(\boldsymbol{w})$显然也是正无穷。当样本点满足约束条件时，即在可行解区域内：

$$y_i(\boldsymbol{w}^{\mathrm{T}}x_i + b) \geqslant 1$$

此时，显然$\theta(\boldsymbol{w})$为原目标函数本身。将上述两种情况结合起来，就得到了新的目标函数：

$$\theta(\boldsymbol{w}) = \begin{cases} \frac{1}{2}\|\boldsymbol{w}\|^2 & x \in \text{可行区域} \\ +\infty & x \in \text{非可行区域} \end{cases}$$

转换的初衷是为了建立一个在可行解区域内与原目标函数相同，在可行解区域外函数值趋近于无穷大的新函数。现在，我们的问题变成了求新目标函数的最小值，即：

$$\min_{\boldsymbol{w},b} \theta(\boldsymbol{w}) = \min_{\boldsymbol{w},b} \max_{\alpha_i \geqslant 0} \mathcal{L}(\boldsymbol{w}, b, \alpha) = p^*$$

我们需要先求新目标函数的最大值，再求最小值。这样一来，首先需要求解带有参数$\boldsymbol{w}$和b的方程，而α_i又是不等式约束，所以不容易求解。因此需要将问题再进行一次转换，以便更容易求解。在这里，我们采用一个数学技巧：拉格朗日对偶。通过拉格朗日对偶将求解某一类最优化（如最小化）问题转换为求解另一种最优化（如最大化）问题，这样做的好处是使得问题的求解更容易。所以，我们需要使用拉格朗日函数的对偶性，将最小和最大的位置交换一下，上面的式子变为：

$$\max_{\alpha_i \geqslant 0} \min_{\boldsymbol{w},b} \mathcal{L}(\boldsymbol{w}, b, \alpha) = d^*$$

转换以后得到的新式子是原始问题的对偶问题，这个新问题的最优值用d^*来表示。而且新式子与原式子的关系是$d^* \leqslant p^*$。在这个式子中，我们关心的是在什么情况下$d = p$，这才是我们需要的最终解。要让$d = p$，必须满足两个条件：

（1）这个优化问题必须是凸优化问题。

（2）这个问题需要满足 KKT 条件。

接下来我们简单介绍一下这两个条件。

1. 凸函数

我们先解释什么是凸函数。要理解凸函数，我们需要理解凸集这个概念。凸集（convex set）是在凸组合下闭合的放射空间的子集。如图 8-5 所示，A、B 都是一个集合。如果集合中任意 2 个元素连线上的点也在集合中，那么这个集合就是凸集。从图中可以看出来，图 8.5 的左图是一个凸集，右图是一个非凸集。

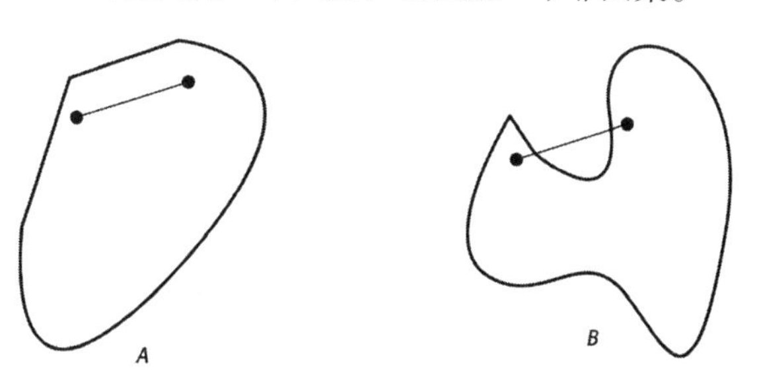

图 8-5　凸函数的几何表示

凸函数的定义也是如此，其几何意义为，函数任意两点连线上的值大于对应自变量处的函数值。从数学定义上讲，对区间$[a, b]$上定义的函数 f，若它对区间中任意两点均满足：

$$f(\frac{x_1+x_2}{x})\leqslant\frac{f(x_1)+f(x_2)}{2}$$

则该函数为凸函数。根据这个定义，我们的目标函数显然是一个凸函数。

2. 不等式约束的最优化问题

实际上，求解最优化问题就是求解函数的最大值或最小值。很多读者对求解最优问题并不陌生，因为在高中数学课上我们已经学习过如何求解一个函数的最大值或最小值。举个简单的例子，已知函数$y=x^2$，求y的最小值。一般的做法是先对函数求导，然后令导数为 0，就可以得到极小值点对应的x值，代入原函数后得到对应的极小值y，此处的极小值就是最小值。所以求解函数最小值的方式是求导，令原函数导数为 0。现在我们需要求解的最优化问题，因为带有不等式约束条件，也就是说需要在满足不等式的条件下，求解最大或最小值，这比没有约束条件时更复杂。

解决这类带有不等式约束的最优化问题，通常使用“KKT 条件”。该方法是将原函数所有的约束条件与原函数 $f(x)$统一列为拉格朗日函数。以拉格朗日乘子为系数，通过特定的条件，得到求出最优值的必要条件。这个条件称为 KKT 条件。

8.2.3 对偶问题求解

显然，我们的待求解问题是凸函数，并且在数学上可证明待求解问题也满足 KKT 条件（在此我们省略了原问题满足 KKT 条件的推导）。符合以上两个条件后，我们可以将原问题转换为“对偶问题”。

每一个线性规划问题都伴随有另一个线性规划问题，称此为对偶问题。转换为对偶问题的目的是使求解更加高效且目标函数值不变。求解对偶问题可分为三个步骤：首先消去原函数$\mathcal{L}(\boldsymbol{w},b,\alpha)$的参数 $\boldsymbol{w}$、b，得到关于参数α的函数。然后单独计算参数α，最后通过α的值反求解参数$\boldsymbol{w}$、b的值，获得超平面的参数。

相比于计算参数α的不等式约束，转换为对偶问题后，计算更加便捷。根据上述推导，现在我们已知

$$\max_{\alpha_i\geqslant 0}\min_{\boldsymbol{w},b}\mathcal{L}(\boldsymbol{w},b,\alpha)=d^*$$

$$\mathcal{L}(\boldsymbol{w},b,\alpha)=\frac{1}{2}\|\boldsymbol{w}\|^2+\sum_{i=1}^{m}\alpha_i(1-y_i(\boldsymbol{w}^{\mathrm{T}}x_i+b))$$

接下来，消去原函数$\mathcal{L}(\boldsymbol{w},b,\alpha)$的参数 $\boldsymbol{w}$、b，我们需要分别求$\boldsymbol{w}$、b的偏导数并令其等于 0，即

$$\frac{\partial\mathcal{L}}{\partial\boldsymbol{w}}=0\Rightarrow\boldsymbol{w}=\sum_{i=1}^{n}\alpha_i y_i\boldsymbol{x}_i$$

$$\frac{\partial\mathcal{L}}{\partial b}=0\Rightarrow\sum_{i=1}^{n}\alpha_i y_i=0$$

将上述结果代回$\mathcal{L}(\boldsymbol{w},b,\alpha)$，即可以将$\mathcal{L}(\boldsymbol{w},b,\alpha)$中的参数 $\boldsymbol{w}$、b消去，得到原问题的对偶问题：

$$\max_{\alpha}\sum_{i=1}^{m}\alpha_i-\frac{1}{2}\sum_{i=1}^{m}\sum_{j=1}^{m}\alpha_i\alpha_j y_i y_j\boldsymbol{x}_i^{\mathrm{T}}\boldsymbol{x}_j$$

$$\text{s.t.} \quad \sum_{i=1}^{m} \alpha_i y_i = 0, \quad \alpha_i \geqslant 0, \quad i = 1,2,\cdots,m$$

只要我们可以求出上式极小化时对应的α就可以求出$\boldsymbol{w}$、b的取值。因此，现在的问题变为如何求解上式，得到α的取值。这时候需要使用“SMO 算法”。

8.2.4 SMO 算法

1996 年，约翰·普拉特（John Platt）教授发现了一个使用“最小序列优化”法训练 SVM 的算法，称为 SMO（Sequential Minimal Optimizaion）算法。SMO 算法的核心思想与动态规划相似，是一种启发式算法。它将一个大优化问题分解为多个小优化问题来求解，这些小优化问题通常很容易求解，并且对它们进行顺序求解的结果与将它们作为整体求解的结果完全一致。使用 SMO 算法的好处在于求解时间较短。

SMO 算法的工作原理是：在每次循环中选择两个 α 进行优化处理，一旦找到了一对合适的 α，那么就增大其中一个同时减小另一个。这里所谓的“合适”就是指两个 α 必须符合以下两个条件：其一是两个 α 必须在间隔边界之外；其二是这两个 α 还没有被进行过区间化处理或者不在边界上。

SMO 算法的求解步骤为：

（1）选择一对需要更新的变量α_i、α_j。

（2）固定除了这两个变量外的其他所有变量（即看作常量），将问题简化。

（3）求解简化后的问题，并更新α_i、α_j。

（4）重复前三个步骤，直到收敛。

在此我们省略了 SMO 算法求解极小化问题的过程，直接得到$\boldsymbol{w}$、b的取值为

$$\boldsymbol{w} = \sum_{i=1}^{m} \alpha_i y_i \boldsymbol{x}_i$$

$$y_s \left(\sum_{i \in S} \alpha_i y_i \boldsymbol{x}_i^{\mathrm{T}} \boldsymbol{x}_s + b \right) = 1$$

$$b=\frac{1}{|S|}\sum_{s\in S}\left(y_s-\sum_{i\in S}\alpha_i y_i \boldsymbol{x}_i^{\mathrm{T}}\boldsymbol{x}_s\right)$$

至此，我们求出了 SVM 的终极表达式。在实际应用时，根据 KKT 条件中的对偶问题互补条件，如果 $\alpha_i>0$，则原式=1，表示样本点在支持向量上；如果 $\alpha_i=0$，则原式≥1，表示样本点在支持向量上或者已经被正确分类。

总结 SVM 求解的全过程，可分为以下几个步骤：

（1）通过“支持向量”求出超平面的表达式。

（2）构造约束优化条件。

（3）将有约束的原始目标函数转换为无约束的新构造的拉格朗日目标函数。

（4）利用拉格朗日对偶性，将不易求解的优化问题转化为易求解的优化问题。

（5）利用 SMO 方法求解。

至此，我们完整地学习了 SVM 的数学推导步骤。推导过程并不难理解，主要是涉及的数学概念较多，转换过程以及证明过程比较烦琐，导致很多读者望而生畏。同时，体会这个推导过程也能让我们感受到数学对于人工智能发展的重要性。将一个实际问题形式化，建立数学模型求解，从数学上找到解决问题的途径，从而解决更多的业务问题。

8.3 非线性支持向量机与核函数

上一节讲述了 SVM 的硬间隔最大化算法。它对线性可分的数据集有较好的处理效果，但是对线性不可分的数据集则显得束手无措。那么，当面对线性不可分的数据集时，我们该如何处理呢？

回顾第 4 章中的线性回归算法，我们也遇到过类似的场景。当时我们的解决方法是将低维非线性的数据集映射到高维，数据就变成线性可分的了。这也启发了我们，对于线性不可分的低维数据集，如果想要使用 SVM 算法，则可以将其映射到高维，使得线性不可分的数据集变成线性可分的，这样就可以使用 SVM 算法求解了。

线性可分 SVM 的优化目标函数为：

$$\max_{\alpha}\sum_{i=1}^{m}\alpha_i-\frac{1}{2}\sum_{i=1}^{m}\sum_{j=1}^{m}\alpha_i\alpha_j y_i y_j \boldsymbol{x}_i^{\mathrm{T}}\boldsymbol{x}_j$$

$$\text{s.t.}\quad \sum_{i=1}^{m}\alpha_i y_i=0,\quad a_i\geqslant 0,\quad i=1,2,\cdots,m$$

注意，上式中，低维特征以内积 $\boldsymbol{x}_i\cdot\boldsymbol{x}_j$ 的形式出现。如果我们定义一个低维特征空间到高维特征空间的映射 ϕ，将所有特征映射到更高的维度，就可以使用上述求解线性 SVM 的方法优化目标函数，求出分离超平面。

但是实际上我们没有办法这样求解，原因在于，如果一个数据集本身维数就很多，那么映射到高维计算量太大，根本无法计算。假如是一个二维特征的数据，则可以将其映射到五维做特征的内积。但如果低维特征有 100 个维度或 1000 个维度，要将其映射到非常高的维度计算特征的内积，是不可能实现的。

因此，为了解决这个问题，引入核函数。核函数是指，假设ϕ是一个从低维的输入空间χ到高维的希尔伯特空间的H映射。如果存在函数$\kappa(\boldsymbol{x},\boldsymbol{z})$，对于任意$\boldsymbol{x},\boldsymbol{z}\in\chi$，都有

$$\kappa(\boldsymbol{x},\boldsymbol{z})=\phi(\boldsymbol{x})\cdot\phi(\boldsymbol{z})$$

那么$\kappa(\boldsymbol{x},\boldsymbol{z})$就称为核函数。

核函数最大的特点在于，在低维特征空间已经计算好$\kappa(\boldsymbol{x},\boldsymbol{z})$，有了这个函数，可以避免高维特征空间里大量的内积计算，同时又能在高维把原本非线性可分的数据变成线性可分的数据。于是现在的优化函数可写为

$$\max_{\alpha}\sum_{i=1}^{m}\alpha_i-\frac{1}{2}\sum_{i=1}^{m}\sum_{j=1}^{m}\alpha_i\alpha_j y_i y_j \kappa(\boldsymbol{x}_i,\boldsymbol{x}_j)$$

$$\text{s.t.}\quad \sum_{i=1}^{m}\alpha_i y_i=0,\quad a_i\geqslant 0,\quad i=1,2,\cdots,m$$

求解后可以得到

$$f(\boldsymbol{x}) = \boldsymbol{w}^{\mathrm{T}}\phi(\boldsymbol{x}) + b = \sum_{i=1}^{m}\alpha_i y_i \phi(\boldsymbol{x}_i)^{\mathrm{T}}\phi(\boldsymbol{x}) + b = \sum_{i=1}^{m}\alpha_i y_i \kappa(\boldsymbol{x}, \boldsymbol{x}_i) + b$$

可以看出，核函数大大简化了任务，使我们避免了繁杂的计算。实际上，从低维到高维的映射，可使用的核函数不止一个。核函数的数学推导比较复杂，在此我们不展开叙述，好在前人已经帮我们找到了很多核函数，如下所示，我们可以直接使用。

（1）线性核：$\mathrm{K}(\boldsymbol{x}_i, \boldsymbol{x}_j) = \boldsymbol{x}_i^{\mathrm{T}}\boldsymbol{x}_j$

（2）多项式核：$\mathrm{K}(\boldsymbol{x}_i, \boldsymbol{x}_j) = (\boldsymbol{x}_i^{\mathrm{T}}\boldsymbol{x}_j)^d$

（3）高斯核：$\mathrm{K}(\boldsymbol{x}_i, \boldsymbol{x}_j) = \exp(-\frac{\|x_i - x_j\|^2}{2\sigma^2}))$

（4）sigmoid 核：$\mathrm{K}(\boldsymbol{x}_i, \boldsymbol{x}_j) = tanh(\beta\boldsymbol{x}_i^{\mathrm{T}}\boldsymbol{x}_j + \theta)$

通过以上的讨论可知，我们希望样本在空间内线性可分，因此特征空间的好坏对于 SVM 的性能尤为重要。但是在不知道特征映射的形式时，我们不知道什么样的核函数才是合适的。因此在实际项目中，使用者只能多次尝试各种核函数，选择其中效果最好的。此外，也有很多人尝试用这些核函数的线性组合、直积等来组合成新的核函数，同样可以获得较好的效果。

8.4 软间隔支持向量机

前面两节讲述的求解方法，无论是在原空间线性可分还是映射到高维空间后线性可分，我们都是假设数据集在某种情况下线性可分。但是在实际项目中，我们总会遇到一些噪声数据干扰模型训练的情形，一味追求数据集线性可分可能会使模型陷入过拟合的困境，如图 8-6 所示。

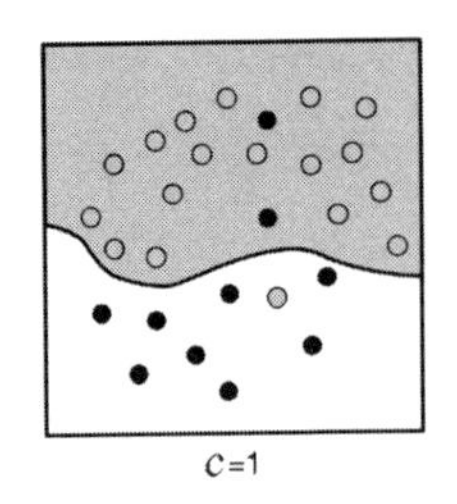

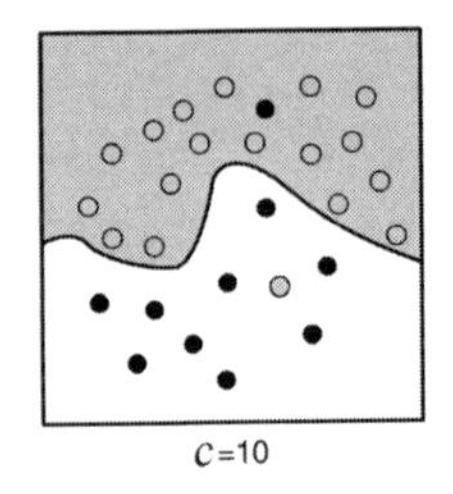

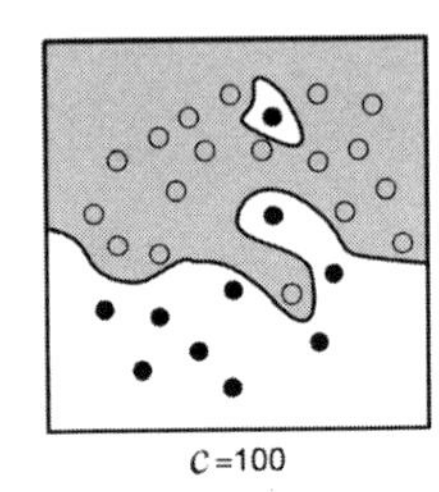

图 8-6　不同拟合程度的效果

从上图可以看出来，左边两种情况比最后一种情况的分类效果好，哪怕有少数样本点没落在正确的类别上。我们没必要拟合出100%满足训练数据的分类器，因为这种分类器在新数据上的表现不一定优秀，所以需要放宽对样本的要求。

既然要放宽标准，允许部分样本点犯错，那么就要制定一个衡量标准才能判断哪个拟合曲线的效果最好。前面我们介绍的 SVM 方法要求所有样本均满足约束条件，即所有的样本都必须划分正确，称这种情况为“硬间隔”，硬间隔最大化的条件为

$$\min_{\boldsymbol{w},b}\frac{1}{2}\|\boldsymbol{w}\|^2$$

$$\text{s.t. } y_i(\boldsymbol{w}^{\mathrm{T}}\boldsymbol{x}_i+b)\geqslant 1, i=1,2,\cdots,m$$

要想让 SVM 容忍少数分类错误的样本，最容易的实现方法是引入一个松弛因子 $\xi_i\geqslant 0$，使函数间隔加上松弛变量大于等于 1。这时候原式变为

$$\min_{\boldsymbol{w},b,\xi}\frac{1}{2}\|\boldsymbol{w}\|^2+C\sum_{i=1}^{N}\xi_i$$

$$\text{s.t. } y_i(\boldsymbol{w}^{\mathrm{T}}\boldsymbol{x}_i+b)\geqslant 1-\xi_i, i=1,2,\cdots,N$$

$$\xi_i\geqslant 0, i=1,2,\cdots,N$$

以上式子被称为软间隔 SVM。在硬间隔 SVM 中，所有样本点到分割平面的函数间隔都大于等于 1。如今引入松弛变量，允许它们的函数间隔小于 1，这样就可以表示错误分类的样本了。并非每个样本都有松弛因子，只有误分类的样本才有。式子中的参数 C 为惩罚参数，C 越大，对误分类的惩罚越大；C 越小，对误分类的惩罚越小。也就是说，我们希望前面的式子尽量小，误分类的点尽可能少。参数 C 是协调两者关系的正则化惩罚系数。在实际应用中，需要调整该参数。

接下来的求解过程和线性可分 SVM 的优化过程类似，首先将软间隔最大化的约束问题用拉格朗日函数转换为无约束问题：

$$\mathcal{L}(\boldsymbol{w},b,\xi,\alpha,\mu)=\frac{1}{2}\|\boldsymbol{w}\|^2+C\sum_{i=1}^{N}\xi_i-\sum_{i=1}^{N}\alpha_i[y_i(\boldsymbol{w}^{\mathrm{T}}\cdot\boldsymbol{x}_i+b)-1+\xi_i]-\sum_{i=1}^{N}\mu_i\xi_i$$

原始问题是拉格朗日的极大极小问题，其对偶问题变为极小极大问题。可以先求 $\mathcal{L}(\boldsymbol{w},b,\xi,\alpha,\mu)$的极小值：

$$\frac{\partial}{\partial \boldsymbol{w}}\mathcal{L}(\boldsymbol{w},b,\xi,\alpha,\mu)=\boldsymbol{w}-\sum_{i=1}^{N}\alpha_i y_i \boldsymbol{x}_i=0 \Rightarrow \boldsymbol{w}=\sum_{i=1}^{N}\alpha_i y_i \boldsymbol{x}_i$$

$$\frac{\partial}{\partial b}\mathcal{L}(\boldsymbol{w},b,\xi,\alpha,\mu)=-\sum_{i=1}^{N}\alpha_i y_i=0 \Rightarrow \sum_{i=1}^{N}\alpha_i y_i=0$$

$$\frac{\partial}{\partial \xi_i}\mathcal{L}(\boldsymbol{w},b,\xi,\alpha,\mu)=C-\alpha_i-\xi_i=0$$

将求导之后的极值条件代回原始的拉格朗日函数，得到与硬间隔 SVM 一样的目标函数：

$$\min_{\boldsymbol{w},b,\xi}\mathcal{L}(\boldsymbol{w},b,\xi,\alpha,\mu)=\sum_{i=1}^{N}\alpha_i-\frac{1}{2}\sum_{i=1}^{N}\sum_{j=1}^{N}\alpha_i\alpha_j y_i y_j(\boldsymbol{x}_i^{\mathrm{T}}\cdot\boldsymbol{x}_j)$$

整个函数的约束条件却改变了。所以，对偶问题的优化问题为

$$\max_{\alpha}\sum_{i=1}^{N}\alpha_i-\frac{1}{2}\sum_{i=1}^{N}\sum_{j=1}^{N}\alpha_i\alpha_j y_i y_j(\boldsymbol{x}_i^{\mathrm{T}}\cdot\boldsymbol{x}_j)$$

$$\text{s.t.}\quad \sum_{i=1}^{N}\alpha_i y_i=0$$

$$0\leqslant\alpha_i\leqslant C, i=1,2,\cdots,N$$

软间隔 SVM 的结果与硬间隔 SVM 的结果相比，就是在限制条件中增加了一个上限，即$\alpha_i\leqslant C$。软间隔 SVM 也可以用于非线性支持向量机，只需要将内积改为核函数即可。软间隔支持向量的代价函数既考虑了样本分类误差，又考虑了模型的复杂度，并且调节其中的参数C可以使函数既能够兼顾训练集上的分类精度及模型复杂度，又能使模型泛化能力增加。因此，在实际项目中所使用的 SVM 分类器基本上属于这一类。

8.5 支持向量机的不足之处

前面讲述了线性 SVM、非线性 SVM 以及软间隔 SVM 的应用与推导过程。支持向量机虽然诞生只有短短 20 余年，但由于它良好的分类性能、适应性与学习能力，一度成为传统机器学习中最为强大的分类方法。

但是后来，随着硬件设备逐步提升以及数据量日益增长，神经网络与深度学习后

来居上，这才打破了机器学习界"一超多强"的状况。再后来各类集成学习算法涌现，它们更是在表现效果上全面超越支持向量机算法，成为目前解决复杂分类问题的首选。与这些算法相比，支持向量机主要有以下两个方面的不足：

（1）对缺失数据敏感，对参数和核函数的选择敏感。在实际项目中，SVM 性能的优劣主要取决于选取的核函数。如何根据实际的数据模型选择合适的核函数，从而构造 SVM 算法目前没有统一的标准。通常情况下根据工程师的经验来选取，带有一定的随意性。

（2）SVM 算法对大规模训练集难以适应。SVM 算法最耗费资源的地方在于，它需要存储训练样本和核矩阵。由于 SVM 算法借助二次规划来求解支持向量，而求解二次规划涉及m阶矩阵的计算（m为样本的个数），当m数目很大时该矩阵的存储和计算将耗费大量的机器内存和运算时间。

尽管如此，支持向量机的原理、想法的形式化过程以及求解思路仍然有研究价值，值得我们深入了解与学习。通过对 SVM 算法的学习，产品经理能够对数学与人工智能之间的联系有更深入的认识。

8.6 产品经理的经验之谈

本章主要讲解了支持向量机的推导过程。支持向量机是一个以"最大间隔"作为分类标准的二分类算法。支持向量机的核心思想是对于给定的数据集，在样本空间中找到一个划分超平面，从而将两种不同类别的样本分开，并且这个划分超平面对于最接近的数据点间隔最大。

对于线性可分的数据，我们考虑从点到平面的距离公式入手，给出这个划分超平面的数学定义。首先通过"支持向量"求出超平面的表达式，然后构造这个超平面的约束优化条件，接下来将有约束的原始目标函数转换为无约束的新构造的拉格朗日目标函数。为了简化求解过程，我们使用拉格朗日的对偶性，将不易求解的优化问题转换为易求解的优化问题，最后再利用 SMO 方法求解得出超平面，这就是线性 SVM 的求解过程。

对于非线性可分的数据集，我们需要将低维线性不可分的数据转换到高维，让数据集变得线性可分。在转换到高维空间的过程中，由于内积的计算量太大，导致无法直接计算。因此我们需要借助核函数来简化计算。在实际项目中，我们不知道特征映射的形式，所以使用者只能多次尝试各种核函数，选择其中效果最好的。

以上两种情况都是没有噪声数据的理想情况。当数据中存在噪声点时，我们需要使用软间隔支持向量机。软间隔支持向量机是在硬间隔的基础上增加一个松弛因子，让误分类的样本多了一个惩罚项，在实际使用时可通过惩罚项调节误分类样本与平面最大间隔的平衡。最后的求解方式与线性支持向量机相似。

本章内容与产品经理的日常工作相关性不大，但是通过学习 SVM 的推导，可以让产品经理对分类算法有更为深入的了解。同时将业务问题一步步转化为数学问题并求解的过程也能够使产品经理对如何找到解决方案有更全面的认识。

9 要想模型效果好，集成算法少不了

9.1 个体与集成

9.1.1 三个臭皮匠赛过诸葛亮

中国有句俗语叫“三个臭皮匠赛过诸葛亮”。意思是三个才能平庸的人，若能同心协力，比诸葛亮还要厉害！这就是我们常说的“博采众长”。在机器学习领域，也有这么一种算法，它本身不是一个单独的学习算法，而是一种构建并结合多个学习器来完成学习任务的算法。这种算法被称为“集成学习”（Ensemble Learning）。集成学习已经成为各类机器学习竞赛的首要选择，也可以说是人工智能领域工业化应用最为广泛的模型。与单一模型相比，集成学习往往能够获得更好的效果。

集成学习是一种使用多个“弱学习器”进行学习，并使用某种规则将各个学习结果进行整合，从而获得更好的学习效果的机器学习方法。一般情况下，集成学习采用的学习器都是同质的“弱学习器”。这种弱学习器由弱学习算法构成，常见的弱学习算法有决策树、逻辑回归、简单神经网络和朴素贝叶斯等。在通常情况下，这些算法的复杂度低，速度快，易展示结果，但单个弱学习器的学习效果往往不是特别好，因此借助集成的方式放大弱学习算法的作用。

集成在这里的意思就是把简单的算法组织起来，就像在现实生活中，我们会通过投票与开会的方式，做出更加可靠的决策。每种算法都像一个普通的人，单个人做决定时可能会犯错误，但是把大家的想法集合到一起再通过投票的方式决策，往往会比一个人的判断更准确。从这个比喻你也能看出为什么我们要采用水平相当的“弱分类器”来集成学习，因为一旦某个分类器太强了就会造成后面的结果受其影响太大，从投票选择变成“一言堂”模式，严重时会导致后面的分类器无法进行分类。

集成学习通常先产生一组“个体学习器”，再通过某种策略将它们结合起来，最后输出判断结果，如图 9-1 所示。若集成中只包含同种类型的个体学习器，则这种集成称为同质集成，例如，随机森林中全部个体学习器都是决策树算法。同质集成中的个体学习器也称为“基学习器”。若其中的个体学习器不全属于一个种类，则这种集成称为异质集成。例如一个分类问题，对训练集采用支持向量机、逻辑回归和朴素贝叶斯三种算法共同学习，再通过某种结合策略来确定最终的分类结果，这种场景就是异质集成。目前，同质个体学习器的应用最广泛，一般我们说的集成学习方法都是指同质个体学习器。而同质个体学习器使用最多的模型是 CART 决策树与神经网络。

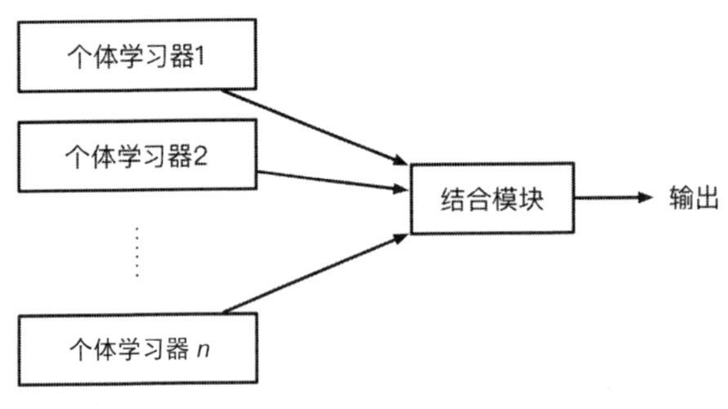

图 9-1　集成学习示意图

使用不同的算法或者使用相同的算法而使用不同的参数配置，肯定会导致各个弱分类器的结果有差异。不同的分类器生成的分类决策边界不同，也就是说它们在决策时会犯不同的错误。将它们结合后往往能得到更合理的边界，减少整体错误，实现更好的分类效果，如图 9-2 所示。

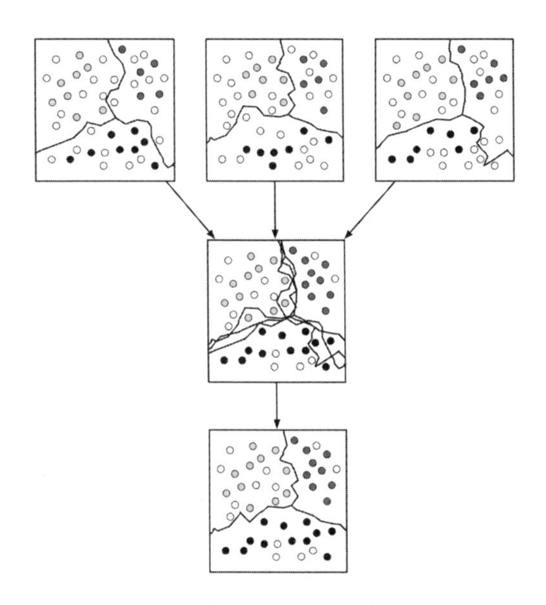

图 9-2 集成学习产生更好的决策边界

9.1.2 人多一定力量大吗

并非三个臭皮匠一定能赛过诸葛亮。在现实生活中，如果我们请三个水平相当的建筑工人一起装修房间与一个工人装修相比，三人一起装修在时间上会快很多，但不见得三个工人装修的效果一定比一个工人装修的效果更好。就像集成学习对多个学习器进行了结合，那它怎么保证整体的效果比最好的那个单一学习器的效果更好呢?

我们可以挑选三个“各有所长”的建筑工人。工人 A 墙砌得平可以让他负责砌墙的工作，工人 B 擅长批灰，工人 C 擅长刷墙，都让他们各自负责最擅长的部分。这样三个人一起合作肯定比一个工人装修的效果要好。

然而在算法层面的论证过程并没有那么简单。因为个体学习器都是为解决同一类问题而训练的，它们之间显然不可能相互独立，也就是说很难做到“各有所长”。事实上，个体学习器的准确性和多样性本身就存在冲突。一般情况下，在准确性很高的情况下，要想增加多样性就必须牺牲一部分准确性。

早在 1984 年，瓦兰特（Leslie Valiant）教授就提出了这个有趣的问题。我们都知道任何“二分类问题”如果只有“是”“否”两个回答，按照古典概率学来说，瞎猜一个答案也有 50%的正确率。因此，他定义了弱学习算法为识别正确率略高于 50%的算法，即准确率仅比随机猜测略高的学习算法。强学习算法为识别准确率很高并能在一定时间内完成的学习算法。

接下来瓦兰特教授提出另一个问题：弱学习器能否被“增强”为一个强学习器？若回答是肯定的，那么我们只需寻找一个比随机猜测的结果稍微好一点的弱学习算法，然后将其提升为强学习算法即可，也就是说不必费很大力气去寻找构造强学习算法的方式，只需集成即可。

在这之后的很长一段时间里，都没有人能够证明这个问题，甚至一度让人怀疑集成这种方法的可行性。最终还是夏皮尔（Robert E. Schapire）教授于 1989 年首次给出了肯定的答案。他主张的观点是：任一弱学习算法都可以通过加强提升而成为一个能达到任意正确率的强学习算法，并通过构造一种多项式级的算法来实现这一加强过程，这就是最初的 Boosting 算法的原型。

总而言之，**集成学习的研究主要解决两个问题：第一是如何得到这些弱学习器；第二是如何选择一种结合策略，将这些个体学习器集成为一个强学习器**。根据个体学习器的生成方式，目前的集成学习方法大致可分成两大类：一类是个体学习器间存在强依赖关系，是一种有先后顺序的串行化方法，这类方法的典型代表是 Boosting 算法；另一类是个体学习器间不存在强依赖关系，可同时生成并行化方法，这类方法的典型代表是 Bagging 算法以及随机森林算法。下面我们介绍这两大类算法的特点与区别。

9.2 Boosting 族算法

9.2.1 Boosting 是什么

Boosting 是一类算法的统称，翻译成中文为“自适应”算法，它们的主要特点是使用一组弱分类器通过“迭代更新”的方式构造一个强分类器。在每轮迭代中会在训练集上产生一个新的弱分类器，然后使用该弱分类器对所有样本进行分类，从而评估每个样本的重要性。从中文名可以看出来，Boosting 算法的每轮学习都会根据数据调整参数，不断提升模型的准确率。

Boosting 算法的工作机制如图 9-3 所示。它首先基于训练样本生成一个弱学习器，然后基于弱学习器的表现调整样本分布，即增加错误样本的权重，使其在后续受到更多关注。调整好权重的训练集后，继续生成下一个弱学习器，不断循环这个过程，直到生成一定数量的弱学习器，最后基于某种结合策略来综合这多个弱学习器的输出。

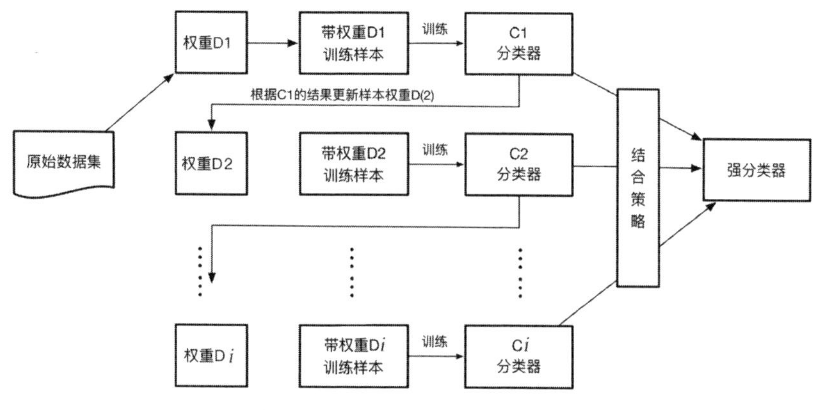

图 9-3　Boosting 算法的工作机制

这种模式类似于一个放大版的神经网络。还记得在神经网络中，我们需要预设参数，再根据样本数据训练模型，不断调整参数，最后才能输出结果。在 Boosting 算法中，一个个弱分类器就像不同的神经元，每一次传输就像经过一层隐藏层，然后层层输出，不断调整参数，最后基于某种策略综合后得到输出结果。

Boosting 算法并没有规定具体的实现方法，但大多数实现算法会有以下特点：

（1）通过迭代的方式生成多个弱分类器。

（2）将这些弱分类器组合成一个强分类器，通常会根据各个弱分类器的准确性设置不同的权重。

（3）每生成一个弱分类器，会重新设置训练样本的权重，被错误分类的样本会增加其权重，正确分类的样本会减少其权重，所以后续生成的分类器将更多地关注前面分错的样本。

弱分类器训练的目的在于，通过改变样本分布，使得分类器聚集在那些很难区分的样本上，对容易错分的样本加强学习，增加错分样本的权重。这样做使得错分的样本在下一轮的迭代中有更大的作用，这也是一种对错分样本的惩罚机制。这种设计有两个好处，一方面可以根据权重的分布情况，提供数据抽样的依据；另一方面可以利用权重提升弱分类器的决策能力，使弱分类器也能达到强分类器的效果。

Boosting 算法通过权重投票的方式将 N 个弱分类器组合成一个强分类器。只有弱分类器的分类精度高于 50%，才可以将它组合到强分类器里，这种方式会逐渐降低强分类器的分类误差。但是这个机制也并非最完美的，由于 Boosting 算法将注意力集中在难分的样本上，这使得它对训练集的噪声点非常敏感，把主要的精力都集中在噪声样本上，从而影响最终的分类性能，也容易造成过拟合现象。

因此关于 Boosting 算法，有两个值得深入探讨的地方：一是在每一轮迭代中如何改变训练数据的分布情况；二是如何将多个弱分类器组合成一个强分类器。使用的学习策略不同，算法的效果也不相同。

9.2.2 AdaBoost 如何增强

在 1995 年，弗洛因德（Yoav Freund）教授与夏皮尔教授根据在线分配算法理论提出了随后风靡一时的 AdaBoost 算法，这是一种改进版的 Boosting 分类算法。由于 AdaBoost 算法的优异性能，弗洛因德和夏皮尔教授获得了 2003 年度的哥德尔奖，该奖是理论计算机科学领域中最负盛名的奖项之一。

AdaBoost 是 Adaptive Boosting 的缩写，中文意思为“自适应增强”。这个算法的“增强”体现在它设置了两种权重：一种是数据的权重；另一种是弱分类器的权重。数据的权重主要用于弱分类器寻找其分类误差最小的决策点，找到之后用这个最小误差计算出该弱分类器的权重，表示该分类器的“发言权”，分类器权重越大说明该弱分类器在最终决策时拥有越大的发言权。在前一个弱分类器中被错误分类的样本的权重会增大，而正确分类的样本的权重会减小，并再次用来训练下一个基本分类器。同时，在每一轮迭代中，加入一个新的弱分类器，直到达到某个预定的足够小的错误率或达到预先指定的最大迭代次数，从而确定最终的强分类器。

AdaBoost 分类器的整体结构如图 9-4 所示，图中的虚线表示不同轮次的迭代效果。第 1 次迭代时，只有第 1 行结构；第 2 次迭代时，包括第 1 行与第 2 行的结构。每次迭代都增加一行结构，不断迭代这个过程直至所有弱分类器训练完毕。

在这个迭代过程中，每一轮迭代都需要经过以下几个步骤：

（1）新增一个弱分类器（i）并且赋予弱分类器一个权重值 alpha(i)。

（2）通过样本数据集与数据权重 $W(i)$训练弱分类器(i)，并得出其分类错误率，以此计算出这个弱分类器的权重 alpha(i)。

（3）通过加权投票表决的方式，让所有弱分类器进行加权投票表决得到最终预测输出，计算最终分类错误率。如果最终错误率低于设定阈值（比如 5%），迭代结束；如果最终错误率高于设定阈值，则更新数据权重得到 $W(i+1)$。上述步骤如图 9-4 所示。

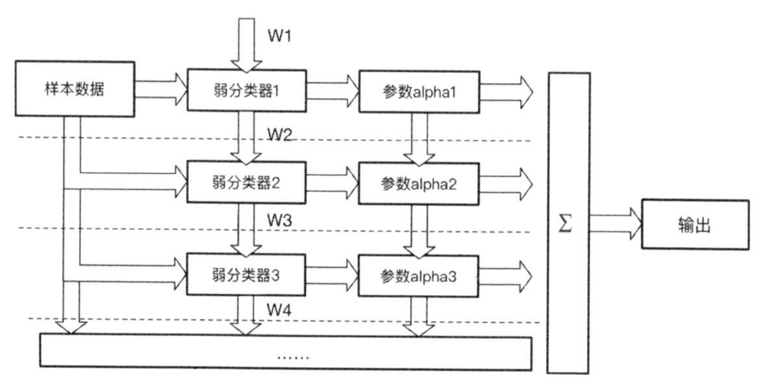

图 9-4　AdaBoost 结构图

下面举一个直观的例子让大家感受一下 AdaBoost 算法的分类过程。如图 9-5 所示，图中两种符号代表正负两类数据，目前的样本分布为 D1，我们开始训练模型。

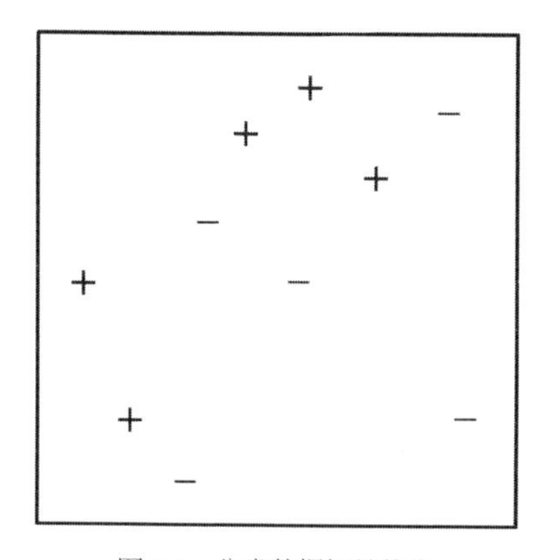

图 9-5　分类数据初始状态

第一步采用弱分类器 W1 对样本数据分类。根据这次分类的正确性，得到一个新的样本分布 D2，如图 9-6 所示。其中画圈的样本是被分错的，在右边的图中，比较大的“+”表示对该样本做了加权，下一轮分类时会“重点照顾”这些样本，同时赋予弱分类器 W1 一个权值。图中的 $\varepsilon 1=0.3$，表示错误率；$\alpha 1=0.42$，表示该分类器的权重，$\alpha 1=1/2*\ln((1-\varepsilon 1)/\varepsilon 1)$。

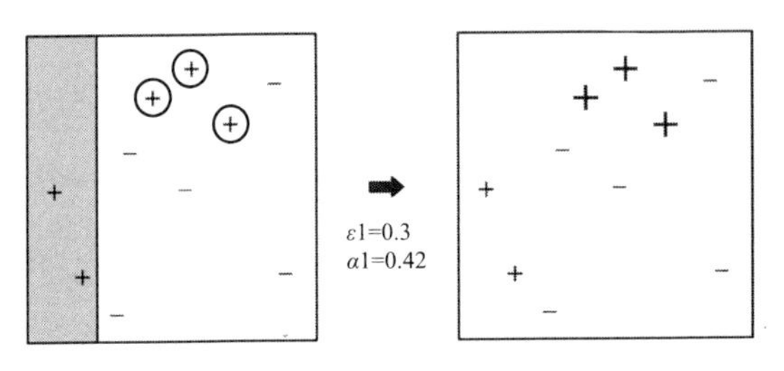

图 9-6　第一次分类

第二步采用弱分类器 W2 对样本数据进行分类，根据这次分类的正确性，再得到一个新的样本分布 D3，同时更新 W2 的权值，如图 9-7 所示。

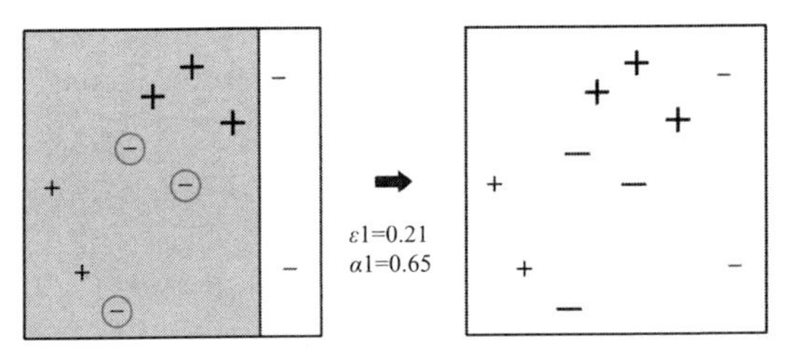

图 9-7　第二次分类

第三步采用弱分类器 W3 对样本数据进行分类，根据这次分类的正确性，再得到一个新的样本分布 D4，同时更新 W3 的权值，如图 9-8 所示。

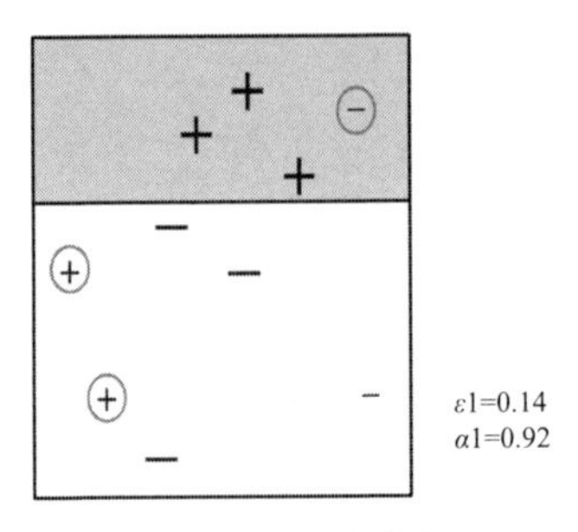

图 9-8　第三次分类

最后我们整合三个分类情况。同时根据三个分类器的权值采用加权的方式计算结果，最后的分类效果如图 9-9 所示，从结果看，即使简单的分类器，将它们组合起来也能获得很好的分类效果。

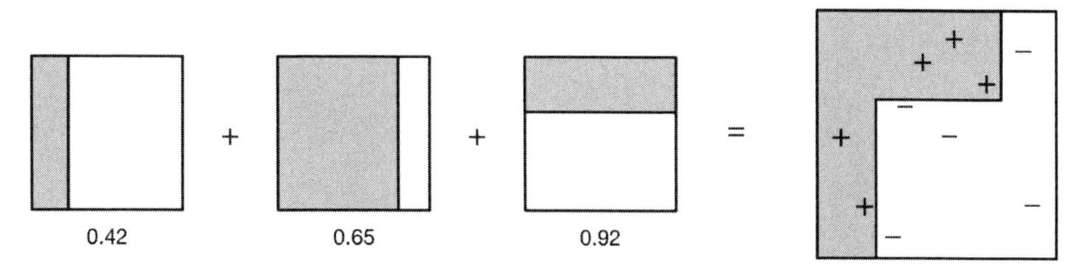

图 9-9 最后的分类效果

相比普通的 Boosting 算法，**AdaBoost 能够自适应地调整弱学习算法的错误率，经过若干次迭代后使得错误率达到预期的大小**。同时它也不需要知道精确的样本空间分布，在每次学习后调整样本空间分布；更新所有训练样本的权重——将样本空间中正确分类的样本权重降低，提高错误分类的样本权重；下次学习时分类器才会关注这些错误分类的样本，提升下轮分对的概率。如果还没有分对，那么继续增加错分点的权重，一直重复这个过程，直到模型运行结束。

AdaBoost 算法最大的优点在于，它不需要预先知道弱分类器的错误率上限，最后得到的强分类器的分类精度依赖于所有弱分类器的分类精度，所以具有深挖分类器的能力。同时它可以根据弱分类器的反馈，自适应地调整假定的错误率，执行效率高。并且 AdaBoost 提供一种框架，在框架内可以使用各种方法构建子分类器，不用对特征进行筛选，也不存在过拟合的现象。在理论上任何学习器都可以用于 AdaBoost 算法。但在实际项目中，使用最广泛的 AdaBoost 弱学习器是决策树和神经网络，因为它们可以很容易地应用到实际问题中，目前已成为最流行的 Boosting 算法。

AdaBoost 算法并非没有缺点，在 AdaBoost 训练过程中，它会使得难于分类的样本的权值呈指数增长，训练会过于偏向这类样本，导致算法易受“噪声”干扰。这一点是我们在使用过程中值得注意的地方。

9.2.3 梯度下降与决策树集成

梯度提升决策树（Gradient Boosting Decision Tree，GBDT）算法是近年来受到大

家广泛关注的一个算法，这主要得益于该算法的优异性能，以及该算法在各类数据挖掘与机器学习比赛中的卓越表现。

GBDT 算法也是 Boosting 家族的重要成员，它是 Gradient Boosting 的其中一个方法。GBDT 实际上结合了梯度下降、决策树两种方法的优点，再采用集成的方式训练模型，从而得到更优的结果。以往单独使用决策树算法时，很容易产生过拟合现象。而通过梯度提升的方法集成多个决策树，能够有效解决过拟合的问题。由此可见，梯度提升方法和决策树学习算法可以互相取长补短，发挥 1+1>2 的价值。

GBDT 算法的结构如图 9-10 所示。GBDT 通过多轮迭代，每轮迭代产生一个弱分类器，每个分类器在上一轮分类器的残差基础上进行训练。一般选择分类回归树作为弱分类器，且这棵树必须满足低方差和高偏差的特点。因为 GBDT 的训练过程是通过降低偏差使得分类器的精度升高的。同时也因为高偏差和简单的要求，每个分类回归树的深度不会很深。最终的总分类器是将每轮训练得到的弱分类器加权求和得到的。由于模型中的弱学习器采用分类回归树，因此这个模型可以解决回归问题或分类问题。

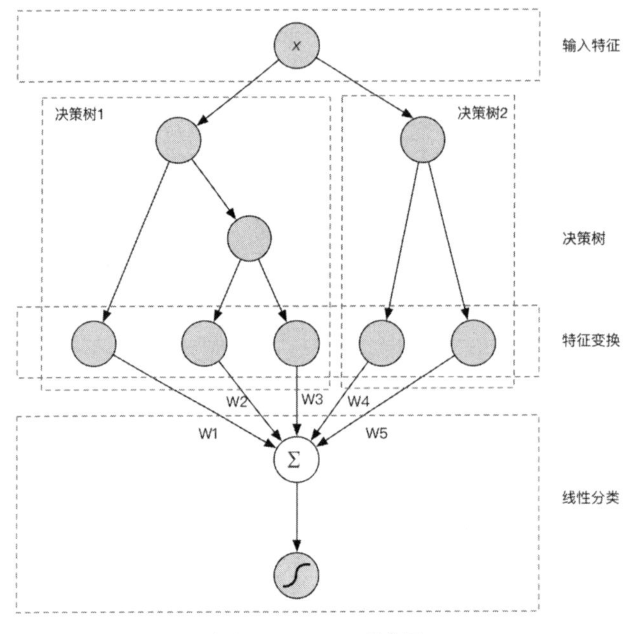

图 9-10　GBDT 结构图

GBDT 的主要思想是：每一次建立单个学习器时，基于以往已建立模型的损失函数的梯度下降方向优化。我们都知道损失函数越大，模型越容易出错。如果我们的模型能够让损失函数持续下降，则说明我们的模型在不停地往好的方向改进。而最好的下降方式就是让损失函数在其梯度的方向下降。

我们用一个形象的例子说明。假设小李忘记了每个月自己手机流量有多少，他想通过自己的使用情况测试总量。于是第一轮他下载了一部 360MB 的电影，发现还有流量；第二轮下载了一部 120MB 的短片，发现还有流量；第三轮他又下载了一本 20MB 的小说，发现流量终于用完了。如果此时还没有得出结果，则可以继续迭代。每一轮迭代，都会往结果逼近一步，最终加权所有的结果就能够得出流量总共有 500MB，这就是 GBDT 的工作方式。

再用一个例子说明 GBDT 和传统决策树之间的区别。以选房为例，假设 A、B、C、D 是在市区内的四套房子，面积分别是 70、80、120、130 平方米。其中 A、B 房子距离地铁站都在 500 米以内，C、D 房子则距离地铁站比较远。A、C 房子都在 13 楼以上，B、D 房子都在 13 楼以下。如果用一棵传统的回归决策树帮助我们选房，结果如图 9-11 所示。

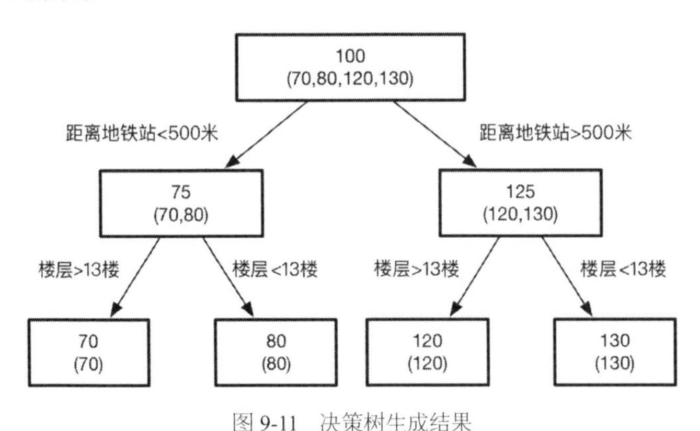

图 9-11　决策树生成结果

现在我们使用 GBDT 算法来选房。由于数据太少，我们限定叶子节点最多有两个，即每棵树都只有一个分支，并且限定只生成两棵树，这样能够得到如图 9-12 所示结果。

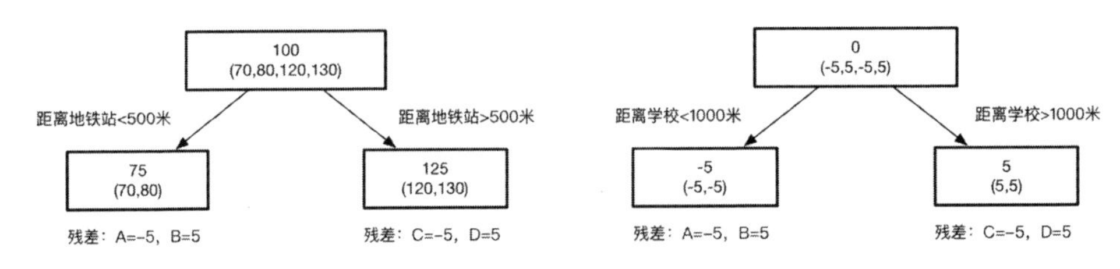

图 9-12　GBDT 生成结果

第一棵树分支如上图所示，首先还是将 A、B 分为一类，C、D 分为一类。然后用平均面积作为预测值，分别计算每个结果的残差，A 的残差为：70–75=–5。此处需要注意，A 的预测值是指前面所有树累加的和，在这个例子中只有一棵树，所以结果直接为 75。如果前面还有树，则需要都累加起来作为 A 的预测值。

同理可得 A、B、C、D 的残差分别为–5、5、–5、5。在第二轮迭代时，我们拿上一轮得到的残差替代 A、B、C、D 原有的值。如果预测值和它们的残差相等，只需把第二棵树的结果累加到第一棵树上就能得到真实的房屋面积了。第二棵树有两个值 5 和–5，直接分成两个节点。此时所有房子面积的残差都是 0，即每间房子面积的真实值都被预测出来了。

从上述例子可以看出 GBDT 算法与决策树的区别，虽然两者最后得到的结果相同，但是决策树算法使用了三个特征，GBDT 算法只使用了两个特征。在实际项目中，GBDT 可能只使用 10 个特征就能够拟合出决策树使用 30 个特征的效果。在面对新数据时，显然使用特征更少的算法产生过拟合现象的概率更低。并且 GBDT 算法不是简单的一刀切，而是通过不断减小误差的方法逐渐逼近真实值，能够获得更精确的预测结果。因其优异的性能，GBDT 目前被广泛用于欺诈检测、交易风险评估、搜索结果排序、文本信息处理、信息流排序等领域。

9.3　Bagging 族算法

9.3.1　Bagging 是什么

Bagging 是 Bootstrap aggregating 的缩写，翻译成中文为“套袋”，其同样是一类算法的统称。这类算法的主要特点是采用随机、可被重复选择的方式挑选训练集，然后“并行”构造弱学习器，最后通过结合方式生成强学习器。在 Boosting 算法中，各个弱学习器之间存在依赖关系，下一个学习器依赖上一个学习器的学习结果去调整参数，是一种“串行”结构；但是在 Bagging 算法中，各个弱学习器之间没有依赖关系，不需要依赖别的结果，是一种“并行”结构。它的工作机制如图 9-13 所示。

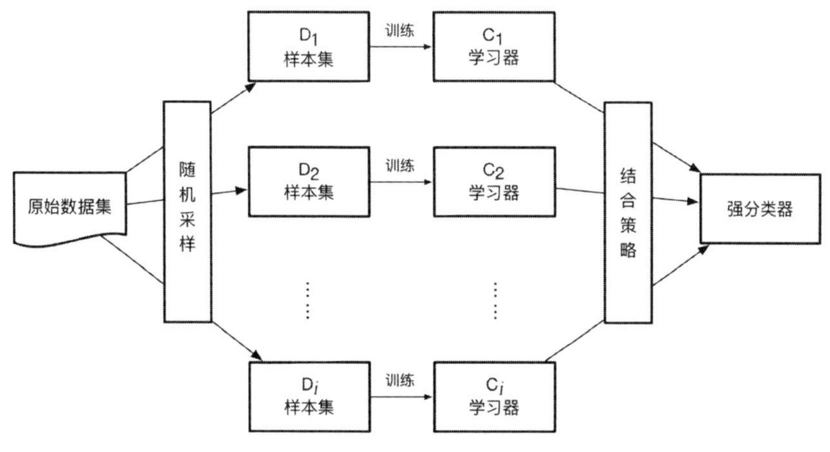

图 9-13　Bagging 算法工作机制

从上图可以看出，Bagging 算法的个体弱学习器的训练集通过随机采样得到。通过 N 次的随机采样，可以得到 N 个采样集。用这些采样集分别独立训练出 N 个弱学习器，再对这 N 个弱学习器执行结合策略得到最终的强学习器。

这种工作机制就像产品经理进行“头脑风暴”的过程。针对某个命题，例如“新版本应不应该上线某个功能”，每个人独立思考，形成自己的观点，最后再开会集成大家的意见，产生一个结论。由此可见很多机器学习的方法都是源于生活的，从生活中吸取解决问题的经验再用到机器学习领域。

值得注意的是，在这个过程中采用了有放回随机采样的方法。随机采样就是从我们的训练集里面采集固定个数的样本，每采集一个样本后，都将样本放回原训练集中。也就是说，之前采集到的样本在放回后有可能再次被采集到。这一点与 GBDT 的子采样不同。GBDT 是无放回采样，而 Bagging 的子采样是放回采样。由于是随机采样，所以每次的采样集和原始训练集是不同的，和其他采样集也是不同的，这样得到的数据可以用于训练多个不同的弱学习器。

Bagging 算法对于弱学习器没有限制，与 AdaBoost 算法一样。但是一般在不剪枝决策树、神经网络等易受样本扰动的学习器上它的效果更为明显。例如，当基学习器是决策树时，Bagging 算法生成的是并行的多个决策树，此时可以不做剪枝。这样得到的学习器虽然会产生过拟合现象，但是多个学习器组合在一起，可以有效降低过拟合的风险。由于 Bagging 算法每次都进行采样来训练模型，因此泛化能力很强，对于降低模型的方差很有作用。但是对于训练集的拟合程度会稍差一些，也就是模型的偏差会大一些。

9.3.2 随机森林算法

尽管有剪枝等方法，一棵树的预测效果肯定也不如多棵树。因此有工程师会想，能不能把很多棵树的结果集成在一起，再采用某种策略得出结论？随机森林算法就这样诞生了。

随机森林（Random Forest）算法是 Bagging 算法的一种特殊改进版，顾名思义，它是由众多采用随机抽样法生成的 CART 树的集成学习模式，如图 9-14 所示。可以这样来理解：随机森林算法采用近似的样本数据同时训练很多棵决策树，最后以投票的方式选出结果。随机森林算法同样可以解决分类问题与回归问题，对于分类问题，通常采用基尼不纯度或者信息增益作为分类依据，对于回归问题，通常采用方差或者最小二乘法拟合预测数据。

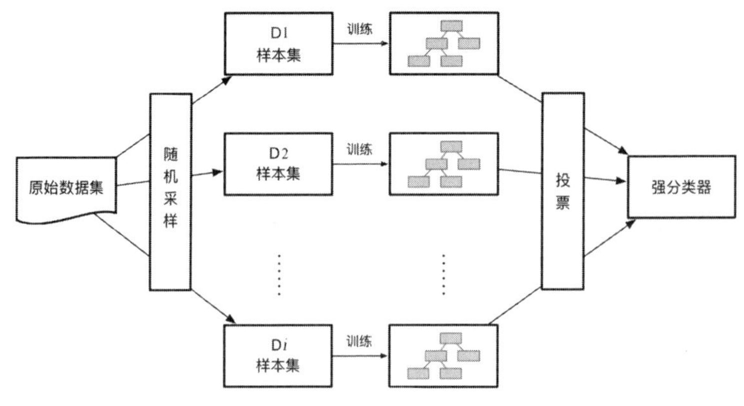

图 9-14　随机森林算法示意图

我们可通过用户调研的方式获得用户在使用某项功能时的感受。我们会设置很多问题了解用户的想法，跟某一个用户的交流越深入，获得的信息就越有价值。但同时这些信息有一定的偏差性，可能只代表了很小一部分用户的想法。因此我们需要调研更多的用户才能获得具有普遍性的想法。这就是一种典型的随机森林场景。

随机森林算法的“随机性”主要体现在两方面：一方面是随机选取数据集。从原始的数据集采用有放回抽样，构造子数据集。利用子数据集构建子决策树，将这个数据放到每个子决策树中，每个子决策树输出一个结果。对新的数据使用随机森林算法得到分类结果，通过对子决策树的判断结果投票，得到随机森林算法的输出结果。

另一方面是随机选取特征。单棵决策树在运行过程中，每个节点被分割成使得误差最小的特征，因此模型的方差较大，其对于新数据的拟合程度会差一些。但是在随机森林算法中，我们随机选择不同的特征来构建决策树，可以对每个特征设置一个随机阈值使单棵树更加随机。这样做产生了广泛的多样性，通常可以得到方差更小的模型。同时，随机森林算法中的决策树彼此不同，可通过提升系统的多样性，来提升分类性能。

随机森林算法具体的实现步骤如图 9-15 所示。

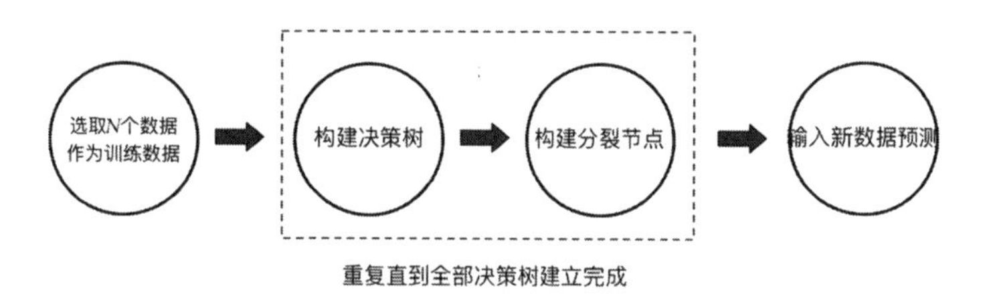

图 9-15　随机森林算法实现步骤

（1）从训练集中选取 n 个样本作为训练数据输入，一般情况下 n 远小于整体的训练集 N。训练集 N 中没有被挑选的样本称为袋外数据，据实验表明袋外数据占比为 33.3%左右。

（2）选取待输入的训练集后，开始构建决策树。具体方法是，每一个分裂节点从整体的特征集 M 中选取 m 个特征，一般情况下 m 远小于 M。

（3）选取基尼系数最小的特征作为分裂节点，构建决策树。决策树的其他节点都采取相同的分裂规则，直到该节点的所有样本都属于同一类或者达到树的最大深度。

（4）重复步骤 2、步骤 3 多次，每一次输入样本对应一棵决策树，直到模型训练完毕。

（5）完成模型训练后，可以使用模型对新数据进行预测。例如输入一个待预测数据，然后森林中的所有决策树同时进行决策，采用多数投票的方式判定类别。

我们用一个例子来直观感受一下随机森林算法的分类效果。如图 9-16 所示，二维平面上分布着许多样本点并且其中充斥了很多的噪声样本。当只有一棵树的时候（t=1），图左边表示单一树，右边表示所有树集合组合起来构成的随机森林。因为当前只有一棵树，所以左右两边效果一致。

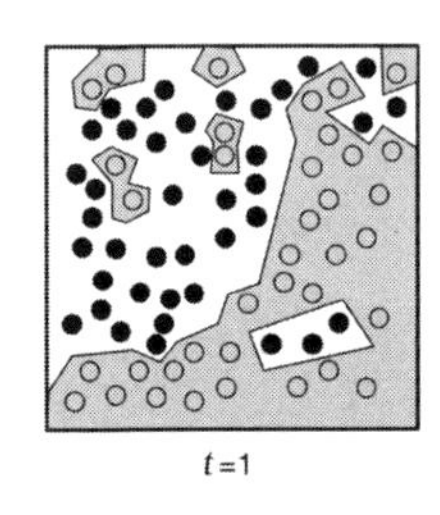

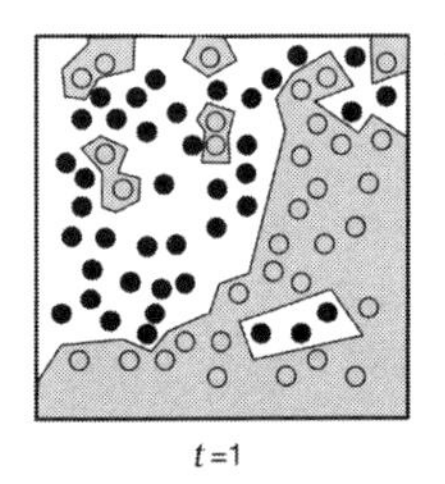

图 9-16　t = 1 时的效果对比

当 t=6 时，效果如图 9-17 所示。

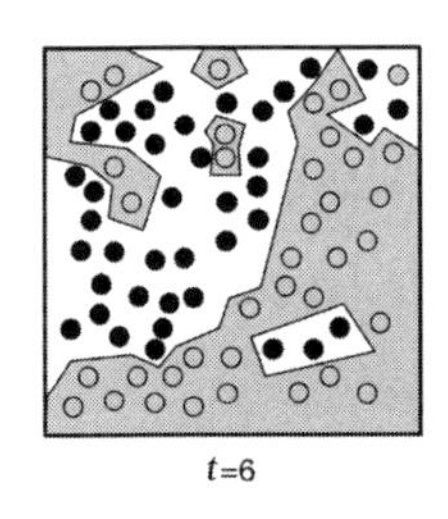

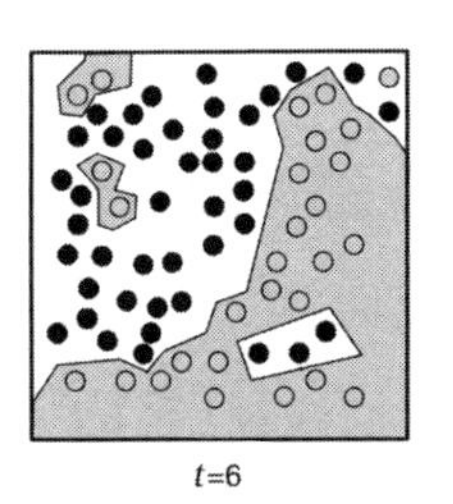

图 9-17　t = 6 时的效果对比

当 t=21 时，效果如图 9-18 所示。

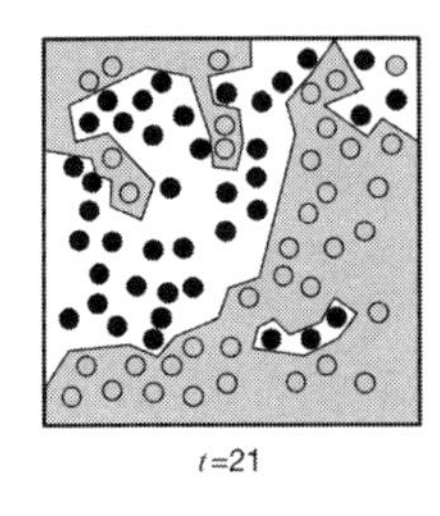

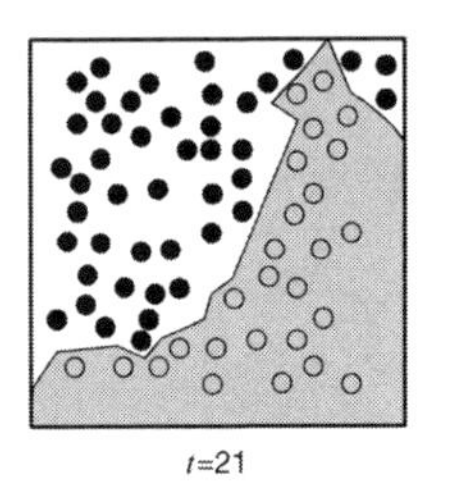

图 9-18　t = 21 时的效果对比

从上图可以看出来，树越多，噪声数据对结果的影响越小。这种集成的投票机制能够保证较好的降噪性，从而得到比较稳定的结果。同时模型也会越来越稳定，能够有更好的表现。在实际应用中，应该尽可能多选择一些树。

随机森林算法的优点主要有三个：首先在集成过程中不同决策树可以并行训练生成，耗时短且效率高；第二，随机森林算法通过投票的机制，避免了单棵决策树造成过拟合的问题；第三，随机森林源于决策树，因此继承了决策树的众多优点。

它能够处理大量、高维度的数据。直接把数据放入模型中，不用数据预处理，通过简单调参即可得到相对不错的结果。**如果项目比较紧张，需要在短时间内开发模型，或者我们对手头上的数据不太清楚，数据量太大，随机森林算法都会是一个不错的选择**。

随机森林算法简单的特性使我们在短时间内就能够得到一个性能良好的模型。更重要的是，它还能够为我们选择特征提供重要性指导。帮助我们做变量筛选，计算每一个特征的重要性。对于解释性较差的特征以及简单特征，直接使用随机森林算法即可。通过查看特征的重要性，我们可以知道哪些特征对预测过程没有太多贡献或没有贡献，从而决定是否丢弃这类特征。但同时，在集成之后随机森林算法牺牲了单棵决策树的可解释性。由于集成机制的解释性差，因此也让随机森林算法变成了黑盒算法，不适用于强解释性的场景。

随机森林算法在众多竞赛中都有良好的表现，已经被广泛应用于不同的领域，如金融、互联网广告、天气预报、医药及电子商务等。在银行业，通常用于检测频繁贷款且风险较高的客户。在金融领域，随机森林算法可用于选股、预测某支股票的价格趋势。在医疗保健领域，随机森林算法可用于识别药品成分的正确组合，分析患者的病史以识别疾病。除此之外，在电子商务领域中，随机森林算法也常常用于确定哪类商品更受客户的欢迎。

9.4 两类集成算法的对比

前面讲述了 Boosting 与 Bagging 两类算法族的原理、基本实现步骤以及两类集成思想的代表算法。这两种方法都是把若干个分类器整合为一个分类器的方法，只是整合的方式不一样，最终得到不一样的结果。接下来我们看看两类算法在实现上有什么区别。

Bagging 算法的每个弱分类器挑选训练集的方式是在原始集中随机且有放回地选取样本，也就是说同一样本能够被多个弱分类器重复使用，从原始集中选出的各轮训练集之间相互独立。

而 Boosting 算法只需要选取一次训练集，每一轮的训练集不变，只是训练集中每个样本在分类器中的权重发生变化。Boosting 算法每次采样时，当前样本的权重由前面分类器的学习情况决定。所以，在 Boosting 算法中弱学习器需要等待前面的学习器训练结束，故它的训练过程是串行的。正是由于这样的机制，在每次训练过程中，只有在前面被误分类的样本，才会被提高权重，这样新的分类器会把"注意力"放在这些不太好分类的样本上。

因此，两类算法的主要区别在于取样方式不同，从而导致整个算法的运作模式不同。Bagging 采用均匀取样，而 Boosting 根据错误率取样，因而在通常情况下，Boosting 的分类精度优于 Bagging。虽然如此，并非在任何情况下，Boosting 都是最佳选择。例如，弱分类器采用的学习算法是神经网络这种极为耗时的方法时，Bagging 可通过并行训练节省大量时间开销，同时它还能很好地避免过拟合的问题，从而在很多场景下发挥出独特的优势。两种集成思想虽然在实现方式上不同，但它们的基本思想都是将多个弱学习器组合成一个强学习器，进而提高模型的性能表现。

集成算法在一般情况下都能够有比较好的表现。但是对于产品经理而言，当面对实际业务场景时，找到模型复杂度和模型效果之间的平衡同样非常重要。特别是作为人工智能领域的产品经理更应该清楚地认识到，我们的诉求不在于掌握了多少算法，也不在于集成了多少算法，重要的是能够做出合适的选择，为不同的业务场景选择恰当的方法。**不存在解决所有问题的通用模型，就算是集成算法也需要考虑模型的运行效率、可解释性等评价指标，这些对于模型能力来说同样重要。**要知道复杂的算法未必优于简单的算法，真正考验一个产品经理的硬实力的还是对需求的把握以及对解决方案的选择。因此当面对一个问题时，不能过于迷信某个算法，只有"对症下药"才能真正解决问题。

9.5 产品经理的经验之谈

本章主要讲述了集成算法的可行性，以及 Boosting 与 Bagging 两种不同的集成方法。

集成学习是使用一系列学习器进行学习，并使用某种规则将学习结果进行整合，从而获得比单个学习器更好的学习效果的一种机器学习方法。一般情况下，集成学习中的学习器都是同质的弱学习器。

Boosting 是一类算法的统称，翻译成中文为“自适应”算法。它们的主要特点是，使用一组弱分类器迭代更新，构造一个强分类器。在每轮迭代中会在训练集上产生一个新的弱分类器并且赋予其权重，最后对所有的弱分类器投票评估最终的分类结果。

AdaBoost 是一种典型的 Boosting 算法，相比传统的 Boosting，这个算法的“增强”体现在它设置了两种权重：一种是数据的权重；另一种是弱分类器的权重。数据的权重主要用于弱分类器寻找其分类误差最小的决策点，找到之后用这个最小误差计算出该弱分类器的权重，即该分类器的“发言权”，分类器权重越大说明该弱分类器在最终决策时拥有越大的发言权。

弱分类器训练的目的在于通过改变样本分布，使得分类器聚集在那些很难区分的样本上，对容易错分的样本加强学习，增加错分样本的权重。这样做使得错分的样本在下一轮的迭代中有更大的作用，这也是一种对错分样本的惩罚机制。这种设计有两个好处：一方面可以根据权重的分布情况，提供数据抽样的依据；另一方面可以利用权重提升弱分类器的决策能力，使弱分类器也能达到强分类器的效果。

GBDT 算法也是典型的 Boosting 算法，它结合了梯度下降、决策树两种方法的优点，再采用集成的方式训练模型，得到更优的结果。GBDT 算法要经过多轮迭代，每轮迭代产生一个弱分类器，每个分类器在上一轮分类器的残差基础上进行训练。它的主要思想是，基于之前建立的模型的损失函数的梯度下降方向建立下一个学习器。

Bagging 是一类算法的统称，这类算法的主要特点是采用随机、有放回的选择方式挑选训练集，然后“并行”构造弱学习器，最后通过结合的方式生成强学习器。在 Boosting 算法中，各个弱学习器之间存在依赖关系，下一个弱学习器依赖上一个弱学习器的结果调整参数，是一种串行结构；但是在 Bagging 算法中，各个弱学习器之间没有依赖关系，各个弱学习器不需要依赖别人的结果，是一种并行结构。

随机森林（Random Forest）算法是 Bagging 算法的一种特殊改进版，它是由众多采用随机抽样获得的训练集生成的 CART 树的集成学习模式。随机森林算法的随机性主要体现在两方面：一方面是随机选取数据；另一方面是随机选取特征。

随机森林算法的优点主要有三个：首先集成过程中不同决策树可以并行训练生成，耗时短且效率高；第二，随机森林算法通过投票的机制，避免了单棵决策树造成过拟合的问题；第三，随机森林算法源于决策树，因此继承了决策树的众多优点。但同时随机森林算法也牺牲了模型的可解释性，是一种黑盒模型。

10 透过现象看本质，全靠降维来帮忙

10.1 K近邻学习法

10.1.1 “人以群分”的算法

在现实生活中，我们经常遇到需要快速分辨陌生人身份的场景。在某些情况下，我们会用富有逻辑性的“决策树”思维做判断。例如求职者去一家新公司面试，面试官可能是同级员工也可能是人力资源主管或者部门主管，总之是这三种职位中的某一个。通常面试官职能不同，提问的问题也不同，因此通过面试官提出的问题就能够逐步确定他的职位。而在另一些情况下，我们会用推测式的“朴素贝叶斯”思维去判断，例如，走在路上遇见一个黑色皮肤的人，因为他的肤色以及长相特点，我们会推测他大概率是从非洲来的。

还有一种情况，我们对这个人的信息一无所知，仅仅因为他跟某些人走得很近，就判断他们属于同一类人。例如我们在报纸上看到某人和学校校长在某地开会，我们能够判断这个人大概率也是教育界人士。这也是我们常说的“物以类聚，人以群分”，

这种判断方式虽然很简单但是看起来似乎有理有据，并且也能猜个“八九不离十”，因此很自然会有人想到将其转变为一种机器学习的方法，即 K 近邻学习法。

K 近邻学习法（K-Nearest Neighbor，KNN）是一种较古老的机器学习算法，主要用于解决分类问题，在特定场景下也能够用于回归问题。KNN 的核心思想是通过测量不同样本之间的距离进行分类，简单理解就是看某个人和哪些人走得更近一些，我们就认为这个人和这些人都是属于同一类人。

KNN 算法的解决思路是：一个样本在特征空间中，将这个样本的特征与和它最相似（最邻近）的 K 个样本的特征进行对比，如果这 K 个样本中的大多数样本都属于同一个类别，则我们判断该样本也属于这个类别。一般来说，我们只选择样本集中前 K 个最相似的数据，这就是 K 近邻算法中 K 的出处，通常 K 是不大于 20 的整数。显然，对于当前待分类样本的分类，需要大量已知分类的样本的支持，因此 KNN 是一种“有监督学习算法”。

10.1.2 如何实现 KNN 算法

如图 10-1 所示，所有样本可以在二维空间中表示。图中，黑色样本和灰色样本为已知分类样本，白色样本为新加入的样本。若使用 KNN 算法对图中白色样本进行分类，则当 K=3 时，其最邻近的样本中有 2 个灰色样本和 1 个黑色样本，因此判断该待分类样本为灰色样本；当 K=5 时，其最近邻的样本中有 3 个黑色样本和 2 个灰色样本，因此判断该待分类样本为黑色样本。

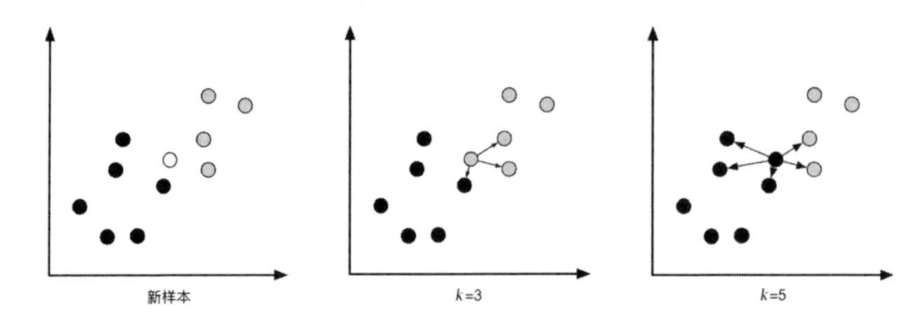

图 10-1　简单 KNN 示意图

通过这个例子可以看出，对于 KNN 算法来说，有两个关键点：一个是分类结果受 K 值影响，选取的近邻样本点个数不同，分类结果可能不同；另一个是图中的“近邻”都是我们肉眼判断的结果，这显然是不合理的。因此不管是当前已知的样本数据集，还是将来可能出现的待分类样本，都必须用向量的形式加以表征。向量的每一个维度，刻画样本的每一个特征，只有构建向量才有办法定义距离公式，计算距离。

K 值的选择没有一个固定的标准。但是 K 值的选取会影响待分类样本的分类结果，进而影响算法的偏差与方差。因此我们需要用“交叉验证法”——多试验几次，寻找最合适的 K 值。对于距离的度量，我们有很多的距离度量方式，常用的距离计算方法有：欧氏距离、余弦距离、汉明距离、曼哈顿距离等，各个距离的区别及公式在此不再展开叙述，通常我们选择使用欧式距离。

KNN 算法步骤如图 10-2 所示，主要为：

（1）计算已知类别数据集中的样本点特征与新的样本点特征之间的距离。

（2）按照距离递增次序排序。

（3）选取与当前点距离最小的 K 个点。

（4）确定前 K 个点所属类别的出现频率。

（5）返回前 K 个点所出现频率最高的类别作为当前点的预测分类。

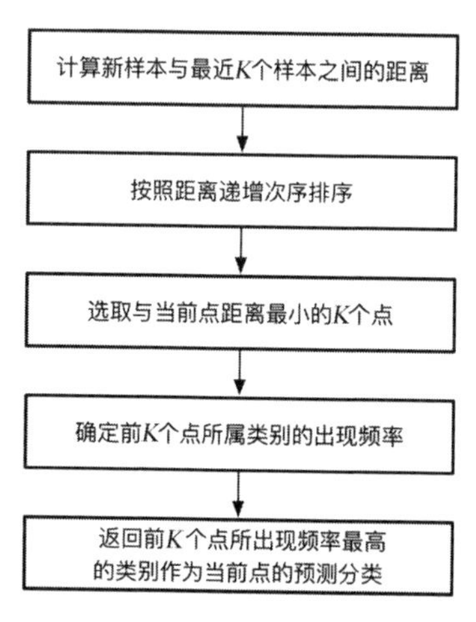

图 10-2 KNN 算法步骤

KNN 算法的优势在于简单、训练的时间复杂度较低，适用于非线性分类场景，并且对异常数据点不敏感。但该算法同样有不足之处，例如在样本不平衡的情况下，如一个类的样本容量很大，而其他类的样本容量很小，这有可能导致当输入一个新样本时，该样本的 K 个邻居中某个大容量类的样本占多数，因此判断为该类，可实际上在 K 值小的情况下它应该属于小容量那一类。对于这个问题可以采用权值的方法来改进。但是该方法的计算量较大，对每一个待分类的样本都要计算它到全体已知样本的距离，才能求得它的 K 个最近邻点。目前常用的解决方法是事先对已知样本点修剪，事先除去对分类作用不大的样本。该算法适用于样本容量比较大的类域的自动分类，而样本容量较小的类域采用这种算法比较容易产生误分。

然而在实际项目中，直接使用 KNN 算法，效果并没有想象中那么突出。主要原因在于，平时我们面对的数据维度相当高，例如某银行在做客户流失预测模型时使用的特征达到 15 000 个。**在如此高的维度下想要做到数据足够密集非常难，高维度下的数据十分稀疏并且距离计算复杂度相当高**。因此，要想模型运行更快，使 KNN 算法能够发挥应有的优势，首先我们要想办法处理高维数据。

10.2 从高维到低维的转换

10.2.1 维数过高带来的问题

在分类问题中，我们常常会遇到样本集看似不可线性区分的情况。解决这类问题通常需要根据数据特点，将低维数据映射到高维空间，看看能否找到一个“划分超平面”。在某些情况下，原本在二维平面不可线性区分的数据被转换到三维空间时，就能够找到一个平面将不同类别的数据分开，如图 10-3 所示。

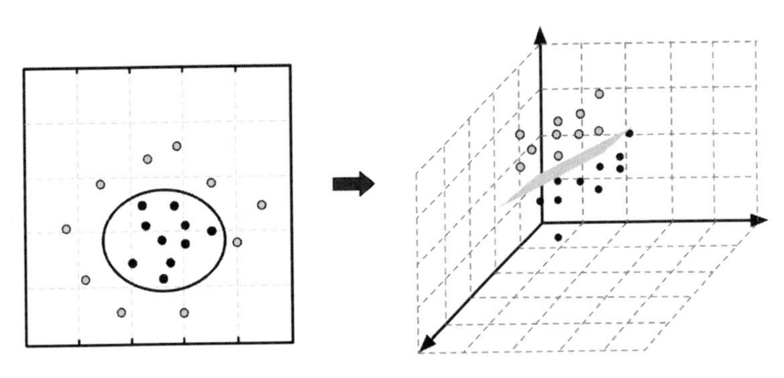

图 10-3　升维使数据线性可分

维度表示数据特征的多少，二维表示样本数据有 2 个特征。上述方式实际上是利用现有特征去构造新的特征以区分数据，是一种在特征太少，不足以进行分类时，增加特征的方法。当数据特征太少时，获取的信息不足，比较难分类；当数据特征太多时，又会变成一团乱麻，无从处理。既然数据特征太少时，我们可以用“升维”的方式构造新的特征来解决问题，那么在数据特征太多时，我们也可以尝试使用“降维”的方式，来减少特征，留下对我们有用的信息。

对于维度大的数据，维度之间往往会存在相关性，这种相关性导致数据产生了冗余。例如有两条数据，一条说这个人是男性，另一条说这个人不是女性，那么这两条信息就是相关并且冗余的，可以去掉其中一条。**降维的目的就是为了消除这种冗余信息**。进一步来说，降维还可以剔去信息量小的信息，实现信息的压缩。例如在图像处理领域就可以使用降维算法压缩图像，虽然压缩后的图像清晰度下降，但是图像的大小却大幅度下降，如图 10-4 所示。

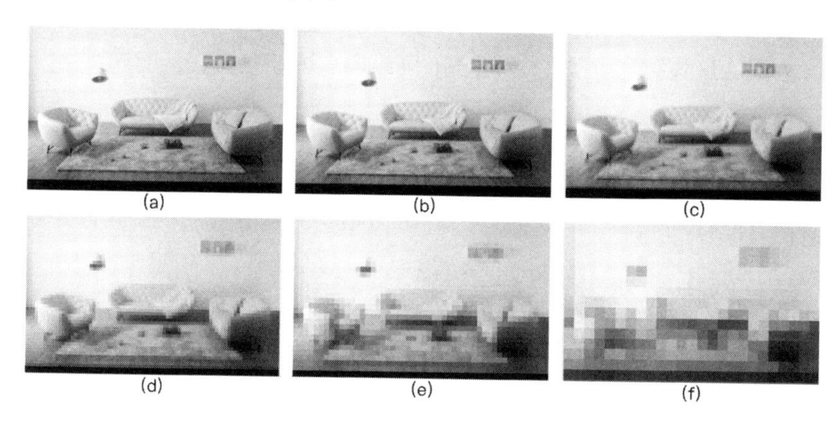

图 10-4　不同程度的图像压缩

10.2.2　什么是降维

降维是一种无监督学习算法，其根本目的是将数据从高维降低到低维层次，也是对输入特征的一种精简。当我们通过数据处理得到了一组变量之后，我们并不会直接将这些数据丢到模型中训练。因为这些数据之间可能存在关联关系，如果不顾后果将全部数据都输入模型训练，可能会影响模型的精度。在个别情况下，数据的特征量有可能比数据样本量还要大，如 100 条数据中的每条数据包含 200 个特征，这时候难以得到一个准确的模型。

为了更好地理解数据，阅读数据间的有效信息，我们会采用一些数据降维的办法对特征数目进行一定程度的缩减，在不丢失绝大多数信息的前提下尽可能地生成解释力更强的特征，同时去除不必要的特征。

例如跑步比赛，我们可以用“时间”与“距离”这两个变量描述不同选手的快慢程度，小梁同学跑100米只需要14秒，小李同学能够用15秒跑106米。在这种情况下，我们很难比较哪个同学跑得更快。但是如果把变量转换为“速度=距离/时间”，使用一个新的变量“速度”，就比较容易看出来小梁同学的平均速度更快。这就是一次降维的过程，将二维的变量转换到一维表示。

上述例子中的降维，减少的维度非常少，同时压缩后也不会损失信息。如果数据特征多到没有办法直接观察数据，或者包含冗余的特征，降维算法也能工作。目前所使用的降维方法从数学上可证明，在将数据从高维压缩到低维的过程中，能够最大限度地保留数据的有效信息。因此，不必担心降维会造成信息丢失从而导致结果有很大的偏差。

降维算法的主要作用是压缩数据，提升学习算法的效率。通过降维，可以降低特征的数量级。常见的降维方法有主成分分析法、线性判别分析法等。下面我们从最基础的主成分分析法入手，逐步理解降维的方法与思路。

10.3 主成分分析法

10.3.1 PCA原理

主成分分析法（Principal Component Analysis，PCA）是统计学中最常用的数据降维方法之一，该方法主要是用较少数量的特征对样本进行描述，以达到降低特征空间维数的目的。该算法的原理是将一个高维向量 $\boldsymbol{x}$，通过一个特殊的特征向量矩阵 $\boldsymbol{U}$，投影到一个低维的向量空间中，并表示为低维向量 $\boldsymbol{y}$，这仅仅损失了一些次要信息。**也就是说，通过降维得到的低维特征向量不但去掉了噪声信息，而且基本上保留了原始高维特征所描述的关键信息。**

从本质上讲，PCA 是一种空间映射的方法。将一个在二维坐标系中的变量通过矩阵变换操作映射到另一个正交坐标系中，也就是将数据投射到一个低维子空间实现降维。例如，二维数据集降维就是把平面上的点投射成一条线，数据集的每个样本只需要用一个值就可以表示，不再需要两个值。三维数据集可以降成二维，方法就是找到一个平面反映数据关系。一般情况下，n 维数据集可以通过映射降成 k 维子空间，其中 $k \leqslant n$。

假如我们是一个摄影师，正在为一款鼠标产品拍摄宣传图片。这款鼠标的宣传图片需要表达三个关键点：第一是商家的标志；第二是鼠标的滚轮；第三是符合人体力学的手握设计。鼠标是一个三维的物体，而图片是一种二维的表达方式，为了更全面地表达出鼠标的特点，我们需要从不同的角度拍照，尽量还原鼠标的外观。以下是从不同角度拍摄的图片，如图 10-5 所示。

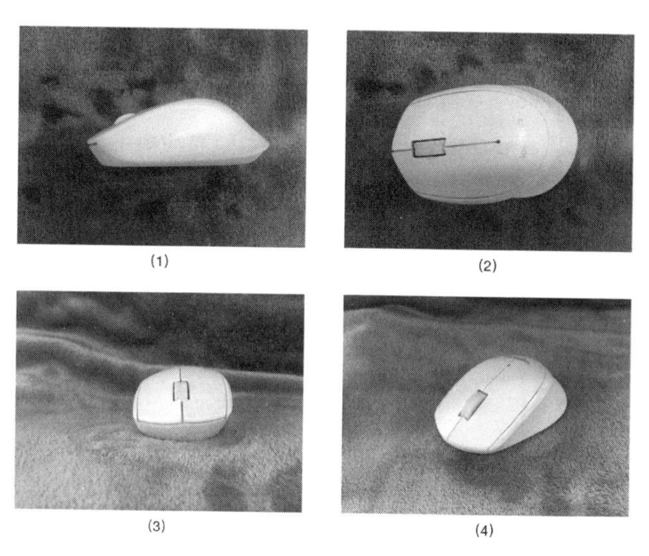

图 10-5　不同角度的鼠标图片

第一张图片能看到鼠标的侧面，但是看不到手握设计也看不到商家的标志；第二张图片从上面拍，这次能看到商家的标志也能看到滚轮，但是依然看不到手握设计；第三张图片从前面拍，这次能看到手握设计也能看到滚轮，但是看不到商家的标志；第四张图片从侧方拍摄，这次终于能够展示出滚轮、标志与手握设计。

PCA 算法的设计理念与这个例子十分相似。它可以将高维数据集映射到低维空间，数据从原来的坐标系转换到新的坐标系，并且尽可能地保留较多有用信息。PCA 旋转数据集，让数据集尽量落到一个低维空间的过程在专业上称为将数据集与其主成分对齐，保留变量到第一主成分中。假设有图 10-6 所示的数据集。

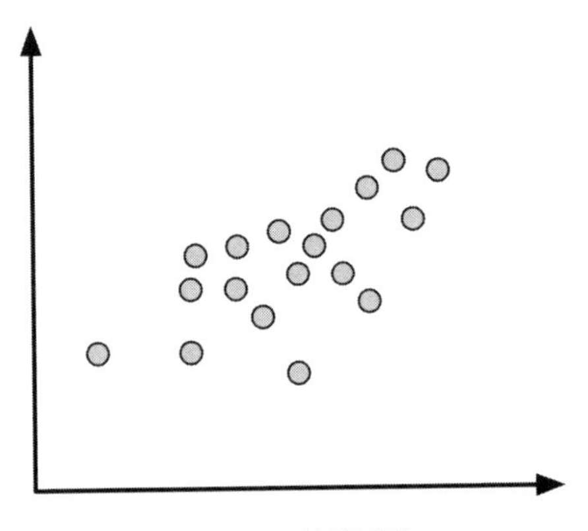

图 10-6 示例数据集

以上数据集散落在一个二维平面中。要降低整个数据集的维度，我们必须把数据点映射成一条直线。图 10-7 中的 4 条直线表示不同的映射关系，映射到哪条线最为合适呢？

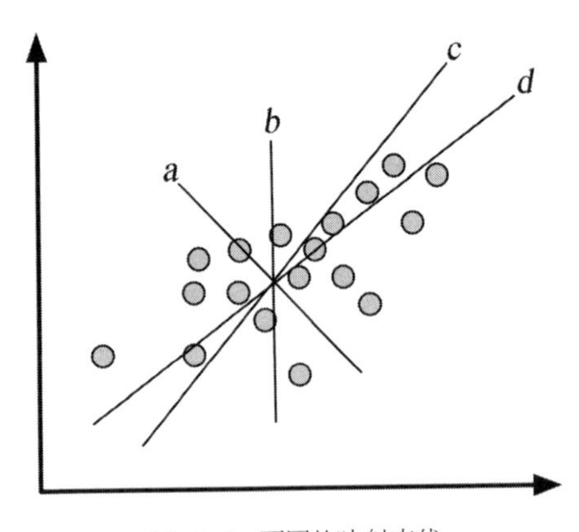

图 10-7 不同的映射直线

在通常情况下，我们所采用的方式是让原始数据在转换之后，相距尽量大，也就是数据差异性最明显。两种映射方式都会不同程度地丢失数据点之间的距离关系，图中 d 线丢失的数据关系要比 c 线多，因此 c 线才是更合适的映射关系。在信号处理领域，普遍认为信号具有较大的方差，噪声有较小的方差。信噪比就是普通信号与噪声的方差比，越大越好。**我们认为，最好的 k 维特征是将 n 维样本点变换为 k 维后，让每一维上的样本方差尽可能大。c 线是原始数据中方差最大的方向，而以这些方向所表示出的数据特征被称为“主成分”**。

怎么求出这些主成分呢？由线性代数的知识可知，通过数据集的协方差矩阵及其特征值分析，就可以求得这些主成分的值。一旦得到协方差矩阵的特征向量，就可以保留最大的 N 个值。然后可以通过把数据集乘以这 N 个特征向量将它们转换到新的空间。在这里我们简单介绍一下方差、协方差与协方差矩阵这三个数学概念。

- 方差：方差是衡量随机变量或一组数据离散程度的量。
- 协方差：协方差是指属性与属性间的相关程度，就是一个值变化时，另一个值发生多大变化。
- 协方差矩阵：由数据集中两两变量的协方差组成的计算矩阵。

至此，我们得到了 PCA 降维的目标：将一组 n 维向量降为 k 维（$0<k<n$），其目标是选择 k 个单位正交基，使得原始数据在变换到这组基上时，各字段两两之间的协方差为 0，而各字段之间的方差尽可能大。于是我们可以总结 PCA 算法的主要步骤，如图 10-8 所示。

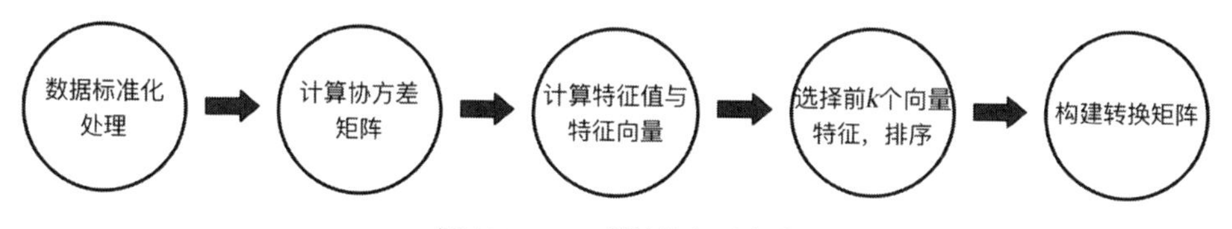

图 10-8　PCA 算法的主要步骤

（1）数据标准化处理。求每个属性的均值，然后将整个矩阵减去均值，为计算协方差做准备。

（2）计算数据的协方差矩阵。

（3）计算协方差矩阵的特征值和特征向量。

（4）选择与前 k 个最大特征值对应的特征向量，其中 k 为新的特征子空间的维度。通过对特征值进行排序，获取前 k 个特征值。计算单个方差的贡献和累计方差的贡献，方差贡献率是指单个特征值与所有特征值和的比值。

（5）通过前 k 个特征向量构建转换矩阵 $\boldsymbol{W}$，并且将 k 维数据通过转换矩阵 $\boldsymbol{W}$ 映射到 d 维空间上。

10.3.2 PCA 的特点与作用

由上述过程可看出，PCA 不仅仅是将数据从高维转换到低维那么简单，它还可以消除评估指标之间的相关影响。PCA 对原始指标变换后形成了彼此相互独立的主成分，实践表明，指标间相关程度越高，算法降维的效果越好。一般情况下，如果把所有的样本点都映射到一起，那么几乎所有的信息都丢失了，因为样本点都揉成了一团，看不出样本之间的差异。但是如果映射后方差很大，数据点则会分散开来，以此来保留更多的信息。因此可以证明，PCA 是丢失原始数据信息量最少的一种线性降维方式。

同时 PCA 也能够减少指标选择。其他的评估方法由于难以消除评估指标间的相关性影响，所以需要做不少这方面的试验。而 PCA 直接消除了这种相关影响，在指标选择上更简单。并且 PCA 是无监督学习算法，完全无参数限制。**PCA 的计算过程完全不需要人为地设定参数或根据任何经验对计算结果进行干预，最后的结果只与数据相关，与模型选择无关。**

诚然，这是 PCA 的优点，但是从某种程度上来说这也成了 PCA 算法最大的缺点。如果用户对观测对象已经有一定的先验知识，掌握了数据的一些特征，却无法通过参数化等方法对处理过程进行干预，那么可能会得不到预期的效果，运算效率也会因此降低。在使用 PCA 时，首先应保证所提取的前几个主成分的累积贡献率达到一个较高的水平，即变量被降维后信息量必须保持在一个较高水平上。其次这些主成分必须能够给出符合实际业务含义的解释，否则主成分将缺失有效信息或空有信息而无实际含义。

PCA 算法最著名的应用是在人脸识别中的特征提取及数据降维。一幅 200 像素×200 像素大小的人脸图像，仅提取它的灰度值作为原始特征，这个原始特征将达到 40 000 维。这给后面分类器的处理带来很大的难度。许多著名的人脸识别算法就是采用 PCA 的方式，用一个低维子空间描述人脸图像，同时又保留了识别所需要的信息。

图 10-9 显示了一个 PCA 图像降维的例子。

图 10-9 图像降维对比

在实际项目中，通过 PCA 降维，产品经理更容易发现数据之间的关系。在金融领域，用户购买某个理财产品需要经过诸多环节，主要有注册、风险承受评估、条款告知、封闭期告知、转入资金这几个任务。我们可以收集 100 名用户在购买理财产品时，在各个任务上花费的时间和整体任务失败率，以此分析这款产品的易用性以及用户转化率。通过 PCA 降维，我们可以将以上五个维度的数据转换为一个维度，然后再绘制散点图寻找其中的规律，或者将降维后的数据再通过聚类的方法集合成不同类别，达到用户分群的目的。这种分群方式相较以往以年龄段、收入等外部特征为分类依据显得更为准确。

值得注意的是，PCA 不适合用于高阶相关性的数据，只适合用于线性相关的数据。但对于一般的人脸识别、用户行为估计分析或者网页埋点分析，PCA 已经能应对绝大多数情况。如果存在高阶相关性的数据，则可以考虑采用核主成分分析，通过核函数先将非线性相关数据转换为线性相关数据，这个方法与 SVM 求解非线性相关的数据时采用的方法原理相同，在此我们不再展开叙述。

10.4 线性判别分析法

LDA 原理

线性判别分析（Linear Discriminant Analysis，LDA）也是目前常用的数据降维方法之一，它与 PCA 降维最大的不同在于，LDA 是一种“有监督学习算法”。LDA 的核心思想是将高维的数据样本映射到低维向量空间中，以达到抽取分类信息和压缩特征空间维数的目的，映射后保证数据样本在新的子空间内有最大的类间距离和最小的类内距离，即数据在该空间中有最佳的可分离性。**也就是说，LDA 是一种带有分类结果的升级版 PCA 降维**。

PCA 是一种无监督的数据降维方法，它不关心类别标签，而是致力于寻找数据集中最大化方差的方向。而 LDA 是一种有监督的数据降维方法，它计算的是另一类特定的方向，这些方向刻画了最大化类间区分度。即使我们的训练样本带有类别标签，但在使用 PCA 模型的时候，是不需要用到类别标签的，而 LDA 在进行数据降维的时候，需要使用样本的类别标签。

上面这两段定义我们可以从几何的角度去理解。从几何的角度看，PCA 和 LDA 都是把数据投影到新的相互正交坐标轴上的方法。两者的区别在于，投影的目标不同。PCA 只需要将样本投影到方差最大的相互正交方向上即可，这样做可以尽可能保留最多的样本信息。样本的方差越大，表示样本越多样，降维后保留的信息越多。因此在训练模型时，我们希望数据之间的差别越大越好，否则即使得到的样本很多，但它们提供的信息都是无用的或是重复的，相当于只有很少的样本提供了有效信息。这两种不同的设计思路在不同场景下各有所长，例如图 10-10 所示的这种数据集。

对于这个样本集，通过 PCA 的方法可以找到一个最佳的投影方向，降维后依然清晰地描述了数据的分布趋势。投影后若数据方差最大，则保留的信息最多。但是对于另外一些不同分布的数据集来说，PCA 这个投影后方差最大的特点就不太好了。如图 10-11 所示的数据集。

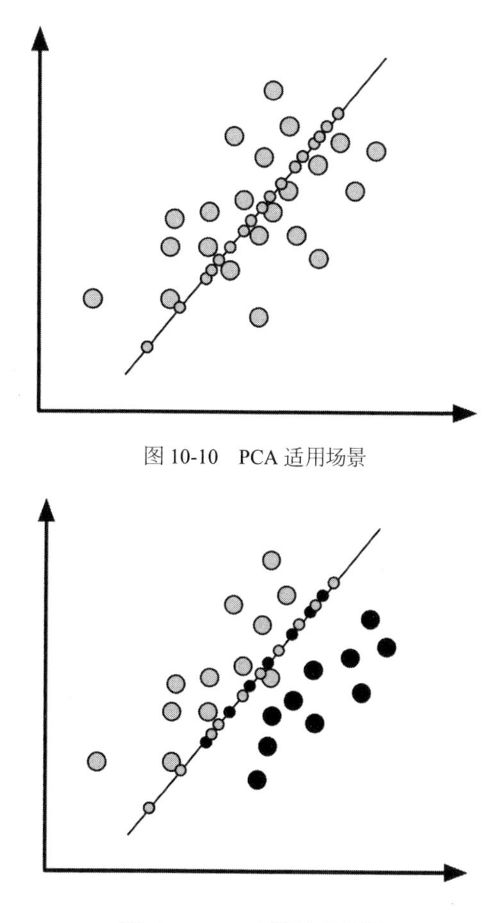

图 10-10 PCA 适用场景

图 10-11 PCA 不适合的场景

对于这个数据集，如果继续使用 PCA 算法，我们在降维时依旧选择方差最大的方向作为投影方向。PCA 算法得出的投影方向是图中直线所示的方向，此时直线方差最大。但从图中可以看出来，这样投影之后，两类样本被混合在一起了，数据不再可分，这不是我们想要的结果。

如果投影后的直线如图 10-12 所示，则使用这条直线做投影即能达到数据降维的目的，并且还能保证两类数据依然可分。实际上，这条直线就是使用 LDA 降维后找到的投影方向。仔细观察这条直线就会发现，这条线使得投影后的同类样本能够互相分开。这也是 LDA 降维的目标。将带有标签的数据降维、投影到低维空间，同时需要满足以下三个条件：

（1）尽可能多地保留数据样本的信息，选择对应的特征向量所代表的方向。

（2）寻找使样本易分的最佳投影方向。

（3）投影后使得同类样本之间的距离尽可能近，不同类样本之间的距离尽可能远。

LDA 的核心思想可以用一句话概括，就是“投影后类内方差最小，类间方差最大”，也就是说我们要将数据在低维度上进行投影，投影后希望每一种类别数据的投影点尽可能地接近，而不同类别的数据的类别中心之间的距离尽可能远。

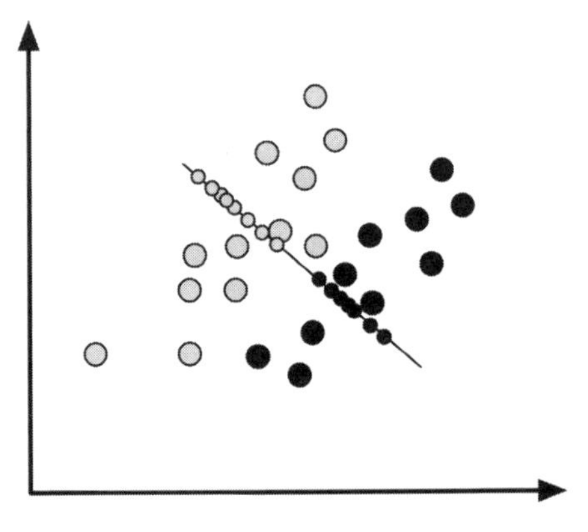

图 10-12　合适的投影

LDA 的特点使得其既能完成分类任务又能解决降维问题，但更多的时候我们希望在保持原有类别特点的基础上实现降维，构建新的数据特征。假设原有数据样本类别为 C，则 LDA 降维后一般会生成 $C-1$ 个维度，例如样本数据有苹果和香蕉两类图片，每个图片有 10 000 维特征，经过 LDA 降维之后，只有 1 维特征，并且这个维度的分类效果最好。

LDA 降维在实现上并不复杂，主要是计算类间、类内的散度矩阵，过程比较烦琐，这里不再展开叙述。值得注意的是，LDA 对数据的分布做了很强的假设，例如每个类的数据都符合高斯分布，各个类的协方差相等。虽然很可能实际数据并不满足这些强假设，但是依然不妨碍 LDA 的使用。**在很多场景下 LDA 已经被证明是非常有效的降维算法，其中最主要的原因在于线性模型对于噪声的鲁棒性比较好，不容易过拟合**。并且 LDA 在分类样本信息时依赖均值而不是方差，这一点比 PCA 之类的算法表现更为优秀。通常来说 LDA 作为一个独立的算法存在，给定了训练数据后，将得到一系列的判别函数。后面对于新的输入数据，就可以进行预测了。而 PCA 更像是一个预处理的方法，它可以将原本的数据维度降低，使得降低维度后的数据之间方差最大。

LDA 算法现已被广泛应用于人脸识别、生物医学图像研究、宏观经济调控分析等不同领域。在人脸识别中，每一张图像都由大量的像素点组成，LDA 的主要作用是把特征的数量降到可处理的量级后再进行分类，使得每一个新的维度都是模板里像素值的线性组合。

10.5 流形学习算法

降维算法中还有一种比较特殊的算法被称为“流形学习算法”（Manifold Learning，也称流行学习），它是一种非线性降维方法。在流形学习的概念中，假设某些高维数据，实际是以一种低维的流形结构嵌入在高维空间中。由于数据内部特征的限制，一些高维数据会产生维度上的冗余，实际上只需要比较低的维度就能表示。**流形学习的目的是将高维数据映射回低维空间，找到这种低维的“流形”结构，以便于更清楚地解释其本质。**

看到这里可能很多读者会充满疑问，什么是“流形”呢？流形其实很好理解，就是指一般的几何对象的总称，其包含了具有各种维数的曲线曲面。例如我们常见的一条直线或一条曲线就是一维流形，球面就是一个三维流形。和一般的降维分析一样，流形学习的目标也是将一组高维空间中的数据映射到低维空间中来重新表示。和其他方法的不同点在于，流形学习做了一个假设，就是所处理的数据样本都在一个潜在的流形上，或者说对于这组数据存在一个潜在的流形。不同形态的流形有不一样的性质，需要用不同的方法解决，因此也诞生了很多流形学习的派系。

首先我们用一个例子直观地解释什么是流形学习。假设我们在一张纸上画了一个圆形，如果想要描述这个圆形里某两个点之间的关系，我们可以再在纸上画一个平面直角坐标系，那么这个圆形里的点都可以用二维点表示，如图 10-13 所示。

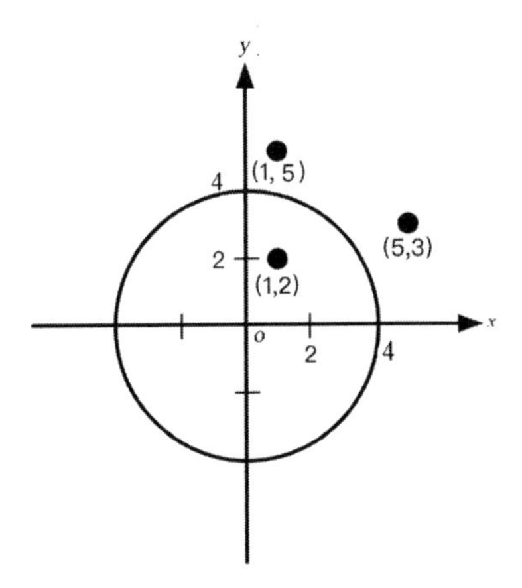

图 10-13　用平面直角坐标系表示圆形

从图中可以看到，点(1,1)、(1,2)都在圆形里，但是还有像(1,5)、(5,3)等大量的点都不在圆形内。如果我们用平面直角坐标系来表示这个圆形，则会产生大量冗余的数据，因为我们没有办法让这个坐标系上所有的点都落在这个圆形内。

在理想情况下，我们希望有一种描述方法，这个描述方法所描述的所有点都在圆内。恰好在数学上有这么一个方法能够满足我们的需求，即极坐标系。如图 10-14 所示，在平面上取一定点，该定点称为极点，由极点出发的一条射线称为极轴，再取一个长度单位。这样圆形上任一点的位置都可以被表示出来并且没有任何冗余的数据。

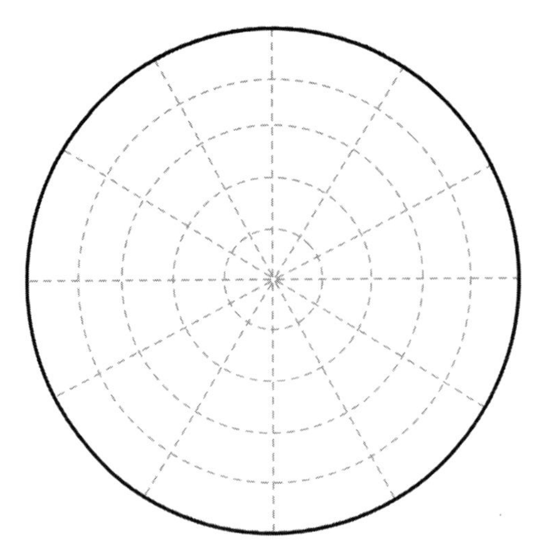

图 10-14　用极坐标系表示圆形

前文提到，流形学习认为高维数据实际是以一种低维的流形结构嵌入在高维空间中。由于数据内部特征的限制，一些高维数据会产生维度上的冗余，实际上只需要比较低的维度就能唯一地表示这些数据。流形学习的目的是将其映射回低维空间，以便于更清楚地解释其本质。对应到这个例子中也就是说，实际上一个圆形用极坐标表示就完全足够了，但是如果用平面直角坐标系来表示就会产生大量的冗余点，我们希望通过流形学习能够将数据回归成低维。流形学习相比前面的 PCA、LDA 而言，最大的不同在于它是一种非线性降维方式，非线性降维因为考虑到了流形的问题，所以在降维的过程中不但考虑到了距离，同时也考虑到生成数据的拓扑结构。

我们来看看，为什么 PCA、LDA 这类算法不适合解决非线性样本集。以 PCA 为例，PCA 以方差的大小来衡量信息的量级。PCA 认为方差正比越高，数据提供的信息量越大，其基本思想是通过线性变换尽可能地保留方差大的数据。如果用 PCA 算法对“环形”数据集进行降维，则很可能得到如图 10-15 所示的结果。

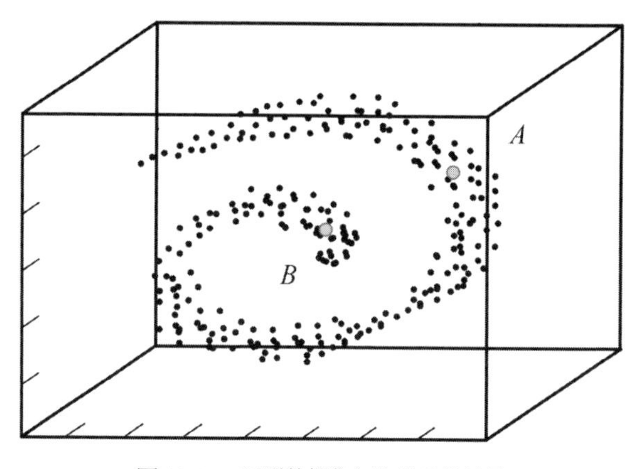

图 10-15　环形数据集与降维后的结果

假设在“环形”数据集上有 *A*、*B* 两点，经过 PCA 降维后两点之间的“距离”非常近，并且两点的方差相近，这时它们可能会被认为是同一类型的数据。但是如果将原本的“环形”结构展开来看，会发现实际上 *A*、*B* 两点的间隔非常远。由此可以看出，用传统的降维方法很容易抛弃数据的内部特征，如果测量一个曲线上两个点的直线距离，会忽略这两个点在这个曲面上的事实。因此，我们需要一种特殊的定义“距离”的方式。

在流形学习中有一种经典的方法称为等度量映射（Isomap）。该方法利用流形在局部上与欧式空间同胚这个性质，对每个点基于欧式距离找出其最近邻点，然后建立一个近邻连接图。于是计算两点之间的测地距离的问题，就转变成为计算近邻连接图上两点之间的最短路径问题。简单理解就是计算邻近点之间的以最短距离连接成的序列，如图 10-16 所示。要计算空间中远距离两点 a 与 g 之间的距离，需要计算从 a 到 b、从 b 到 c……之间的距离，沿着路径依次类推直到到达目的地 g。

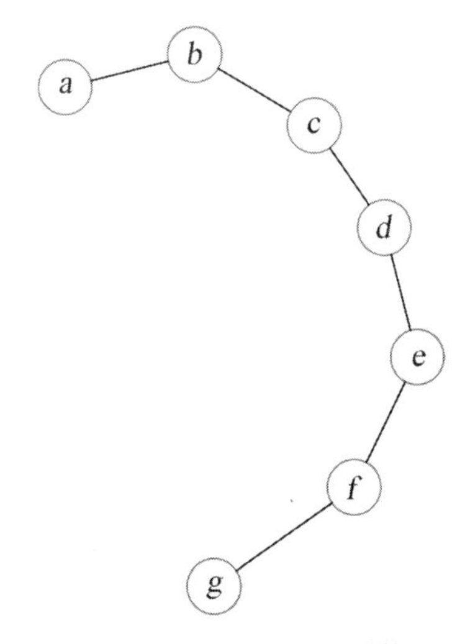

图 10-16　从 a 到 g 依次计算

等度量算法是全局算法，它要找到所有样本的全局最优解。当数据量很大或者样本维度很高时，等度量算法的计算量非常大。因此在实际项目中更常用的算法是局部线性嵌入（Locally Linear Embedding，LLE）算法，LLE 放弃所有样本全局最优的降维，只保证局部最优的降维。

LLE 的核心思想是保持领域内样本之间的潜在关系。如图 10-17 所示，样本从高维空间映射到低维空间后，各个领域内样本之间的线性关系不变。即样本点 x_i 的坐标能通过它的领域样本 x_j、x_l、x_k 重构出来，而这里的权值参数在低维和高维空间是一致的。

除了 Isomap、LLE 这两种算法以外，流形学习领域还有很多不同的距离测量方法，但它们的原理大致相同，在此不再逐个介绍。流形学习的解决思路很美好，但是其最大的瓶颈就是计算复杂度太高，这点阻碍了流形学习在实际项目中的应用。虽然流形学习对非线性数据有较好的降维效果，但如何有效降低计算量，甚至推广其线性化算法一直是一个待解决的重要问题。线性化是很好的方法，但是线性化以后对于高度的非线性问题一样束手无策。业界很多学者一直在研究如何找到可处理非线性数据的线性化流形学习方法。

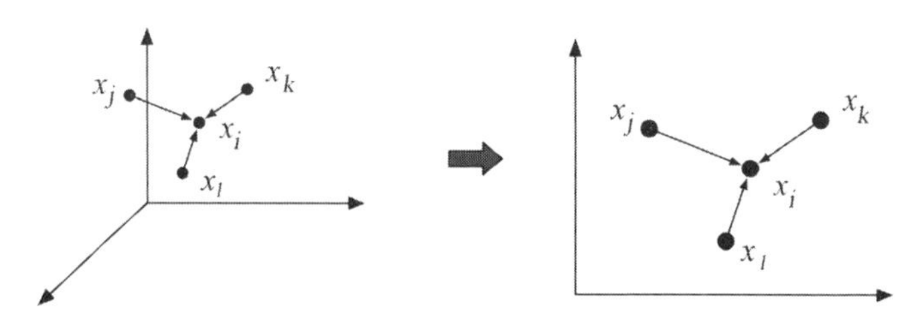

图 10-17 LLE 重构样本点

在处理分类问题时，多数情况下流形学习算法的性能较传统方法要差。因为流形学习算法在恢复数据内部关系时采用了局部邻域思想，算法本身的稳定性与邻域选择有关。另外，如果样本中的噪声较大，则降维后产生的投影偏差可能较大。

目前在机器学习领域，多数算法还是属于“有监督学习算法”，这就要求我们必须使用有标签的数据才能训练模型。然而在实际项目中还存在大量没有标签的数据，这些没有标签的数据在模型训练时就被白白浪费掉了。这些数据难道说没有标签就没有任何价值了吗？降维算法的意义除了简化计算复杂度，快速挖掘数据间的关系以外，借助特定的降维算法，使我们对这些无标签数据有更深入的认识，从而挖掘出有效信息，使这些信息与有标签数据互为补充，这样才能对数据有更全面的分析，从而提升模型的应用效果。

10.6 产品经理的经验之谈

本章主要讲述了 KNN 算法与降维算法。首先讲述了简单有效的分类算法 KNN，但是这种算法在数据维度变大时就失去了其独特的优势，因此我们需要通过降维方法降低数据维度，达到去除冗余数据、简化数据维度的同时保留数据关键信息的目的。

KNN 算法是一种以样本之间的距离作为分类依据的算法。如果一个样本在特征空间中，将这个样本的特征与和它最相似（最邻近）的 K 个样本的特征进行对比，如果这 K 个样本中，大多数样本都属于某一个类别，则我们判断该样本也属于这个类别。KNN 算法的优势在于简单，训练时间复杂度较低，适用于非线性分类并且对异常数据点不敏感。

降维是一种无监督学习方法，其根本目的是将数据从高维降低到低维层次，达到精简特征的目的。降维方法在将数据从高维压缩到低维的过程中，能够最大限度地保留数据的有效信息。常见的降维方法主要有 PCA、LDA、流形学习等。

PCA 算法是将一个高维向量 $\boldsymbol{x}$，通过一个特殊的特征向量矩阵 $\boldsymbol{U}$，投影到一个低维的向量空间中，并表征为一个低维向量 $\boldsymbol{y}$ 的过程。在这个过程中仅仅损失了一些次要信息。从本质上来讲，PCA 是一种空间映射的方法，将常规正交坐标系的变量通过矩阵变换操作映射到另一个正交坐标系中，也就是将数据投射到一个低维子空间实现降维。PCA 算法以方差的大小衡量信息的量级，PCA 算法认为方差正比越高提供的信息量越大。其基本思想是通过线性变换尽可能地保留方差大的数据。PCA 算法因其优秀的降维表现，简单、无须调参的特点而被成功应用于众多领域。

LDA 算法是一种将高维的数据样本映射到低维向量空间，以达到抽取分类信息和压缩特征空间维数的方法。LDA 在映射后能够保证数据样本在新的子空间内有最大的类间距离和最小的类内距离，即数据在该空间中的可分离性达到最佳。

从几何的角度看，PCA 和 LDA 都是将数据投影到新的正交坐标轴上的方法。两类算法的区别在于它们的降维目标不同。PCA 是将样本投影到方差最大的相互正交方向上，以此保留最多的样本信息。LDA 希望投影后类内方差最小，类间方差最大。

无论是 PCA 还是 LDA 降维，都只适用于线性样本数据，想要解决非线性样本数据降维可以采用流形学习的方法。流形学习理论认为高维数据实际是以一种低维的流形结构嵌入高维空间中。由于数据内部特征的限制，一些高维数据会产生维度上的冗余，实际上只需要比较低的维度就能够完整表达那些数据。流形学习的目的是将高维数据映射回低维空间，以便更清楚地解释其本质。在流形学习中需要解决距离如何计算这个问题，不同的距离计算方法形成了不同的流形学习算法。

11 图像识别与卷积神经网络

11.1 图像识别的准备工作

11.1.1 从电影走进现实

早在 1968 年，经典的科幻电影《2001 太空漫游》描述了这样一个片段：影片中的赫伍德教授在登陆环形空间站时，需要进行一个“声影测试”的身份验证，验证通过才能进入。这也是当时人们的美好愿望，希望到了 21 世纪，我们不再需要验证任何账号密码，计算机根据我们的脸或声音就能识别出我们的身份。

经过近 50 年的发展，人脸识别技术从电影的幻想逐渐走进了人们的日常生活，成了我们日常安检、考勤、支付等不同领域的得力助手。同时国内外的算法团队不断刷新人脸识别的准确率，相关的产品与应用层出不穷，人脸识别技术一时间成了最热门的生物特征识别技术。这一切的背后得益于图像识别技术的蓬勃发展。

对于人类来说，视觉是与生俱来的，从小我们就能通过眼睛接收外界的景象。虽然小时候我们不太认得每个东西是什么，但是我们已经具备识别物体的能力。婴儿能够感知到什么样的物体在其面前，这个物体的边界在哪里，只是还不会表达这是个什么样的物体。人类识别图像的过程并非将过往看到的画面全部存储，然后再把当下看到的画面与过往画面进行比对以识别物体，而是依靠物体的特征对物体进行分类，通过各个类别所具有的特征将物体识别出来。随着不断的学习，很快我们能分清楚眼中看到的哪些是树，哪些是房子，哪些是小鸟。在这个过程中，我们的大脑会根据存储记忆中物体的特征对图像进行辨认，查看是否存在与当前看到的物体具有类似特征的存储记忆，从而识别出眼前看到的是什么物体。值得庆幸的是，识别与分类这两件事对正常人来说是一件非常简单的事情。

机器的图像识别技术也是如此，计算机若想跟人类一样能够辨别看到的物体，同样需要具备识别物体与分辨物体的能力。首先识别到是什么物体，物体在哪里，然后通过分类并提取重要特征达到识别图像的目的。计算机提取出的特征在很大程度上直接影响了识别图像的准确率，但是计算机并非每次提取的特征都能够满足我们的需要。上述每一个任务对于计算机来说都有一定的难度。因此接下来，我们将探究图像识别的原理以及面临的问题，并分析科学家是如何用一种特殊的神经网络来解决这些问题的。

人类的眼睛就像是一个接收器，而大脑则是一台超级计算机。大脑每时每刻都在从眼睛接收图像，并在我们毫无意识的情况下完成了对这些图像的处理。但机器并非如此，在机器中图像识别大致可分为以下几个步骤：图像采集、图像预处理、特征抽取和选择、分类器模型设计和分类决策。在这个过程开始之前，首先我们要知道一幅图像对于计算机来说意味着什么，然后理解计算机如何表达一幅图像，进而读取图像、识别图像。

11.1.2 图像的表达

在计算机的世界里，每一幅图像都是由大量的小格子组成的。一个小格子代表一个色块，我们常说的数字图像就是指用不同的数值来表示不同的颜色的图像，这样一来，一幅图像可以用一个数字矩阵来表示。也就是说，这一整个矩阵就是一幅图像的数字表达形式。图像的小格子称为像素，格子的行数与列数统称为分辨率。比如我们常说的某幅图像的分辨率是1920×1080，指的是这幅图像由1920行、1080列的像素点组成，如图 11-1 所示。反过来说，如果给出一个由数字组成的矩阵，我们同样可以将矩阵中每个数值转换为对应的颜色，再组合起来，还原这张图像原本的样子。

图 11-1　图像是由像素点组成的

图像一般分为灰度和彩色两种。对于灰度图像，像素点间的区别只在于明暗程度不同的灰色，因此可以用数值来表示不同的灰度，通常我们认为白色是最亮的“灰”，用 255 表示；黑色是最暗的“灰”，用 0 表示，介于 0~255 之间的整数表示明暗程度不同的灰色。

对于彩色图像，每个颜色所代表的这些数字不是随机生成的。常见的编码方式有 RGB 模型与 HSV 模型两种。在 RGB 模型中，每一个像素的颜色都是由红、绿、蓝三个通道混合组成的，也就是说每个颜色都是由这三个基础颜色混合而成的，如图 11-2 所示，对于每个通道，都可以用一个八位的二进制数来表示明暗程度。因此，我们还是用 0~255 之间的整数来表示这个通道不同程度的明暗变化。例如橙色的 RGB 值为（255,97,0），表示橙色由 255 份红、97 份绿混合而成，某种基本颜色的数字越大，表示该基本颜色的比例越大。

另一种常用的色彩模型 HSV 则是采用色调、饱和度、明度这三个分量来表示不同色彩，如图 11-3 所示。色调表示色彩信息，即这个颜色所处的光谱颜色的位置。该参数用角度来表示不同的颜色，就像调色盘一样，其中红、绿、蓝分别相隔 120°；

饱和度是一个比例值，范围为 0%~100%，它表示所选颜色的纯度和该颜色最大的纯度之间的比率。当纯度为 0 时，表示只有灰度没有色彩；明度表示颜色的明亮程度，通常取值范围为 0%（黑）~100%（白）。对于光源色，明度值与发光体的光亮度有关。对于物体色，明度值和物体的反射比有关。例如蓝色的 HSV 值为（240,1.0,0.4），而浅蓝色为（240, 0.4,1.0），每个数字对应的含义不同。

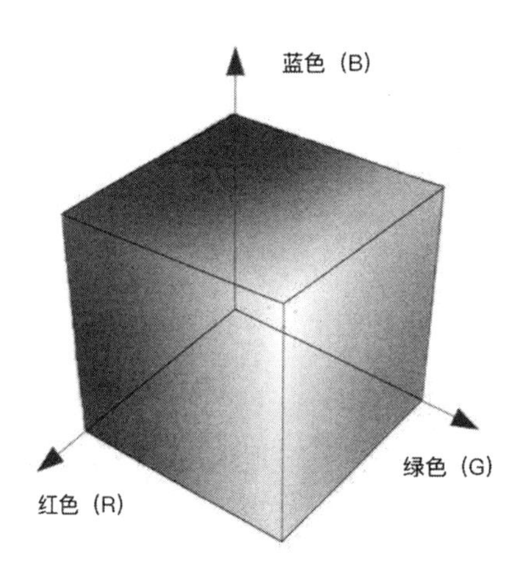

图 11-2　RGB 色彩模型

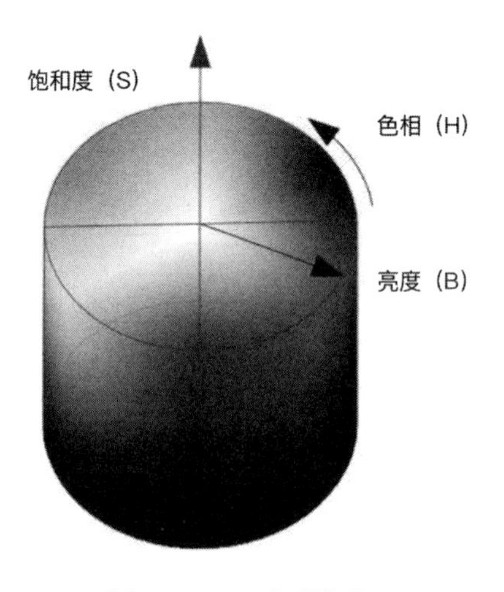

图 11-3　HSV 色彩模型

在图像识别领域，通常用 RGB 模型来描述像素点的不同颜色。因此一幅彩色图像可以用一个由整数组成的立方体阵列来表示，我们称这样的数字阵列为三阶张量。**这个三阶张量的长度与宽度为图像的分辨率，高度固定为 3，表示由 R、G、B 三个颜色通道组成**。有了这样的表示方式，我们就完成了令计算机理解图像的第一步，即多彩的图像被转变成了数字，并且保留了原有图像的特点。

11.1.3 图像采集与预处理

在前文中我们提到，图像识别主要分为以下步骤：图像采集、图像预处理、特征抽取与选择、分类器模型设计和分类决策，如图 11-4 所示。

图 11-4 图像识别过程

图像采集是整个图像识别过程的第一步，主要借助于数字摄像机、扫描仪、数码相机等设备经过采样数字化得到静态图像，也包括一些动态图像。

获取图像的目的是从扫描仪中的传感器获取数据并产生数字图像。但是传感器输出的是连续的电压波形，因此需要把连续的感知数据转换为数字形式再转码成图像。这一过程通过图像的取样与量化来完成。数字化坐标值称为取样，数字化幅度值称为量化。在取样时，横向采取的像素数量与纵向采取的像素数量相乘即是该图像采集时的分辨率。一般来说，采样间隔越大，所得图像像素点数越少，空间分辨率越低，图像质量越差，严重时甚至会出现马赛克现象；采样间隔越小，所得图像像素点数越多，空间分辨率越高，图像质量越好，但数据量大，如图 11-5 所示。

量化等级表示在数字图像中每个像素点的取值范围。常用的量化等级有 2、64、256、1024、4 096、16 384 等。在量化时，采用的量化等级越高，所获得的图像层次越丰富，分辨率越高，图像质量越好，但同时数据量较大；采用的量化等级越低，图像层次越不明显，灰度分辨率越低，这会导致出现假轮廓现象，且图像质量差，但数据量小，如图 11-6 所示 。

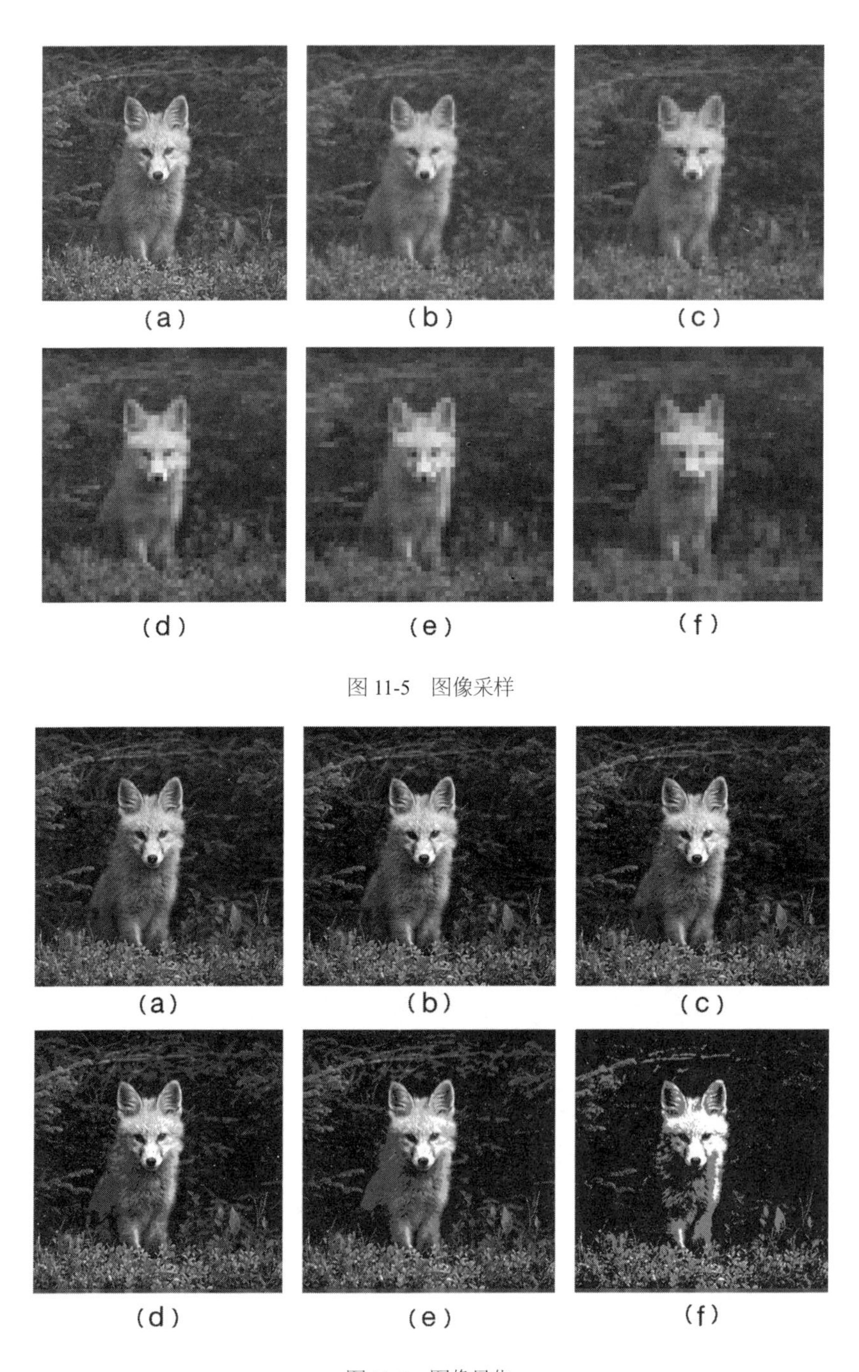

图 11-5　图像采样

图 11-6　图像量化

从以上两个图中的效果对比可以看出，数字图像的质量在很大程度上取决于取样和量化中所用的样本数和灰度级，因此根据需求决定取样量化标准是采集任务的关键。

我们在前文中讲解搭建“信用卡逾期风险评估”的模型时说过，采集到的初始样本数据会存在各种问题，需要经过数据清洗等预处理才能供模型使用。同样，通过采集得到的图像并非直接让计算机识别，这些图像也存在各种各样的问题，我们需要通过图像预处理技术让图像变得更容易被计算机识别，常见的预处理技术如图 11-7 所示。我们采用去除噪声、提高图像清晰度、图像增强等一系列的方法提高图像的质量。**无论采用什么方法，最终的目的都是希望能够使图像中物体的轮廓更清晰，细节更明显，从而强化图像的重要特征。**

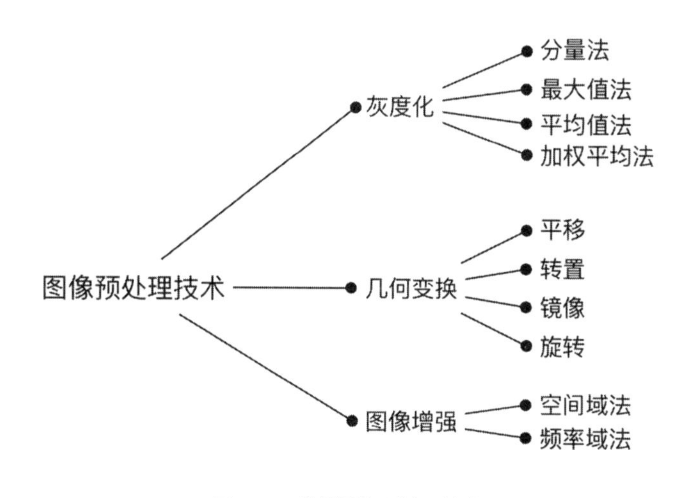

图 11-7 常用图像预处理技术

经过以上步骤之后，可以得到一幅清晰、分辨率较高的图像。图像对人眼来说是层次感分明的，我们可以清晰地看到每个物体的轮廓。但是对计算机来讲，这可不是一件容易的事情，因此，接下来我们要想办法告诉计算机，这幅图像描述的是什么，才能让它进行正确的分类或识别。

下一步我们要进行特征的选择与提取。先回想一下，当我们向别人描述两个其从未见过的物体时会如何描述呢？通常我们会对这两个物体的特征进行对比。例如描述一张桌子和一架飞机时，我们说“有四条腿”的是桌子，“有机翼”的是飞机。通过这俩简单的特征就能区分这两类物体的图像。但是对于计算机来说，一幅图像就是以特定方式存储的数字矩阵，让计算机通过计算，从这个数字矩阵里提取“有四条腿”“有机翼”这样的特征是极其困难的事情。

那么什么样的算法适合去学习这些特征呢？我们首先能想到的当然是拥有强大表现力的神经网络。理论上我们可以用常规的 BP 神经网络来学习图像的特征。但在实际操作中我们会发现，使用这种方法的成本非常高。假设我们拿一幅 720 像素×1080 像素的常规图像，输入神经网络模型时会形成 720×1080 个输入数据，再加上大量的参数运算，计算机的计算量会增加到难以想象的程度。此外，采用神经网络识别特征很容易产生过拟合的现象，所以不仅增加计算支出，还会削弱面对新数据时的识别能力。因此计算量与过拟合这两方面的问题都让 BP 神经网络在图像特征学习面前举步维艰。

11.2 卷积神经网络

11.2.1 卷积运算

因为运算能力受到了限制，所以只有运算量小的方法才有可能提取图像的特征。仔细思考我们会发现，**图像特征的表现有一个很显然的特点，就是在图像中特征边缘的像素点的颜色通常都是变化较大的**。实际上我们没有必要扫描整幅图像来学习特征，只需要找到这些边缘变化大的地方就能够发现物体的特征。于是我们从数学领域寻找有没有合适的方法能够帮助我们表达像素变化较大的边缘，如果能找到这样的方法就能够通过运算直接找出物体的特征。幸运的是，人们发现“卷积运算”能够提取图像的边缘与特征。

在第 7 章我们讲过神经元模型的运算过程。神经元通过运算，为每个输入数据赋予一个权值，加权计算后求和得到输出。卷积的原理与此十分相似，在输入信号的每个位置，叠加一个单位响应，得到输出信号。在图像数据中用一个小的矩阵作为单位响应，对一个大的矩阵求内积，即每个位置对应的数字相乘之后的和，如图 11-8 所示，最后得出结果。通常我们把这个小矩阵称为“卷积核”。

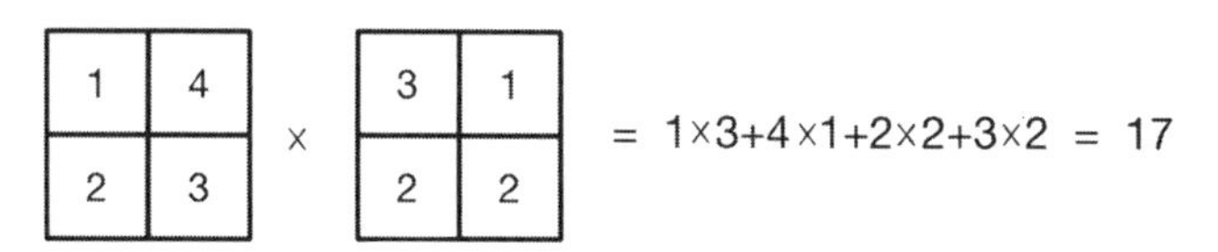

图 11-8 两个矩阵的运算

在处理灰度图像时，首先我们将两个矩阵的第一个元素对齐，先不看大矩阵多余的部分，然后计算这两个维数相同的矩阵的内积，并将算得的结果作为结果矩阵的第一个元素。接下来。我们将小矩阵向下滑动一个元素，从原始的矩阵中截去不能与之对应的元素，并计算内积。重复以上步骤直到这一列所有元素计算完为止。同时，我们需要横向滑动重复以上步骤，整个过程如图 11-9 所示。

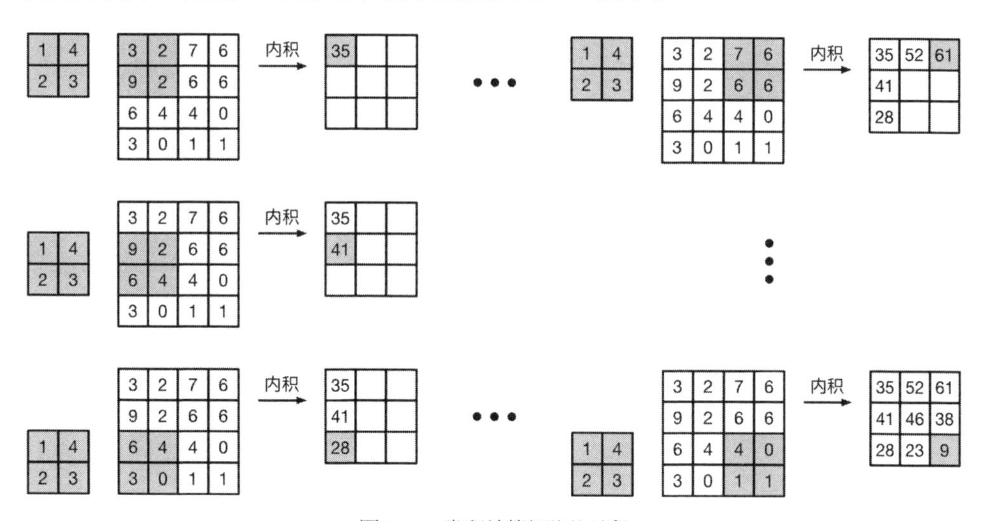

图 11-9 卷积计算矩阵的过程

在处理 RGB 图像时，我们执行卷积时采用的卷积核大小不是 3×3，而是 3×3×3 的三阶张量，最后的 3 对应 RGB 三个颜色通道。在卷积生成图像中每个元素为 3×3×3 的卷积核所对应的位置和图像所对应的位置相乘并累加所得和，卷积核在 RGB 图像上依次滑动，最终生成的图像大小为 4×4，如图 11-10 所示。

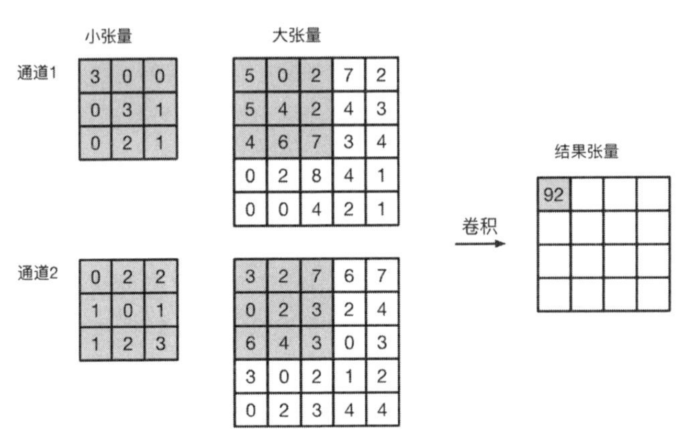

图 11-10　卷积计算 RGB 图像的过程

如果我们想要判断一幅图像里有没有飞机，只通过一个特征判断显然是不够的，通常需要通过多个高级特征的组合才足以判断。一种卷积核只能表示一种类型的特征，因此我们需要设计多个卷积核来得到不同方面的特征。卷积核是一种超参数，需要人们长期试验汇集经验。常见的卷积核有同一化核、边缘检测核、图像锐化核、均值模糊等。如果我们想要得到 2 个不同的特征，则需要 2 个卷积核，最终生成的图像为 4×4×2 的立方体，这里的 2 代表采用了 2 个过滤器，如图 11-11 所示。如果我们想要得到 10 个特征，那么输出的数字矩阵为 4×4×10 的立方体。

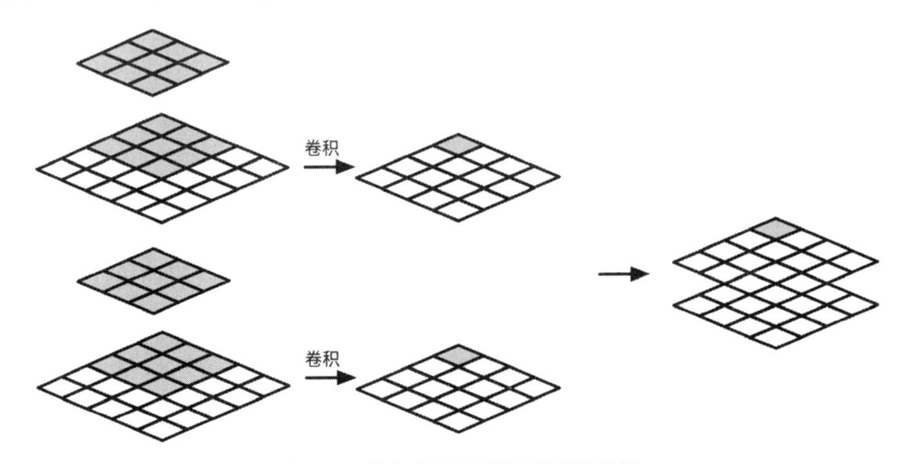

图 11-11　具有多个过滤器时的卷积结果

卷积不但能够简化图像，降低运算量，更重要的是它能够提取图像的深层特征。通过卷积运算，我们可以从原图像中提取边缘特征，组成一幅新的图像。这幅新图像往往会比原图像更清晰地展现图像的特质，有利于计算机的学习与理解。在没有边缘的平坦区域，图像像素值的变化比较小，而物体边缘两侧部分的像素会有较大的差别。通过这样的卷积运算可以提取不同的边缘特征，去掉变化不明显的背景信息。

尽管我们采用卷积的方式构造了新的特征，但是使用该方法的模型对图像分类的正确率并不能令人满意。原因在于这些卷积核都是人工事先定义好的，是算法研究员根据经验设计的。随着图像分类任务越来越多样化，这种人工设计的卷积核已经没办法满足需要了。这也是当时计算机领域面临的一个重大问题：利用人工设计的图像特征，图像分类的准确率已经达到了“瓶颈”。

既然人为的特征已经不适用，那么我们为何不利用机器学习的思想，让计算机自行去学习出卷积核，自己去学习构造特征的方式？因此诞生了实现自主学习的卷积神经网络。

11.2.2 什么是卷积神经网络

对卷积神经网络的研究可追溯到 1979 年，日本学者福岛邦彦（Kunihiko Fukushima）提出的新认知机（Neocognition）模型。在该模型中实现了现有卷积神经网络中的部分功能，学界普遍认为是该模型启发了卷积神经网络的开创性研究。

直到 2012 年，在一次图像分类比赛中，来自多伦多大学的团队首次采用了深度神经网络的方法并取得了良好的成绩。3 年后，来自微软研究院的团队提出一种新的网络结构，即卷积神经网络，并且在图像分类这项任务上，计算机分类的正确率首次超越人类。在图像分类的任务中，手工设计的特征往往很难直接表达“有四条腿”或“有翅膀”这样高层次的抽象概念。然而使用卷积神经网络学习的特征能够被计算机更好地应用，并取得了更好的分类效果。

卷积神经网络（Convolutional Neural Networks，CNN）之所以有那么强大的能力，就是因为它能够自动从图像中学习有效的特征。其实 CNN 依旧是层级网络，只是层的功能和形式发生了变化，可以说是传统神经网络为了图像识别特意做的改进。

如图 11-12 所示，在不考虑输入层的情况下，**一个典型的 CNN 结构为一系列阶段的组合，其中包括若干个卷积层、激活层、池化层以及全连接层**。虽然 CNN 的结构看起来比较复杂，但是其中每一层分工明确，并不难理解，如图 11-13 所示。

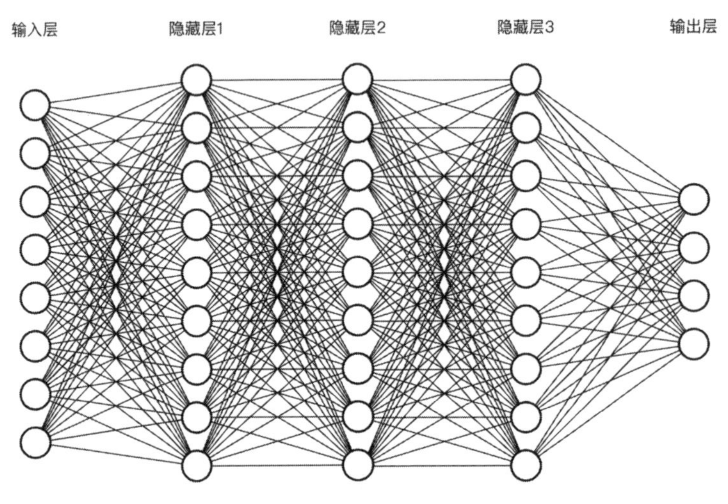

图 11-12　CNN 网络结构

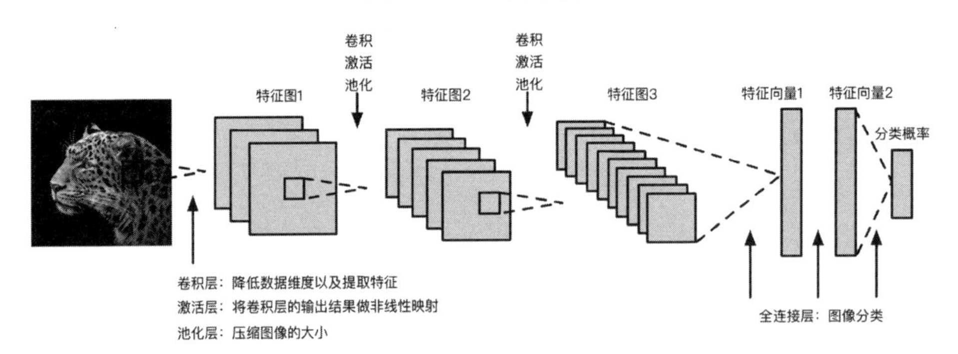

图 11-13　CNN 的每一层

卷积层的目的是为了降低数据维度以及提取特征，激活层用于将卷积层的输出结果做非线性映射。通过非线性的激活函数进行处理，可以模拟任何函数，从而增强网络的表现力。池化层夹在连续的卷积层中间，用于压缩数据和参数的数量，也就是压缩图像的大小。最后的全连接层相当于一个多层感知机，在整个 CNN 中起到分类器的作用。前面几层都是为了得到更优质的特征，最后的全连接层实现图像分类，最终完成 CNN 的分类目的。

1. 卷积层

卷积层是 CNN 的核心所在。它有两方面的特点：一方面是神经元间的连接为局部连接；另一方面是同一层中某些神经元之间共享连接权重。

在 CNN 中，具体到每层神经元网络，它分别在长、宽和深三个维度上分布神经元。深度代表通道数，通常为 3。如果使用传统的 BP 神经网络则需要大量的参数，原因在于每个神经元都和相邻层的神经元相连接。如果我们有一幅 100×100×3 的 RGB 图像，那么在设计输入层时，共需要 100×100×3=30 000 个神经元，如图 11-14 所示。对于隐藏层的某个神经元来说，若按照 BP 神经网络的模式，则这个神经元需要有 30 000 个权值。如果隐藏层有 100 个神经元，则总共有 300 万个权值，计算量十分巨大。

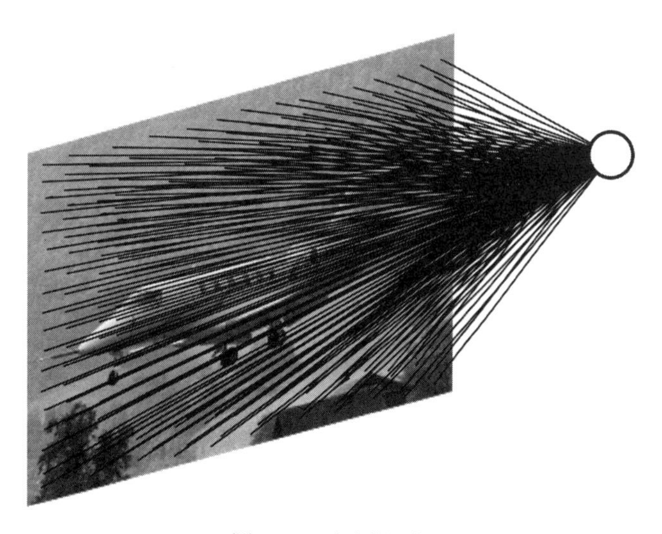

图 11-14　全连接网络

但是现在我们已经知道这种全连接是没有必要的，因为我们判断一幅图像中有没有飞机，可能看到“机翼”或者“机舱”这类特征即可知道，不需要看完图像的每个部分才做出判断。如果采用局部连接的方式，则隐藏层的某个神经元只需要与前层部分区域相连接，这个区域的大小等同于卷积核的大小。如果我们采用 1 个大小为 10×10×3 的卷积核，如图 11-15 所示，那么每个隐藏层神经元的前向连接个数由全连接的 30 000 个减少为 10×10×3=300 个，总共的权值只有 3 万个，计算量大大降低。

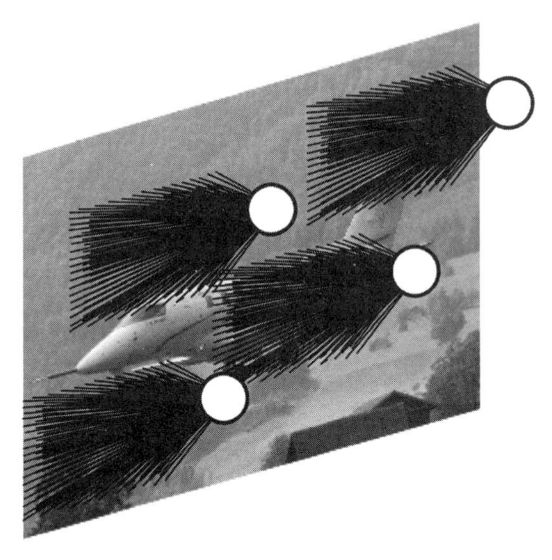

图 11-15　局部连接网络

以上的计算是在只有 1 个卷积核的情况下，如果我们想要提取更多的特征，将卷积核增加到 100 个，那么原来通过局部连接减少的计算量一下子又被抵消了。于是我们需要寻找更进一步降低权值数量的方法。

很快有人发现了共享权值的方法。我们可以把每个卷积核当作一种提取特征的方式，这种方式与图像的位置无关。也就是说，对于同一个卷积核，它在图像中某个部分提取到的特征也能用于其他部分。因此每个卷积核对应生成的神经元都共享一个参数列表。基于这样的思路，我们可以把一个卷积核的所有神经元都用相同的权值与输入层神经元相连。此时上述例子中权值的数量变为 10×10×3×1×100=3 万个，计算量大大减少。

2. 激活层

前面讲过，在 BP 神经网络中，如果神经元与神经元的连接都是基于权值的线性组合，那么组合之后的结果依然是线性的，这样网络的表达能力就非常有限。因此在模型中需要设计一个非线性的激活函数，将原本的线性函数变换为非线性函数。加入了非线性的激活函数后，神经网络才具备了非线性映射的学习能力。同样，在 CNN 中经过卷积层计算得到的结果，也是一个线性函数，因此我们需要使用非线性的激活函数进行处理，这就是激活层的根本目的。

另外，引入激活函数还能有助于解决模型“过拟合”的问题。如果我们的训练样本图像中大多数的桌子都是有“木纹”的或者颜色比较接近“绿色”，那么在面对一张“铁质、黑色”的桌子时，模型就不会判定这是一张桌子，因此我们需要采用一种“抓大放小”的策略才能保证模型的分类效果。

借助于激活函数，我们可以设置一个阈值标准，看看激活后的函数值有没有超过这个标准。如果某一块区域的特征强度没有超过阈值，则说明这个卷积核在这块区域提取不到特征，或者说这块区域的特征变化不明显。借此可以消除一些影响不大的特征，让模型不再受细节左右。

非线性激活层的形式有很多，但基本形式都是先选定某种非线性函数，然后再对输入特征图的每一个元素应用这种非线性函数，从而得到输出。目前应用最广泛的是 ReLU 函数，它的函数图像如图 11-16 所示。

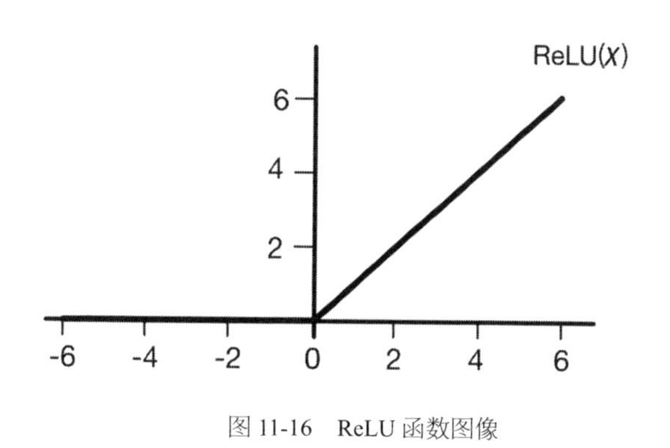

图 11-16　ReLU 函数图像

因为 ReLU 的计算非常简单，所以它的计算速度要比其他非线性函数快很多，并且在实际应用中的表现效果很好，所以成为最广泛使用的激活函数。

3. 池化层

在 CNN 中，当卷积层提取目标的某个特征之后，通常会在相邻的两个卷积层中间设置一个池化层。池化层的作用主要体现在两方面：一方面是对输入的特征图进行压缩，使特征图变小，有效简化网络计算的复杂度；另一方面就是把由小区域内获得的特征进行整合得到新特征，通过构建的新特征有效达到防止过拟合的目的。

池化的方式一般有两种：一种是最大池化；另外一种是平均池化。两种方法首先都需要将特征图按通道分开，将得到的若干个矩阵切成相同大小的正方形区域。如图 11-17 所示，将一个 4×4 的矩阵分割成 4 个正方形区域，对每个区域取最大值或平均值，并将结果组合成一个新的矩阵，就完成了池化的过程。最后再把所有获得的结果汇总即可。

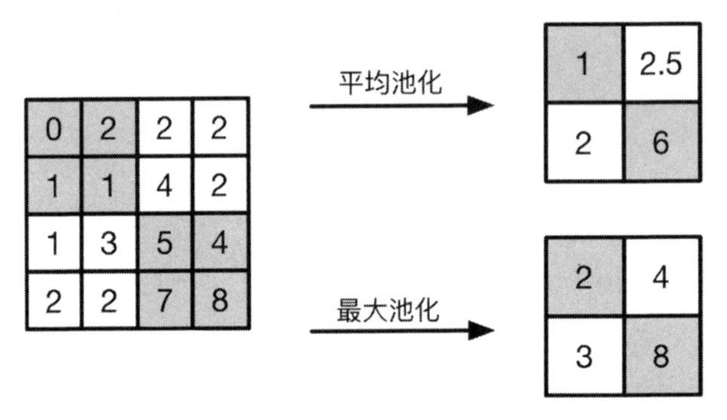

图 11-17　池化的过程

显然，经过池化后图像的分辨率会变低。虽然我们肉眼更难从这样的图像发现特征，但是计算机的视角跟我们不同，池化后的图像对计算机不会有任何影响，甚至能够帮助它更容易提取特征。

4. 全连接层

经过“卷积-池化-激活”以后，我们终于能够提取到带有强表现力的特征了。最后我们还需要通过全连接层计算得出分类结果，这才算是完成了一次图像识别的过程。前面我们提到过，全连接层实际上就是传统的多层感知机算法，其不同于 BP 神经网络的地方在于它使用的激活函数不同，在此我们不再展开叙述。

虽然全连接层看起来是最简单的一个环节，但是由于全连接层的参数冗余性，导致该层的参数总数通常占据整个神经网络一半以上的比例，稍不注意就会在全连接层陷入过拟合的困境。**因此我们在优化运算速度时，重点放在卷积层；在进行参数优化、权值裁剪时，重点放在全连接层。**

以上就是一个 CNN 的运算过程，每次我们将一幅训练图像输入神经网络中，经过逐层的计算，最终得到识别物体属于不同分类的概率。我们将预测结果与原来的标签进行对比，如果模型的预测结果不太好我们会从最后一层开始，逐层调整 CNN 的参数，使得网络能够有更好的表现。可以看到，相比传统的机器学习算法，卷积神经网络首次实现了由计算机自己构建特征，由此突破了原有人为特征的分类效果瓶颈，使图像识别上升到一个新的台阶。也是卷积神经网络的出现，才使得更多识别图像的技术得以迅速发展，其中人脸识别技术就是其中典型的代表。

11.3 人脸识别技术

早在 40 年前，图像识别领域就有很多关于人脸识别的研究。但是在当时，传统算法在普通图像识别中已经很难取得良好的识别效果，更何况还要从人脸中提取更加细微的特征。在很长一段时间里，人脸识别主要存在过拟合与欠拟合两个问题。

一方面是因为不同的人脸之间的差别只有五官上细微的差异，这要比区分飞机、桌子的照片更难。因为后者的特征差异明显，比较容易判断，而模型容易将长得很像的两个人误判为同一个人；另一方面是同一个人在不同时间拍摄的两张照片可能由于光照、角度、年纪、表情、化妆等不同的原因，导致同一个人的脸在计算机看来有很大的差异。因为过拟合与欠拟合这两个问题的限制，人脸识别技术一直发展得非常缓慢。

直到深度神经网络出现以后，人脸识别技术才有了真正的可用性。自从 2014 年来自香港中文大学的团队开发的模型，使得计算机在人脸识别任务上的表现第一次超越人类，人脸识别开始从电影银幕进入人们的日常生活。现在我们开通金融账户，不必再跑到营业点，直接就能通过手机刷脸验证；在火车站、出入境等地方使用人脸识别技术搜索犯罪嫌疑人，成了案件侦破的利器。

11.3.1 人脸检测

人脸识别是一个从一幅数字图像或一帧动态视频中，“找到人脸”和“认出人脸”的过程。这两个环节也称为“人脸检测”与“人脸识别”。之所以设置人脸检测，不仅是为了检测出照片上人脸的位置，更重要的是去掉照片中与人脸无关的噪声信息，加快识别速度。否则将整张照片的所有像素点都输入模型中会影响模型的判断，也会增加计算复杂度。

目前主流的人脸检测是用方向梯度直方图，这个方法主要是将图像灰度化后，分析某片像素区域，根据明暗度生成一个箭头，箭头的指向代表了像素逐渐变暗的方向。如果我们重复操作每一个区域，最终图像会被很多箭头取代。这些箭头称为梯度（gradients），它们能显示出图像从明亮到黑暗流动的过程，这样做可以将人脸的结构用梯度大致表示出来，如图 11-18 所示。最后再与已知的人脸梯度库对比，即可找出新图像的人脸位置。

图 11-18　用梯度表示人脸

对于人脸检测的这个环节不一定要使用深度学习技术，因为这个环节的要求相对低一些，只需要识别照片中有没有人脸以及人脸在照片中的大致位置即可。

11.3.2　人脸识别

找到人脸以后，接下来我们要区分不同的人脸。人脸识别是一个图像分类任务，整个识别过程通常包含以下几个步骤：人脸检测、特征提取、人脸对比分析与分类。人脸检测是对包含用户脸部的图像进行提取，找到人脸的五官、角度等信息，完成让计算机“看得见”的任务。特征提取则是让计算机“看得懂”，对于计算机来说朝向不同的人脸是不同的东西，为此我们得适当地调整扭曲图像中的人脸，使得眼睛和嘴总是与被检测者重叠。

有一种方法叫面部特征点估计法，可以帮助我们解决上面的问题。该算法的基本思路是找到人脸普遍存在的 68 个点，这些点被称为特征点，如图 11-19 所示。

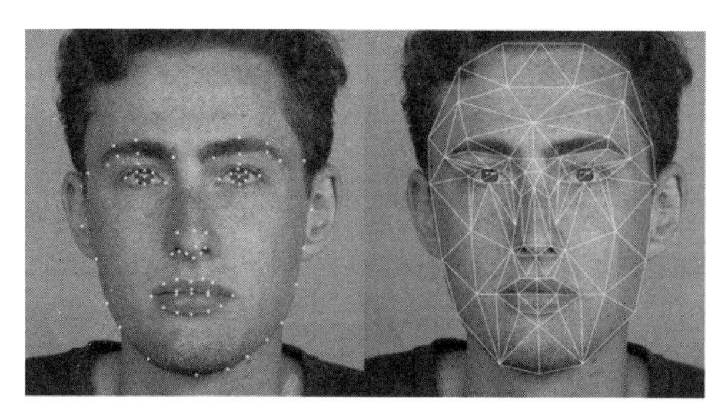

图 11-19 68 个特征点

有了这 68 个特征点，计算机就能够知道一张照片中眼睛、鼻子和嘴巴的位置在哪里。因为每张照片的拍摄角度多少有些不同，因此我们需要再做一些人脸位置的对齐、角度的调整工作，经过这道工序以后这才意味着完成了让计算机“看得见”的任务。找准了脸的位置后，就进入了人脸识别技术的核心环节，让计算机能够“看得懂”，看懂特征，区分不同的人脸。**这个环节的核心在于通过眼睛、眉毛、鼻子、嘴巴、脸颊轮廓特征关键点和面部表情网，找出彼此之间的关联，最终判定这些图像是否为同一个人。**

因此接下来我们需要使用深度卷积神经网络模型来提取细微的脸部特征，主要步骤是用卷积神经网络计算图像的特征，利用特征计算相似函数，最后为人脸生成 128 个测量值。

为了让模型不会产生过拟合或者欠拟合的现象，同时能够获得比较好的识别效果，我们采用一种定义三元函数的方法。这种方法需要我们在每次训练时输入三张不同的脸部图像，即同一个人不同角度的两张照片以及另外一个人的一张照片，三张照片分别代表目标、正例和反例。如果目标与正例是同一个人，那么它们的测量值不会相差太多；如果目标与反例不是同一个人，那么它们的测量值会相差比较多。神经网络不断调整参数，以确保第一张和第二张生成的测量值接近，让第二张和第三张生成的测量值略有不同。经过百万次的训练，模型可以用一种较为准确的方式为不同的人脸照片编码。

最后，若要判断一个人的图像在不在数据库里，只需要用这个人的人脸图像与数据库里的图像比对即可。比对时，我们计算两张图片之间的编码距离，然后与设定的阈值相比较。如果计算的结果高于阈值我们就认为相似度较高，即两张照片为同一个人。通过这样的方式完成同一个人的匹配，也代表计算机能够识别出这个人的身份。

实际上关于人脸识别技术，目前已经有许多成熟的算法都能够达到我们的要求。尽管每个算法的步骤和计算方式不太一样，但核心都是人脸检测与人脸识别，首先要让计算机能够找到脸，确定脸的位置，接下来才能够分析脸，识别出不同的脸。

除了识别身份以外，人脸识别技术还有很多不同的应用。比如活体检测，在很多风控场景下需要确认摄像头前是一个真实的用户还是一张虚假的照片；比如人数计算，在出入境等关口可以通过摄像头实时计算过关人数。对于不同的场景，产品经理关注的指标不同，因此指标的含义也是我们重点关注的事情。

11.3.3　人脸识别的效果评价方法

在人脸识别领域，常用的评价指标为 FAR 与 FRR。在前文中我们曾提到，在进行人脸识别，判断测试照片与人脸数据库中某张照片是不是同一个人时，一般会计算两张照片编码后的相似度或距离。在比较的过程中，我们会设定一个相似度阈值。如果两张照片的相似度高于阈值则认为这两张照片是同一个人，如果低于阈值就认为这两张照片不是同一个人。但是无论如何调整阈值的大小，总是会有一定的错误率，这个错误率称为误识率，用 FAR 表示。关于 FAR，简单理解就是我们比较不同人的照片时，把两张不同的照片当成同一个人的照片的概率。所以我们希望模型的 FAR 越小越好。

参考以上对 FAR 的解释，我们知道，当对同一个人的两张照片进行比较时可能会出现相似度小于阈值的情况，这个错误率我们称之为错误拒绝率，用 FRR 表示。简单理解 FRR 就是我们比较同一个人两张不同的照片时，错误识别为两个人的概率。所以我们希望模型的 FRR 越小越好。

需要将 FAR 与 FRR 两个指标结合起来看才能够看出一个模型的效果。试想一种极端的情况，如果我们把模型的相似度阈值设为 1，即使是两张相同的照片，模型也会判定为两个不同的人，因此模型的误识率为 0%。如果单看这一个指标会误以为模型的效果很好。但如果我们再看误拒率，会发现高达 100%，那么这样的模型对我们来说没有任何意义。

人脸识别技术如今已经融入我们生活的方方面面，我们可以真实地感知到生活的变化。在购物支付时，不再需要一遍一遍输入密码，只需要刷脸就能迅速完成支付；在进行出入境安检时，也不再需要人工审核我们的身份，通过人脸识别已经能够高效、准确地判断；甚至我们上班打卡、计算机开机都能够用人脸识别，每一个场景的原有流程都大大简化了。除了以上场景外，还有很多应用场景待产品经理去一一探索，相信借助人脸识别这一有力的武器，未来能够涌现出越来越多更智能、方便的产品。因此产品经理只有掌握了图像识别、人脸识别的原理，才能够发现真正有价值的场景，设计出可行的方案。

11.4 产品经理的经验之谈

本章主要讲述图像识别的原理与实现步骤。图像识别的过程主要分为以下几个步骤：图像采集、图像预处理、特征抽取和选择、分类器模型设计和分类决策。

在图像采集阶段，借助传感器，通过取样与量化的方式将图像中每个像素点的颜色用数字编码的方式输入计算机中。数字图像的质量取决于采样和量化时采用的样本数与灰度级。通过采集得到的图像并非直接供计算机使用，需要使用图像预处理技术让图像变得更容易被计算机识别。无论采用什么方法，最终的目的都是使图像中物体的轮廓更清晰，细节更明显，从而强化图像的重要特征。

传统算法只能处理人为提取的特征，分类效果不理想。因此我们需要借助卷积神经网络让计算机自主学习如何提取特征，以达到更好的分类效果。一个典型的卷积神经网络结构为一系列阶段的组合，其中包括若干个卷积层、激活层、池化层以及全连接层。

卷积层的目的是降低数据维度以及提取特征，激活层是为了将卷积层的输出结果变成非线性映射。通过非线性的激活函数的处理，可以模拟任何函数，从而增强网络的表现力。池化层夹在连续的卷积层中间，用于压缩数据和参数的数量，也就是压缩图像的大小。最后的全连接层相当于一个多层感知机，在整个神经网络中起到分类器的作用。前面几层都是为了得到更优质的特征，最后的全连接层实现图像的分类。

人脸识别是一种特殊的图像识别任务，主要分为人脸检测与人脸识别两个阶段。人脸检测是让计算机找到脸的位置的过程，人脸识别则是通过脸部特征识别出这个人。在人脸检测阶段可以通过构造特征点的方式，表示出人脸五官的位置。人脸识别则是一个图像分类任务，整个识别过程包含以下几个步骤：人脸检测、特征提取、人脸对比分析与分类。

我们需要使用深度卷积神经网络模型提取细微的脸部特征，通过模型生成大量人脸特征的编码。最后的识别过程，是通过比对数据库图像与待检测图像之间的编码距离，以区分两张照片之间的相似度。

图像识别技术已经成为人工智能领域最重要的应用之一。除了上述常用领域以外，国内外已经有工程师尝试将识图技术应用在自动驾驶、森林防火甚至安全救援领域。可见还有众多场景等待产品经理去发掘，使识图技术发挥更大的价值。

12 自然语言处理与循环神经网络

12.1 自然语言处理概述

12.1.1 什么是自然语言处理

2014年，作为全球第一个以培养情商为目标的AI聊天机器人“微软小冰”诞生，并在同年6月在微博上线。上线后因性格活泼、聊天能力强引起人们的热烈反响。和小冰对话就好像和一个活泼可爱的女生交流一样，时不时俏皮的回答让人惊叹AI的学习能力，同时也让人们对小冰充满好奇。相信很多读者的第一个问题就是，如何才能让计算机“听懂”我们的语言呢？这就得用到我们这一章要学习的自然语言处理技术。

自然语言处理（Natural Language Processing，NLP）是目前计算机科学领域与人工智能领域的一个重要方向，它研究并实现人与计算机之间用自然语言进行交流的方法。自然语言其实指的就是人类的语言，自然语言处理，顾名思义就是使用计算机对人类语言进行处理。在自然语言处理中，如何定义“理解”也是一个重要的问题，在学界曾引起广泛的讨论。

对于“理解自然语言”这个词，通常有两种定义。一种是，只要计算机能够将我们所说的话映射到计算机内部表示，我们就认为计算机理解了；另外一种是，当我们说一句话或者发出一个指令时，只有当计算机做出了相应的行为，我们才认为计算机理解了我们的语言。通常我们采用后者，也就是说，自然语言处理的目的是开发能够理解人类语言的应用程序或服务。

目前，各种各样的自然语言处理问题基本上可以通过模型转化为五大类问题，即分类问题、匹配问题、翻译问题、结构分析以及阶段预测这五类。主要是采用统计的方法以及深度学习来解决这些问题。

（1）第一类是分类问题。即我们为计算机输入一个单词，让计算机对这个单词进行分类，这一类问题相对比较简单，就是让计算机给所有单词以及单词的组合打标签。对于句子的处理则稍微复杂一些，需要分析句子的构成。

（2）第二类问题是匹配问题。将两个句子或者两篇文章进行匹配，判断两个句子或文章的相似程度，这类问题也比较容易解决。

（3）第三类问题是翻译问题，即广义上的语言翻译或转译，将一个单词或句子转换成其他语言。对句子的翻译尤为困难，也是目前学界的重点研究方向之一。

（4）第四类问题是结构分析，即分析一个句子中哪些是名词，哪些是动词等。结构分析还包括语句的关键词提取、关键信息检索等工作。

（5）第五类问题是阶段预测问题。这一类任务通常根据文章前面的内容推断文章后面的内容以及进行文章核心段落提取、中心思想分析等。这类问题也称为马可夫决策过程，意思是模型在处理一些事情的时候有很多状态，基于现在的状态，来决定采取什么样的行动，然后判断下一个状态。我们也可以采用这样的模型，来解决自然语言处理的一些问题。

微软创始人比尔·盖茨曾经公开表示，“语言理解是人工智能领域皇冠上的明珠。”但是相较于计算机视觉方面成熟的技术与商业化应用，自然语言处理这颗明珠的发展却没有那么顺利，因为要让计算机在不同语言、不同场景甚至不同的语境下理解人类的表达是一件很复杂的事情。

12.1.2 为什么计算机难以理解语言

为什么让计算机理解语言如此艰难？主要是因为以下两方面的原因：

（1）一方面是因为语言的规律错综复杂，不是用简单的统计方法就可以计算出概率的。不同的语言之间语法结构不同，并且同一种语言对于同一个意思有不同的表达方式，对于同一个表达也可能有不同的理解。我们建立一个语料库相当于重新为人类语言建立一个百科全书，工作量十分巨大。

（2）另一方面的原因是，需要在特定的语境下使用语言。语言是在特定的环境中，为了生活的需要而产生的，所以特定的环境必然会在语言上打上特定的烙印。例如“百度”原本是一家企业的名字，但是经过该企业的市场教育后，大家想说“搜索一下”时，很自然就说成了“百度一下”。这时候这个名词就被赋予了一个特定动作，这些都是计算机难以理解的表达方式。

以上原因都说明，让计算机理解人类的语言是一件非常具有挑战性的事情。如果我们用统计的方法去实现“理解”，让计算机通过配对的方式计算适合输出的语句，那么由于语言的不规律性和组合性，将会产生非常多的组合方式，如果将它们全部存储在计算机中则容易引起维数灾难。

显然，计算机能够做的事情就是将语言通过数学的形式表现出来。但是到目前为止，语言的组合到底能不能用数学模型去刻画还没有一个清晰的答案。自然语言本身是人类对世界各种具象及抽象事物以及事物之间的联系和变化的一套完整的符号化描述，它是简化了底层物理感知的世界模型。这意味着自然语言处理的输入是离散的抽象符号，它直接跳过了计算机感知世界的过程，直接关注以现实世界为依托的各种抽象概念、语义和逻辑推理。**人工智能的终极挑战是理解人类的语言，因此我们需要创造更接近人类大脑思考方式的模型，只有这样才能模拟语言的表达。**同时也因为这个原因，出现了自然语言处理这个领域。我们称之为自然语言处理而不是自然语言理解，是因为真正让计算机理解语言实在是太难了。

自然语言处理的技术除了能够进行语音识别、语音翻译、理解句子的含义、生成语法正确的完整句子以外，它在很多互联网产品中都有实际应用。例如苹果手机自带的“Siri”软件以及各大公司推出的语音机器人，它们能够理解我们的简单语音指令，帮助我们快速处理日常事务。在电商产品中应用更为广泛，从简单的客服问答系统到商品评论的情感分析，评判客户的评论是正面的还是负面的以及实现带有语义识别的搜索功能等，都能见到自然语言处理技术的身影。

12.2 初识循环神经网络

12.2.1 CNN 为什么不能处理文本

上一章我们讲到，卷积神经网络（CNN）的出现带动了计算机视觉领域的巨大发展，同时也让世人看到了深度学习的无限潜力。自从在数字图像处理领域取得巨大的成功以后，人们就在想，既然 CNN 的数据处理能力这么强，能不能尝试将其用在自然语言处理领域来帮助计算机理解文本内容呢？一旦实现，意味着计算机能够像人类一样阅读文字，理解文字的含义，向真正的人工智能迈出了一大步。

在自然语言处理这门学科中有一类任务称为“统计语言模型”，这是一种用于计算某个句子合理排列方式的模型。利用语言模型，可以确定哪组词序列的排列更合理，或者给定一个句子中的若干词，预测下一个最可能出现的词。语言模型在实际项目中的应用非常广泛，例如语音转文本，若计算机检测到的音节为“xixi”，则可能对应的中文为“嘻嘻”“嬉戏”“淅淅”等词，这时候语言模型就可以根据整个句子表达的意思选择可能性最大的候选词；又或者用于图像中的文字识别，有些字变形或者有些字的角度倾斜、被遮挡，都可以用语音模型来选择正确的字。试想如果语言模型采用 CNN 技术，该如何实现呢？

举个例子，我们告诉计算机：“马儿在小溪旁喝水，一直以来全靠这条小溪滋养了__。”前面输入了一段文本，希望让计算机帮我们补全空白处缺失的词。在这个例子中，空白处缺失的词最有可能是“马儿”或者“它”，不太可能是“我”“小李”或“大地”这些词。

早期在使用 CNN 解决这个问题时，很容易会想到使用图像处理的思路，即检测邻近像素点的变化，构建边缘线条，根据边缘线条在第二层检测出一些简单的形状，然后基于这些形状检测出更高级的特征，比如脸部轮廓等。因此在文本处理中，我们也尝试用邻近的单词推测附近单词可能出现的取值，采用N-Gram模型，N为自然数，可以是2或者3。也就是说模型假定这个空缺的单词只与这个词前面2个词或3个词相关。

我们以2-Gram模型为例，提取原句中空白处的前两个单词“滋养”“了”，计算机会在语料库中快速搜寻这两个单词后面最可能出现的单词。如果只看这两个单词，无论如何也不会得出“马儿”这样的答案，因为忽略了句子一开始的关键信息。如果采用3-Gram，增加“小溪”这个单词，同样也不会得到我们想要的答案。这时候很多读者会想，只要继续提高N的值不就好了，把N值扩大到13不就能获取到句子的关键信息了吗？但实际上这种改进没有任何意义，如果想处理任意长度的句子，那么N值设为多少都不合适。为什么卷积的方式到了文本中就不太适用了呢？

细想，在图像处理中，相邻的像素点大概率互相关联，因为它们描述的都是同一个物体的一部分。但是在文本中，尤其是在一个句子中，前一个单词对于当前单词的词性推断其实是有很大影响的，例如“游戏”这个词既是名词又是动词，如果前面一个词是“玩”，那么很显然这里的“游戏”就是一个名词。并且句子中每个单词的词性、表达的含义也远比图像复杂得多，例如“水份”一词放在不同的场景下表达的意思也不同，不像计算机视觉一样直观。

也就是说，在传统的卷积神经网络中，输入和输出都是相对确定的，卷积核被设定好大小以后，其对整个图像的每个像素都适用，并且上一个输出结果对下一个输出结果没有任何影响。但是在文本中，当我们理解一句话的意思时，孤立理解每个单词的意思是不够的，我们需要处理的是这些词语连接起来的完整内容。在计算机中，这种前后数据有关联的内容是一种特殊的“时间序列数据”。时间序列数据是指在不同时间点上收集到的数据，这类数据反映了某一事物、现象等随时间变化的状态或程度。这是时间序列数据的定义，文字序列以及视频中由每一帧不同的画面连接起来的序列都属于特殊的时间序列数据。

显然，传统的卷积神经网络难以解决这类训练样本输入都是长短不一的序列的问题，并且这些序列前后之间还存在关联关系，因此卷积神经网络在自然语言处理领域并不能再次大显身手。在这种情况下我们急需一种新的神经网络结构，用于处理时间序列型数据。

12.2.2 循环神经网络登场

循环神经网络（Recurrent Neural Network，RNN）是一类用于处理序列数据的神经网络。它广泛应用于自然语言处理中的语音识别、手写识别以及机器翻译等。随着研究的深入，后来常与卷积神经网络一起，处理计算机视觉问题。

我们知道，基础的神经网络通常包含输入层、隐藏层和输出层，并且通过激活函数控制输出，层与层之间通过权值连接。只需要事先确定好激活函数，神经网络通过样本训练模型就能够不断学习，改变各层之间的权值。基础的神经网络仅仅在层与层之间建立权值连接，从输入层到隐藏层再到输出层，层与层之间全连接，同一层内的节点无连接，如图12-1所示。

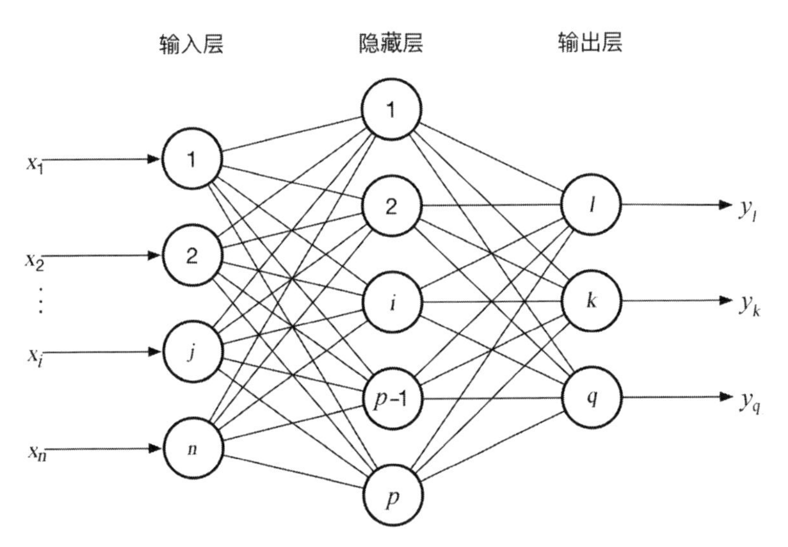

图12-1　基础神经网络示意图

RNN最大的不同之处在于，网络会对前面的信息进行记忆并参与到当前输出的计算中，隐藏层之间的节点不再是无连接的，且隐藏层的输入不仅包括当前时刻输入层的输出，还包括上一时刻隐藏层的输出。对于一段文本内容来说，如果其被输入普通的神经网络中，每个词对应的输出结果只与这个词有关系。但是RNN的结构经过改造后能够实现往模型中输入一段文本，每一个词对应的输出内容不再是孤立的，而是和前面的内容存在一定的关联关系。一个简单的循环神经网络如图12-2所示，它由一个输入层、一个隐藏层和一个输出层组成。

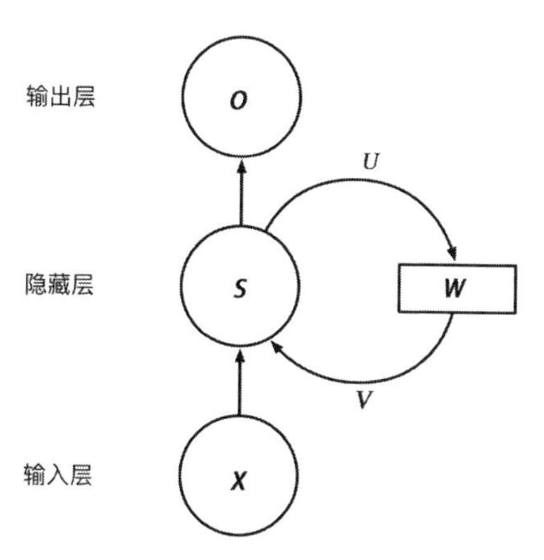

图 12-2 循环神经网络简单示意图

从上图中可以发现，如果把 ***W*** 的部分去掉，它就变成了一个普通的全连接神经网络。***X*** 是一个向量，它表示输入层的值；***S*** 是一个向量，它表示隐藏层的值，在图中隐藏层实际上包含了很多个节点，节点数与向量 ***S*** 的维度相同；***O*** 也是一个向量，表示输出层的值；***U*** 是输入层到隐藏层的权重矩阵，它将我们的原始输入进行抽象作为隐藏层的输入。***V*** 是隐藏层到输出层的权重矩阵，从隐藏层学习到的信息经过它再一次被抽象，并作为最终输出。

在普通神经网络的基础上增加一个 W 模块就变成了 RNN。怎么理解这个 W 模块呢？实际上它代表网络的记忆控制者，负责调度记忆。循环神经网络的隐藏层的值 ***S*** 不仅仅取决于这次的输入 ***X***，还取决于上一次隐藏层的参数 ***S***。权重矩阵 ***W*** 就是利用隐藏层上一次的值作为这一次输入的权重的。RNN 可以被看作对同一神经网络的多次赋值，每次赋值后计算得到的信息会被传递到下一个赋值继续使用。所以，将这个循环展开，就是如图 12-3 所示的样子。

在 RNN 中，网络某一时刻的输入 $\boldsymbol{X}_t$ 是一个 n 维向量，和普通神经网络稍微不同的是 RNN 的输入是一整个序列，可以用 $\boldsymbol{X}=[\boldsymbol{X}_1, \boldsymbol{X}_2, \boldsymbol{X}_3, \cdots, \boldsymbol{X}_t, \boldsymbol{X}_{t+1}, \cdots, \boldsymbol{X}_T]$表示。对于语言模型来说，每一个 $\boldsymbol{X}_t$ 表示一个词向量，一个序列表示一个完整的句子。

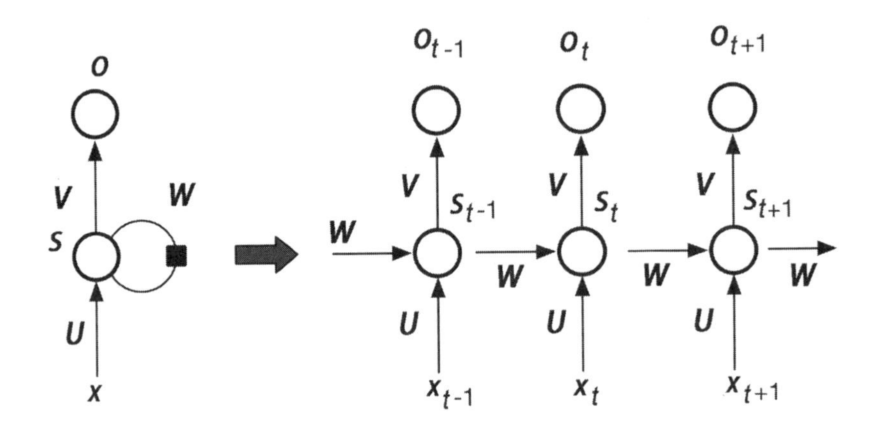

图 12-3 循环神经网络展开示意图

上文说过，CNN 通过“局部连接”和“权值共享”这两点实现相邻区域的特征提取，而 RNN 则引入了“状态”的概念使前后输入数据产生关联关系。在 RNN 中，输入数据后，不是通过简单的卷积就能获得输出值，而是先得出某个状态的结果，然后再由这个状态的结果得到下一个状态的结果。如图 12-3 所示，RNN 在 t 时刻接收到输入 $\boldsymbol{X}_t$ 之后，隐藏层的值为 $\boldsymbol{S}_t$，输出值为 O_t，关键的一点是，$\boldsymbol{S}_t$ 的值不仅仅取决于 $\boldsymbol{X}_t$，还取决于 $\boldsymbol{S}_{t-1}$。如此一来，两个状态之间的结果就建立了联系，当前样本的输出结果会影响下一个样本的输出结果，甚至影响后面很多个样本的输出结果，从而使最终结果反映出序列特征，这就是 RNN 挖掘时刻数据关联的一般性思路。

事实上，我们可以把这些“状态”理解为网络结构的“记忆”。这种记忆能帮助网络记住之前看到过的样本的关键信息，并结合最新的样本所带来的信息来进行决策。如果我们想预测一个句子里某个词后面一个词是什么，我们需要知道哪些词在它前面，这些词提供了什么样的信息，而 RNN 可以刻画一个序列当前的输出与之前信息的关系。

12.2.3 RNN 的结构

RNN 相比普通神经网络较为灵活，普通的神经网络通常接受一个固定大小的向量作为输入，并产生一个固定大小的向量作为输出。但是 RNN 在处理一个序列数据时，可以将这个序列上不同时刻的数据依次传入循环神经网络的输入层，而输出可以是对序列中下一个时刻数据的预测，也可以是对当前时刻信息的处理结果。RNN 要求每一个时刻都要有输入，但不一定每个时刻都有输出。因此，RNN 产生了多种不同的网络结构，常见的如图 12-4 所示。

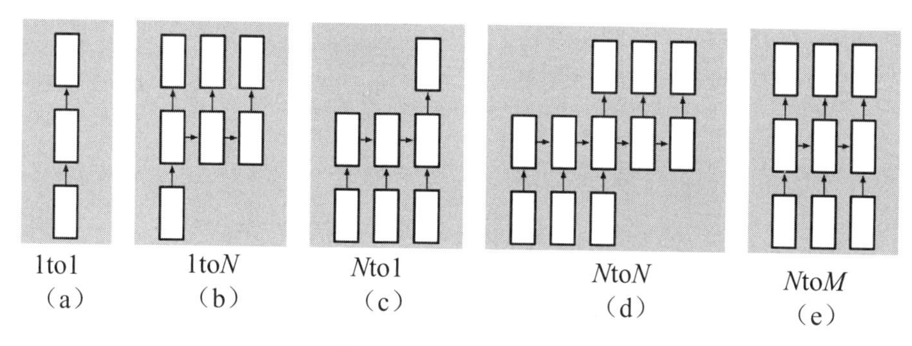

图 12-4　不同结构的 RNN

图中每个矩形都表示一个向量。箭头表示矩阵权值，第一层为输入向量，第三层为处理后的输出向量。(a)为基本的神经网络，其中一个固定大小的输入对应一个固定大小的输出；(b)同样是单一输入，但输出是一个序列数据；(c)把序列输入转化为单个输出；(d)把序列输入转化为序列输出；(e)同步的序列输入和输出。

这几种结构分别用在什么场景下呢?

首先是“1 to *N*”这种情况有两种结构：一种是只在序列开始进行输入计算；还有一种结构是把输入信息作为每个阶段的输入，如图 12-5 所示。这种“1 to *N*”的结构可以处理很多类问题，例如图片标注，输入一张图片，而输出的序列是一段描述这张图片的句子。也可以输入一个类别，通过模型自动生成一段这个类别的音乐或者文字。

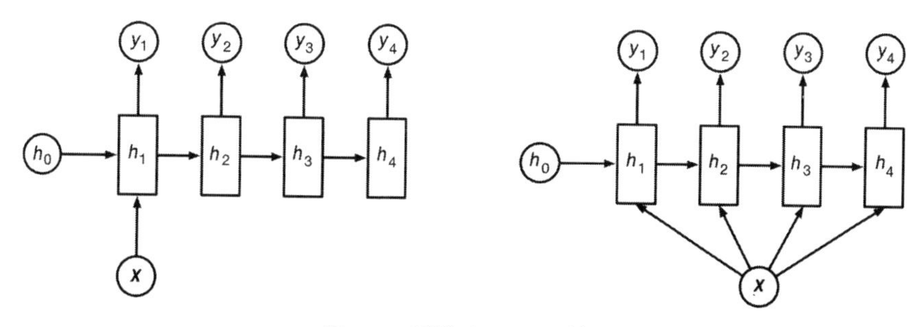

图 12-5　两种“1 to *N*”结构

与此相对应的是“*N* to 1”结构，即输入是一个序列，但输出却是一个单值。在这种情况下，RNN 的结构只要将前面每一个输出都去掉，在最后统一将前面的输入转化成一个输出即可，如图 12-6 所示。这种结构通常用在情绪分析的场景，将某个句子归类为表达积极或消极的情绪；也常用在判断视频类别的场景，将一段视频逐帧输入模型中，来判断这段视频的类别。

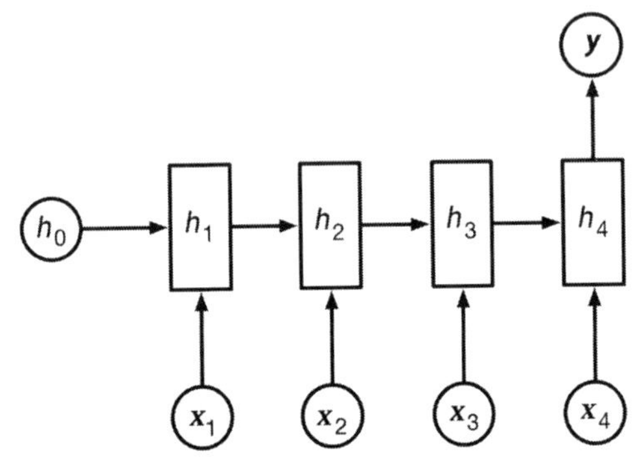

图 12-6 “*N* to 1”结构

第三种情况是最常见的“*N* to *N*”结构，所谓的“*N* to *N*”结构即网络的输入序列和输出序列等长，如图 12-7 所示。作为一种最基础的 RNN 结构，“*N* to *N*”结构也有广泛的应用。例如在机器翻译领域，用 RNN 模型读取一个句子，然后用其他语言输出这个句子；或者在信息抽取的“命名实体识别”任务中，我们需要识别某段文本中具有特定意义的实体，主要包括人名、地名、机构名以及专有名词等，以便我们分析句子和文本的组成。

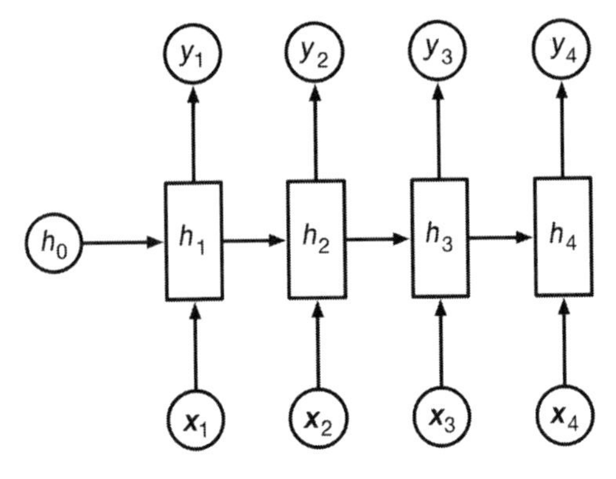

图 12-7 “*N* to *N*”结构

最后一种“*N* to *M*”结构是 RNN 的变体，这也是一种多对多模型，*M* 通常比 *N* 大。这种结构又称为“Encoder-Decoder 模型，或叫作“Seq2Seq”模型。对于这种情况，RNN 的做法通常是先将输入序列编码成一个上下文向量 $\boldsymbol{c}$，如图 12-8 所示。

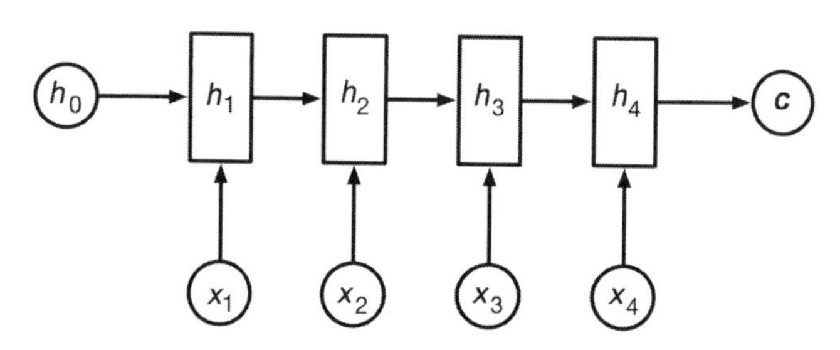

图 12-8　输入序列被编码成向量 $\boldsymbol{c}$

编码完成后，我们用一个 RNN 对向量 $\boldsymbol{c}$ 的结果进行解码，简单理解就是将向量 $\boldsymbol{c}$ 作为初始状态的隐变量输入解码网络，其就像一座桥梁一样连接输入部分的隐藏层以及最后输出部分的隐藏层，如图 12-9 所示。

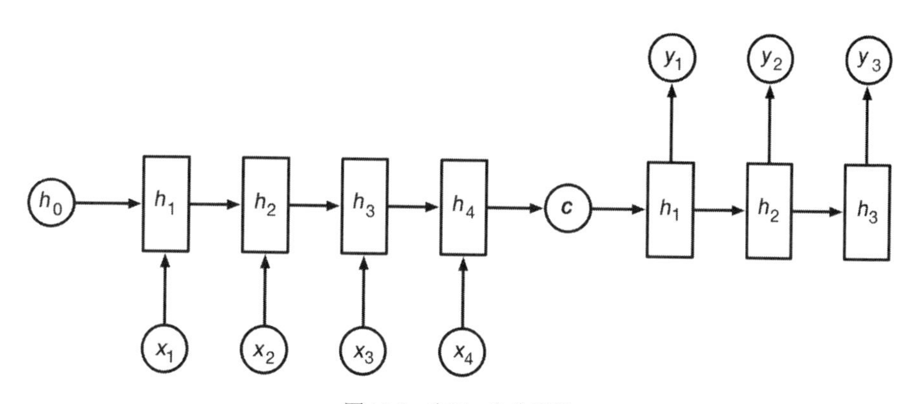

图 12-9　向量 $\boldsymbol{c}$ 作为桥梁

“*N* to *M*”结构符合我们进行序列建模的大多数情况，因此也是最常用、最重要的 RNN 模型。**在现实生活中我们遇到的绝大多数问题的输入和输出序列都不等长。**例如在进行汉英翻译时，英语句子和翻译过来的汉语句子基本上不是等长的。模型接收到完整的输入后才会开始输出，因为翻译后的句子的第一个词的确定可能需要前面整个输入序列的信息。

12.3 RNN的实现方式

12.3.1 引入BPTT求解RNN

通过前面对RNN算法的工作原理与基本结构的学习，我们对RNN算法有了初步的了解。RNN算法从本质上来说还是一个神经网络，也是由输入层、隐藏层及输出层组成。因此求解RNN实际上和求解普通的神经网络一样，也是求解参数如何设置的问题。如图12-10所示，在RNN中我们需要求解 ***U***、***V*** 和 ***W*** 这三个参数。

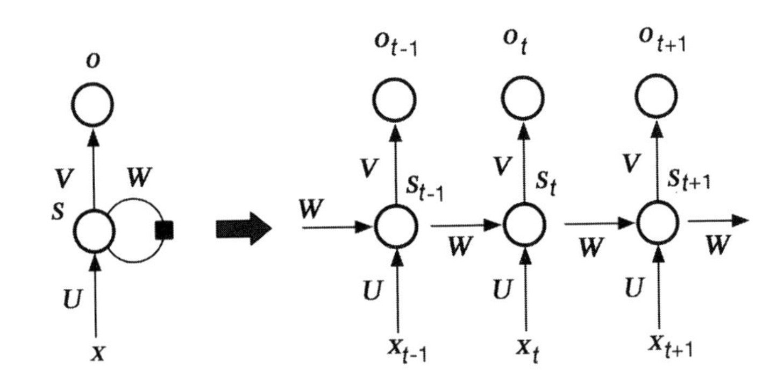

图12-10　RNN结构展开图

其中，参数 ***W*** 和 ***U*** 的求解过程需要用到历史时刻数据，而求解参数 ***V*** 只关注目前时刻的数据结果，相对来说比较简单。如果我们要预测 t 时刻的输出，就必须利用上一时刻 t–1 的信息以及当前时刻的输入，这样才能得到 t 时刻的输出。为了找出模型最好的参数 ***U***、***W*** 和 ***V*** 的取值，首先我们要知道当前参数的结果是怎么样的，因此首先要定义一个损失函数，记作 L。

RNN 每一个隐藏层都会有一个损失函数 L，因为对结果产生影响的，肯定不止一个时刻，因此需要把所有时刻造成的损失都加起来，这样就得出了最终的损失函数。也就是说我们需要根据每个单元计算出的总输出与目标输出之间的误差，从网络的最终输出反向逐层回归，利用损失函数的偏导调整每个单元的权重。现在的问题也就变成了如何求解损失函数的问题。

在第7章我们曾经讲过，通常求解神经网络损失函数的方法是BP反向传播算法。但是由于神经网络本身的特点导致BP反向传播算法只考虑了层级之间的关系，没有考虑层级间的纵向传播以及时间上的横向传播，因此我们需要对现有的 BP 算法做一些改造，使其能够在两个方向上进行参数优化，以适应 RNN 模型。

在 RNN 中，时间序列反向传播（Back-Propagation Through Time，BPTT）算法是我们最常用的模型训练算法，这个算法继承了 BP 反向传播算法的特点，只是针对时间序列数据做了特殊的改造。BPTT 算法的核心思想与 BP 算法相同，沿着需要优化的参数的负梯度方向不断寻找更优的点直至收敛。因此，BPTT 算法求解还是使用梯度下降法，我们的目标还是使用梯度下降法迭代优化损失函数使其达到最小值，因此如何求各个参数的梯度便成了此算法的核心。

如图 12-11 所示，将 RNN 的结构展开以后会发现，其实 BPTT 的思路很简单，该图中的网络结构是一个 RNN 的时序展开结构，所有的列表示的是同一个神经网络，只是按照时间依次排开而已。横向的箭头表示的是时序上的联系。竖向的箭头表示的是空间上的传播，也就是普通的前向传播过程，而横向的箭头表示的是上一个时刻隐藏层的输出和当前时刻上一层的输出共同组成的当前隐藏层的输入。例如 t+1 时刻的第 l+1 层，那么这一层的输入是该层的上一个时刻的输出和当前时刻的上一层的输出。

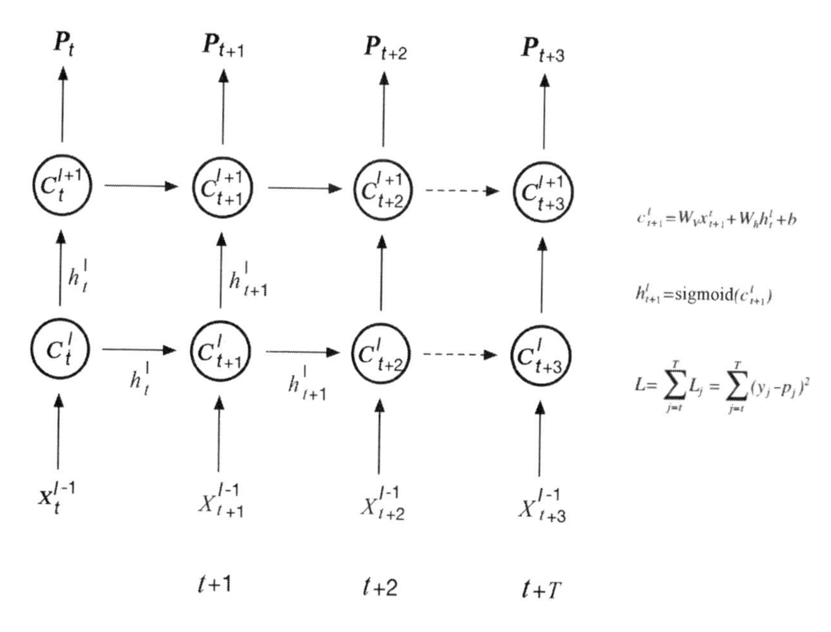

图 12-11　RNN 的展开结构

将 RNN 展开之后，似乎看到了熟悉的结构。**前向传播的过程就是依次按照时间的顺序计算一次，反向传播的过程就是从最后一个时刻将累积的残差传递回来，跟普通的神经网络训练并没有本质上的不同**。

由此我们知道，BPTT 算法是针对循环层的训练算法，它的基本原理和 BP 算法是一样的，可以总结为三个步骤：

（1）前向计算每个神经元的输出值，也就是计算隐藏层 $\boldsymbol{S}$ 以及它的矩阵形式。

（2）反向计算每个神经元的误差项值。BPTT 算法将第 I 层 t 时刻的误差值沿两个方向传播，一个是传递到上一层网络，这部分只和权重矩阵 U 有关；另一个是沿时间线传递到初始时刻，这部分只和权重矩阵 W 有关。最后计算误差函数 E 对神经元 j 的加权输入的偏导数。

（3）计算每个权重的梯度。最后再用随机梯度下降算法更新权重，这个计算过程在此我们不展开叙述。

12.3.2 梯度消失问题

在 BPTT 的帮助下，求解 RNN 算法终于取得了一些突破性的进展。使用梯度下降法，能够有效避免“维数灾难”的问题，因为梯度下降法通过放大误差或找到代价函数的局部最小值解决了维数灾难问题。这有助于系统调整分配给各个单元的权重值，使网络变得更加精确。

但梯度下降法也随之带来了“梯度消失”的问题，什么是梯度消失问题呢？在训练深层神经网络的背景下，梯度代表斜率，也就是说梯度越大代表坡度越陡峭，模型越能够快速下滑到终点并完成训练。但是当斜坡太平坦的时候，没有办法快速训练。所以这对于网络中的第一层造成特别重要的影响，如果第一层的梯度值为 0，则模型就失去了调整方向，不知道该往哪里走了，因此也无法调整相关的权重使得损失函数最小化，这种现象就称为“梯度消失”。简单理解就是随着梯度越来越小，训练时间也会越来越长，这类似于物理学中的沿直线运动，在光滑的表面，小球会一直运动下去。

梯度消失会导致在训练模型时梯度不能在较长序列中传递下去，从而 RNN 无法捕捉到长距离的影响。因此我们也经常说梯度消失是一个麻烦又复杂的问题，因为它很难检测，且很难处理。总的来说，有三种方法可用来应对梯度消失问题：

（1）合理地初始化权重值。初始化权重，尽可能使每个神经元不取极大或极小值，以躲开梯度消失的区域。

（2）使用更合理的激活函数，这部分内容在此不展开叙述。

（3）使用其他结构的 RNN，比如长短时记忆网络（Long Short Term Memory Network，LSTM），这是目前最流行的做法，下一节讲述该方法。

12.4　RNN 的提升

12.4.1　长期依赖问题

RNN 的优势在于它可以将原先获得的信息用到当前任务上，每一时刻的输出结果并非互相独立。回到上文语言模型的例子，“马儿在小溪旁喝水，一直以来全靠这条小溪滋养了__。”在这个任务中我们不需要知道其他的句子就可以推测出来空白处需要填“马儿”，相关信息和预测词之间的间隔非常小，就在同一句话里，利用 RNN 可以获取句中开头的信息从而进行推测，如图 12-12 所示。

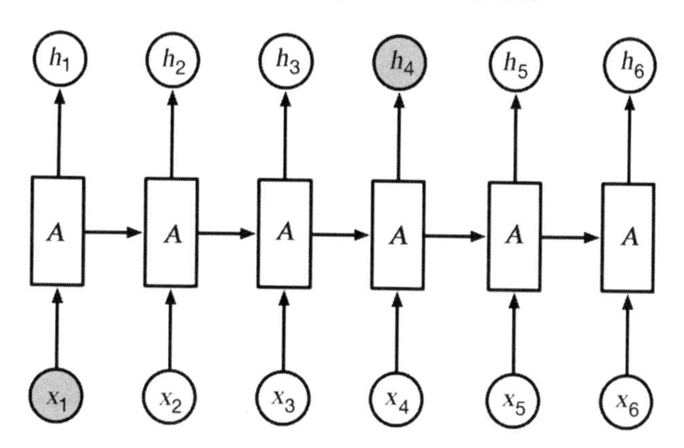

图 12-12　相关信息之间的间隔小

如果我们给任务增加一点难度，使用一个更长的句子，例如“我希望有个如你一般的人，如山间清爽的风，如古城温暖的光，从清晨到夜晚，由山野到书房，最后只要是__在我身旁。”在这个长句中，如果我们从头开始读很容易就知道空白处填的是“你”，但是 RNN 是从空白处开始向前搜索并判断，例子中空白处与相关信息之间的间隔非常大，如图 12-13 所示，在这个间隔不断增大的过程中，最终 RNN 会丧失学习到连接如此远的信息的能力。

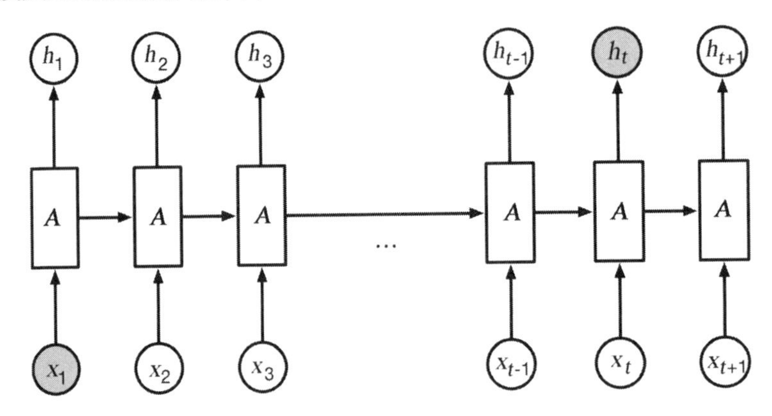

图 12-13　相关信息之间的间隔大

我们通常称上述问题为“长期依赖”问题，细心的读者会发现，长期依赖问题就是由于梯度消失所导致的。理论上，RNN 的结构完全可以解决这种长期依赖问题，我们可以通过仔细挑选参数来解决处于最初级形式的这类问题。但是在实践中，我们很难挑选到合适的参数，也就是说 RNN 很难处理长距离的依赖。

12.4.2　处理长序列能手——LSTM

RNN 算法因为会出现梯度消失的现象，导致无法处理长序列的数据，这使得 RNN 算法真正在工业上应用还有很长的路要走。在当时，很多学者针对这个问题对 RNN 进行了深入的研究，他们经过不懈的努力，终于提出了长短时记忆网络（Long Short-Term Memory，LSTM）算法。**LSTM 的设计初衷是希望解决神经网络的长期依赖问题，让记住长期信息成为神经网络的默认行为**。LSTM 成功地克服了原始 RNN 算法的缺陷，一举成了当前最流行的 RNN 算法，在语音识别、图片描述、自然语言处理等许多领域应用广泛。

我们都知道，RNN 算法的隐藏层只有一个状态，所以它对于短期的输入非常敏感，故我们需要增加一个状态，用来保留长期的记忆。LSTM 在普通 RNN 算法的基础上，在隐藏层各个神经元中增加了记忆单元，从而使时间序列上的信息记忆变得可控。并且在各隐藏层之间增加了“控制门”，可以选择记忆或遗忘之前的信息和当前的信息，从而使 RNN 算法具备了长期记忆能力。

LSTM 算法的结构示意图如图 12-14 所示，从图中可以看出来，在 t 时刻，LSTM 的输入有三个，分别是当前时刻网络的输入值、上一时刻 LSTM 的输出值以及上一时刻的单元状态；LSTM 的输出有两个，分别是当前时刻 LSTM 的输出值和当前时刻的单元状态。

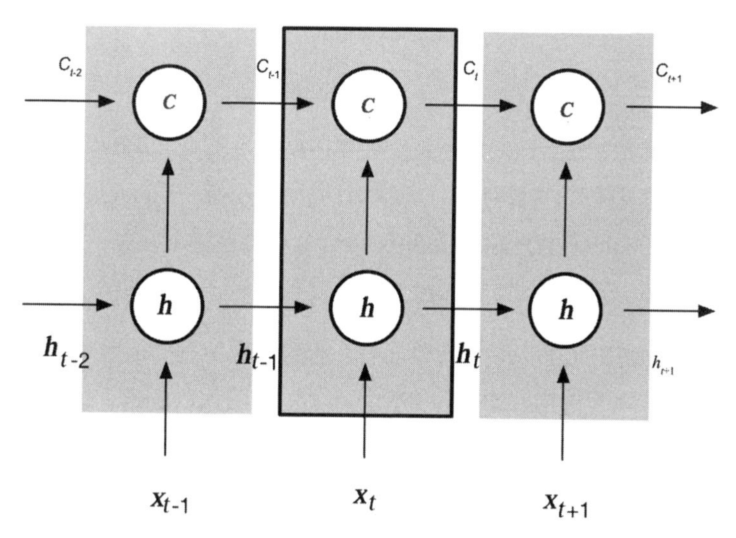

图 12-14　LSTM 结构示意图

学习 LSTM 算法的关键，是掌握它如何控制长期状态。在这里，LSTM 的设计思路也非常简单，既然这个记忆单元有两个输入、一个输出，那么就设计三个开关控制它的信息流转不就可以了吗？第一个开关，负责控制保存的长期状态；第二个开关，负责控制把即时状态作为长期状态的输入；第三个开关，负责控制是否把长期状态作为当前的 LSTM 的输出。三个开关的作用如图 12-15 所示。

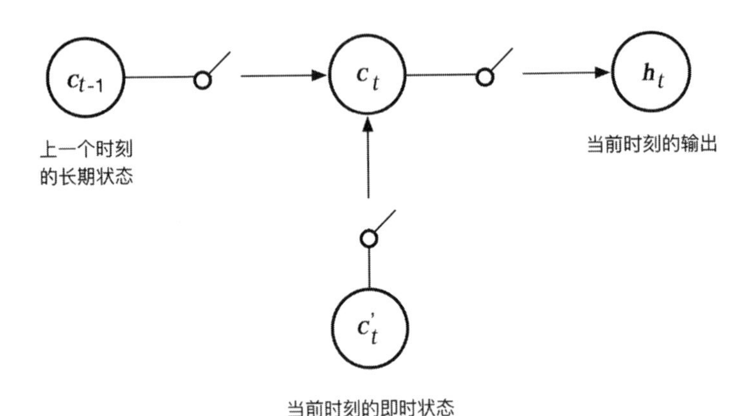

图 12-15　LSTM 的三个控制开关

LSTM 算法通过三个“门”来控制是丢弃还是增加信息，从而实现信息遗忘或记忆。“门”是一种控制信息选择性通过的结构，通常由一个“Sigmoid 函数”及一个“点乘”操作组成。Sigmoid 函数的输出值在[0,1]区间，0 代表完全丢弃，1 代表完全通过。一个 LSTM 单元有三个这样的门，分别是遗忘门、输入门和输出门。

（1）遗忘门：它决定上一时刻的单元有多少信息保留到当前时刻。它以上一个单元的输出 h_{t-1} 和本单元的输入 x_t 作为 Sigmoid 函数的输入，为 C_{t-1} 中的每一项产生一个在[0,1]内的值，用于控制上一单元状态被遗忘的程度。

（2）输入门：输入门决定了当前时刻网络的输入有多少保存到单元中。它和一个“tanh”函数配合控制保存哪些新信息。tanh 函数产生一个新的候选向量，输入门为候选向量的每一项产生一个在[0,1]内的值，控制加入多少新信息。这时候遗忘门的输出用于控制上一个单元被遗忘的程度，输入门的输出用于控制新信息加入后的状态。

（3）输出门：输出门用于控制单元到 LSTM 的输出值。它用来控制当前的单元状态有多少被过滤掉。先将单元状态激活，输出门为其中每一项产生一个在[0,1]内的值，控制单元状态被过滤的程度。

通过这样的方式将 LSTM 关于当前的记忆和长期的记忆组合在一起，形成了新的单元状态。由于遗忘门的控制，它可以保存很久很久之前的信息，由于输入门的控制，它又可以避免当前无关紧要的内容进入记忆中。

回到语言模型的例子，“我希望有个如你一般的人，如山间清爽的风，如古城温暖的光，从清晨到夜晚，由山野到书房，最后只要是__在我身旁。”对于这个长句，我们需要推断的词只与第一小句相关，因此中间一大段排比句的权值需要降低，减少这一段对结果的影响。

在 LSTM 中，首先决定从记忆单元中丢弃什么信息。这个决定通过遗忘门完成，该门会读取 h_{t-1} 和 x_t，输出一个在[0，1]之间的数值，赋给每个细胞状态 C_{t-1}。1 表示全部保留，0 表示完全舍弃。从句子的结构可以判断空白处缺少一个名词，因此句中所有的形容词如“清爽”“温暖”都是首先需要丢弃或降低权重的信息。

下一步是确定什么样的新信息需要被存放在记忆单元中，包含两方面：一方面是通过输入门决定什么值需要更新；另一方面是通过 tanh 函数创建一个新的候选向量，接下来通过这两个信息产生状态更新。在这个长句中，实际上主语从一开始就确定下来了，需要做的是减少排比句中的名词对主语产生的影响。对所有的单词计算之后不断调整权值以及记忆单元中的过滤值，最终确定输出值。

由此可见，很多算法的设计思路与产品的设计思路是很相似的。最初可能是一个为了解决某个特定问题的构想，有一个算法大致的结构。然后随着场景的扩展再慢慢深入某一个细节去做调整以解决更多的问题。研究算法的时候，也要根据具体问题的场景，思考这个算法是哪里遇到了问题，是怎样一步步改进的，这样可以加深我们对算法的理解，也能够在实际项目中，找到最合适的算法。

12.5 产品经理的经验之谈

本章主要讲述了自然语言处理的基本概念以及如何使用循环神经网络解决语言模型的问题。自然语言处理研究人与计算机之间用自然语言进行交流的方法。目前，各种各样的自然语言处理问题基本上可以通过模型转化为五大类，即分类问题、匹配问题、翻译问题、结构分析以及阶段预测。主要是采用统计方法以及深度学习来解决这些问题。但由于语言规律错综复杂以及使用时的语境问题，让计算机理解人类语言是一件具有挑战性的事情。

当我们理解一句话的语意时，孤立理解每个单词的意思是不够的，我们需要理解由这些词语连接起来的完整内容。在计算机中，这种前后数据有关联的内容被称为“时间序列数据”，这种数据需要用特殊的循环神经网络处理。

循环神经网络（RNN）是一类用于处理序列数据的神经网络。它广泛应用于自然语言处理中的语音识别、手写识别以及机器翻译等方面。对于 RNN 来说，隐藏层之间的节点有连接，且隐藏层的输入不仅包括输入层的输出，还包括上一时刻隐藏层的输出。

RNN 在 t 时刻收到输入 X_t 之后，隐藏层的值为 S_t，输出值为 O_t，S_t 的值不仅取决于 X_t，还取决于 S_{t-1}。如此一来，两个时间状态的结果建立了联系，当前样本的结果能够影响下一个样本的结果，甚至影响后面很多个样本的结果，从而使最终结果反映出序列的特征，这是 RNN 挖掘数据关联的一般性思路。

在 RNN 中，时间序列反向传播（BPTT）算法是我们最常用的模型训练方法，这个算法继承了 BP 反向传播算法的特点，只是针对时间序列数据做了特殊的改造。BPTT 算法的核心思想与 BP 算法相同，沿着需要优化的参数的负梯度方向不断寻找更优的点直至收敛。因此，BPTT 算法求解还是使用梯度下降法，我们的目标还是使用梯度下降法迭代优化损失函数使其达到最小值。

RNN 的求解与 BP 算法类似，首先前向传播的过程是依次按照时间的顺序计算一次，而反向传播的过程是从最后的时间将累积的残差传递回来，最后使用梯度下降法求解。

RNN 算法因为容易出现梯度消失的现象，导致无法处理长序列的数据。因此在实际应用中通常使用长短时记忆网络（LSTM）算法处理长序列数据。LSTM 的设计初衷是为了解决神经网络中的长期依赖问题，让记住长期信息成为神经网络的默认行为。LSTM 使用的解决方法是设计三个“门”来控制是丢弃还是增加信息，从而实现遗忘或记忆。遗忘门，负责控制长期状态的结果；输入门，负责将即时状态的结果输入至长期状态中；输出门，负责控制是否把长期状态作为当前的 LSTM 的输出。

13

AI 绘画与生成对抗网络

13.1　初识生成对抗网络

13.1.1　猫和老鼠的游戏

在 2016 年 7 月，一款国外的照片处理软件火遍了全世界，同时也引爆了国人的朋友圈。这款产品就是 Prisma。Prisma 可以按照你提供的图片内容和指定的风格，生成一副指定风格的图片，如图 13-1 所示。

图 13-1　Prisma 的风格变换

如此神乎其神的技术是怎么做到的呢？其背后的关键技术就是接下来我们要讲

解的生成对抗网络。在讲解之前我们先来了解一部电影的故事。

同样在 2016 年，莱昂纳多凭借《荒野猎人》中出色的表演一举夺得第 88 届奥斯卡金像奖，当时这则新闻也引起了中国网友的广泛热议。笔者在闲暇之余也比较喜欢看电影，若要问我最喜欢莱昂纳多哪一部电影，我的答案无疑是 2002 年他主演的《猫鼠游戏》。这部电影主要讲述了 FBI 探员卡尔与擅长伪造文件、支票的罪犯弗兰克（莱昂纳多饰）之间的一场猫抓老鼠的故事。在这场猫鼠游戏中，如同动画片《猫和老鼠》，老鼠是聪明的那一个，而警察如猫，是跟在老鼠屁股后追着跑的那一个。

片中的莱昂纳多有高超的观察与模仿能力。无论是驾照上的出生年份、泛美航空的工作证还是各种支票、大学的毕业证书等，只需要让他观察一段时间，他就能用他的双手把它制作出来，而且达到以假乱真的地步。抓捕他的 FBI 探员一开始总是被骗，但是在这个过程中，探员鉴别假材料的技巧也越来越高，最终成功将他抓捕归案。

这部电影和我们本章要讲述的生成对抗网络有什么联系呢？下面我将细细道来。

生成对抗网络（Generative Adversarial Network，GAN）由 2014 年还在蒙特利尔大学读博士的伊恩 · 古德费洛（Ian Goodfellow）引入深度学习领域。到 2016 年，短短两年的时间，GAN 算法的热潮已经遍布 AI 领域各大顶级会议，来自“脸书”人工智能研究院的院长扬·勒丘恩（Yann LeCun）教授在一次关于无监督学习的会议上公开评价，GAN 是“20 年来机器学习领域最酷的想法”。

GAN 是一种比较特殊的深度学习模型，也是近年来关于复杂分布的无监督学习问题最具有前景的解决方法之一。GAN 由生成模型和判别模型两部分组成。其中生成模型用于生成比较接近原有样本的数据，而判别模型用来判断它看到的数据到底是原来样本的数据还是通过生成模型制造出来的数据，因为生成模型与判别模型通常都使用深度神经网络，因此也称为生成网络及判别网络。GAN 的目的是生成逼真的“假样本”。生成器专门用于生成看似真实的样本，判别器学习分辨生成样本和真实样本，两个网络相互博弈使生成器生成的“假样本”越来越逼真。

这种博弈就像电影里的莱昂纳多和 FBI 探员的博弈一样。生成网络就是造假者莱昂纳多，根据真实的文件与钞票，学习并制造出假文件和假钞，而判别网络就是一直在检测假钞的 FBI 探员。生成网络不断学习提升造假能力，试图欺骗判别网络，判别网络则在一次次欺骗中努力学习，提升自己的识别能力。两个模型经过不断的交替训练和优化，能力都有极大的提升，最终我们的目标就是训练出一个很好的生成网络，这个生成网络所生成的数据能够达到真假难分的地步。如图 13-2 所示，这些都是由 GAN 系统根据给定词汇生成的图片，我们只需要告诉系统现在要生成一个关于“蚂蚁”和“火山”的图片，系统便可以自动生成。

图 13-2 GAN 生成的蚂蚁和火山

从该图可以看出，除了部分图片还不符合我们对蚂蚁或火山的常规印象以外，许多图片已经达到了以假乱真的地步，如果不说这是由计算机生成的图片，相信很多人会认为这就是一幅摄影作品。看到这里相信很多读者都会有疑问，如此神奇的效果 GAN 到底是怎么实现的呢？

这里用一个例子让读者感受一下这个过程。假设我们现在想让计算机根据明星的人脸照片，自动生成一幅看起来很真实的明星照片。

首先我们需要设置一个生成网络和判别网络，生成网络用于生成明星照片，就像学生学习后需要“做作业”一样，判别网络用来判别这张照片是真实的还是生成的，这就像另一个学生在帮他“批改作业”一样。生成模型随意接受一个输入变量，让这个变量学习真实照片的分布特征从而生成近似的照片。接下来将模型生成的照片和真实的明星照片一起输入判别网络中，让判别模型去分析哪张照片才是“正版”，整个过程如图 13-3 所示。

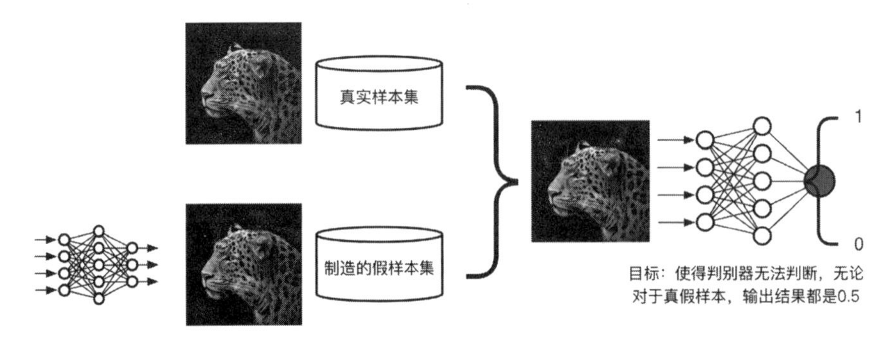

图 13-3　GAN 生成图片过程

在训练过程中，生成网络的目标是尽量生成逼真的图片，欺骗判别网络。而判别网络的目标是尽量把生成的图片和真实的图片区别开来。这样一来，两个网络之间就构成了一个动态的“博弈过程”。可以想象，生成的图片一开始质量肯定不高，与真实照片相比，判别模型一下子就能分辨出来。随着生成网络的不断学习，慢慢地，图片质量逐步提升，这时候判别模型也越来越难分辨真假图片。最后只有当生成的图片达到“以假乱真”的地步时，才说明我们的模型训练成功。

在以上过程中，用于训练的样本集只需要有这张人脸样本的信息，不需要其他任何信息，甚至不需要知道这张脸对应哪个人，这个人有什么长相特点等，仅凭一张脸就能够自动生成让人类也无法分辨的照片，这真是以往无法想象的事情。

生成网络和判别网络具体是怎么一回事呢？它们两者之间又是如何产生对抗的呢？为什么对抗的结果会让两个网络变得越来越好？带着这些问题，我们继续探索生成网络和判别网络的原理和实现方式。

13.1.2　生成网络是什么

相信很多读者第一次接触到 GAN 模型时，都会有这样的疑问：既然我们已经有如此多的真实训练样本，那我们为何不“照葫芦画瓢”直接复制一个呢？为什么还要让计算机自己去生成一个“假的”？

对于这个问题，笔者的个人理解是，**GAN 这种生成模式是从“人类赋予计算机思考逻辑”到计算机真正“用自己的方式思考”的转变，也就是说赋予了计算机以自己的方式去“理解”事物的能力**。对于人工智能，我们所追求的一个很重要的特性就是让计算机能够像我们人类一样，理解周围复杂的世界，包括识别和理解现实中的三维世界，如人类、动物和各种工具。这样才能在对现实世界理解的基础上，进行推理和创造。因此，“能否自主创造”是人工智能又一个核心衡量标准。

回想传统的机器学习算法，我们采取的方式都是让计算机学习我们人为理解、人为赋予含义的特征，从这些特征中找到规律。此时计算机并非真正理解了这些特征的表达，只是在做数据挖掘、发现数据规律的工作，距离真正的“智能”还有一些差距。正是基于这样的前提，机器学习以及人工智能的研究者们提出了概率生成模型，致力于用概率和统计的语言，描述周围的世界。简单来说，概率生成模型的目的就是找出给定观测数据内部的统计规律，并且能够基于得到的概率分布模型，产生全新的、与观测数据类似的数据，这是一种计算机视角的生成方式。这也是为什么要让计算机学会“自主”生成的原因。而 GAN 的生成网络正是使用概率生成模型的典型代表，力求让生成的人工对象与真实对象之间达到惊人的相似度。

一个最基本的 GAN 生成网络，实际上是将一个随机变量，通过参数化的概率生成模型，进行概率分布的逆变换采样，最后得到一个生成的概率分布，如图 13-4 所示。

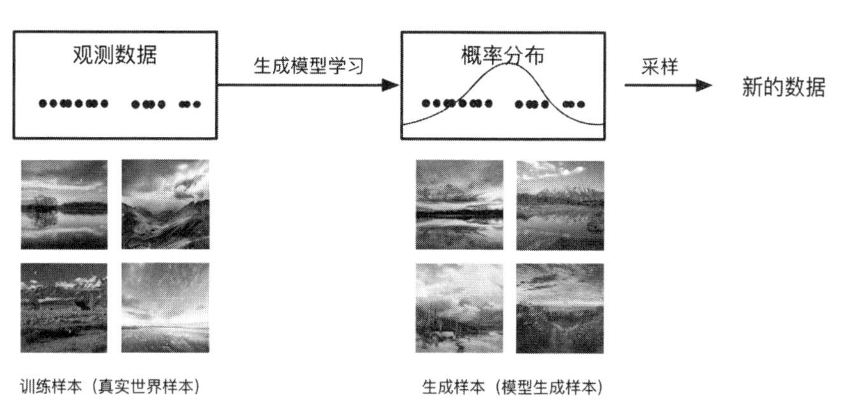

图 13-4　生成网络的基本原理

上面这段话是什么意思呢？首先我们要了解数据空间与概率分布的概念。数据空间，顾名思义，指的就是数据所在的空间，假设我们采用的明星照片的分辨率为 128×128，则这张照片就可以等价于一个 128×128×3 的三阶张量，此时我们说的数据空间就是指这个数据规模下所有可能的图像构成的集合，也称为图像空间。也就是说这里面 128×128 个像素点可以打散了任意组合，每个像素点的 3 种颜色也可以任意组合，这张明星照片就是这 128×128 个像素点的一种特定组合。这个定义对后续内容的理解非常重要。在图像空间中，每一张图片都是这个空间里的一个点，如图 13-5 所示。

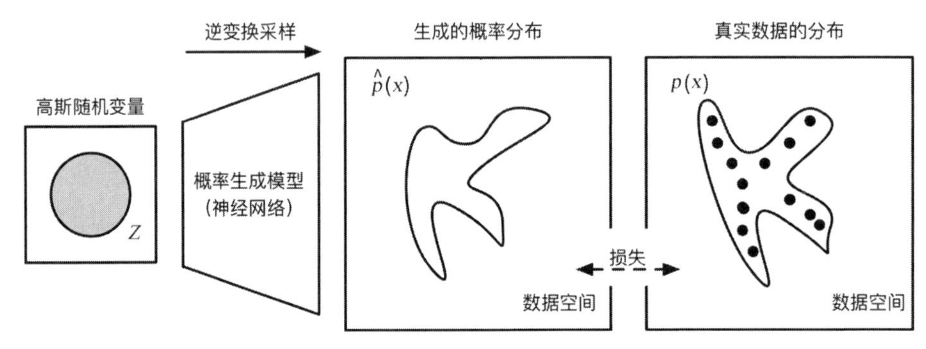

图 13-5　对图像空间的理解

并非恰好这 128×128 个像素组成的照片才是这张明星照片。照片中皮肤的部分颜色浅一点，头发的部分颜色深一点，或者某两个像素稍微变换一下位置，其实表现出来的还是这个明星。因此在这个图像空间中，其实有很多种组合的数据点都符合我们的要求。这些数据点在空间中散落的地方存在一定规律，空间中有些位置聚集的数据点比较多，有些位置聚集的比较少，或者没有数据点，如图 13-6 所示。这种数据在空间中的分布情况称为数据分布。

从关于 GAN 生成网络的描述会发现，**实际上生成网络的训练目的就是要使随机像素点生成的概率分布和真实数据集中图片的像素数据分布尽量接近，从而能够模拟真实的数据**。一开始输入至网络的变量是随机抽取的，生成网络就像是一个可以实现“像素点重组”的函数，它把原来潜在空间中的随机点变成图像空间中有意义的像素点，如图 13-7 所示。这就好比艺术家把一个个原本简要抽象的艺术构思变成一张张具有复杂意向的画作。通过生成网络生成的点称为生成点，通过生成网络得到的图像空间中的分布称为生成分布。

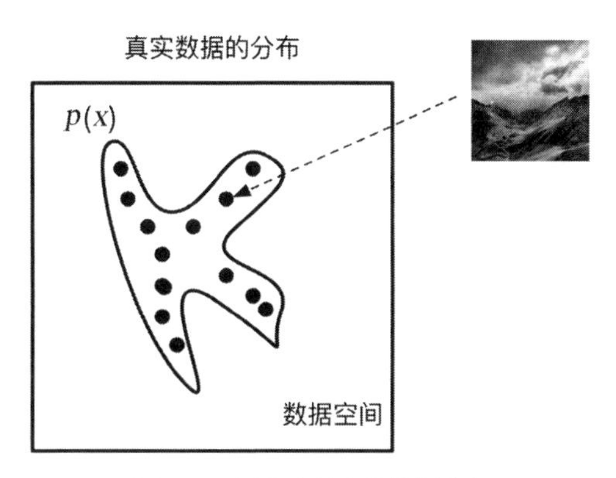

图 13-6　图像空间中的数据分布

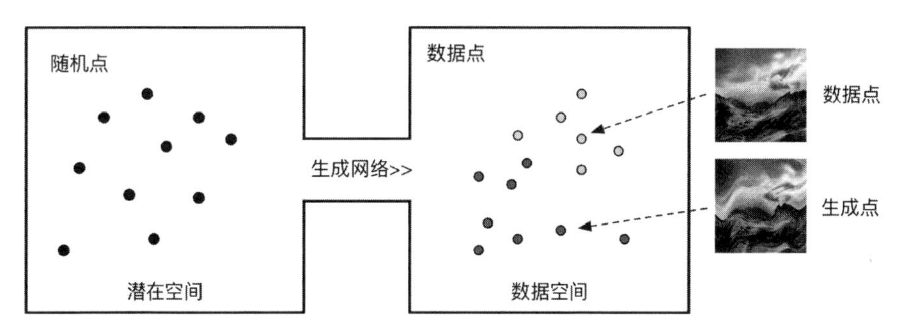

图 13-7　原有空间到图像空间

实际上一幅图像的空间分布情况非常复杂，我们完全没有办法知道真实数据的分布。而且简单的函数也很难将这些随机点恰到好处地转变为真实图像所对应的位置上的点。所以在实际项目中通常要利用深度神经网络使生成逼真的图片成为可能。

通过 GAN 生成的模型并不能理解给定词语的“语义”，它们不能理解“蚂蚁”“火山”等词语的意义，不能理解蚂蚁和火山有什么特征、有什么构造，它只是由计算机的视角从像素点的概率分布上去学习一张图片的组成，例如一幅火山图片，通常天空部分是蓝色的，山体部分主要是红色、灰色和黄色的，那么这四种颜色在这张图片每个像素点上的分布并非是随机的，而是服从某种分布规律的。这些图片并不是机器基于原有训练图片库的再创造，而是生成网络所推断出的非常接近现实的结果。

生成网络的目的是生成尽可能逼真的样本。那么怎么判断生成网络生成的样本像不像一幅真的照片呢？解决方法就是送到判别网络中，所以在训练生成网络的时候，需要联合判别网络一起训练才能达到训练的目的。

13.1.3 判别检验

判别网络的任务是判断一张图片究竟是来自现实中的还是由生成网络生成的。在训练判别网络的过程中，通过不断给其输入两类不同的图片并为两类图片标注不同的数值以提高它的辨别能力。训练判别模型的目的是要尽量提升判别准确率，当这张图片被判别为来自真实的图片时，标注数值 1，若判别这张图片是生成出来的，则标注数值 0。

当一个判别模型的能力已经非常强的时候，如果生成模型所生成的数据，还是能够使它产生混淆，无法正确判断，我们就认为这个生成模型实际上已经学到了真实数据的分布，达到了以假乱真的目的。

13.1.4 生成对抗的过程

GAN 模型的基本框架如图 13-8 所示，该框架的主要目的是由判别器 D 辅助生成器 G 产生出与真实数据分布一致的伪数据。

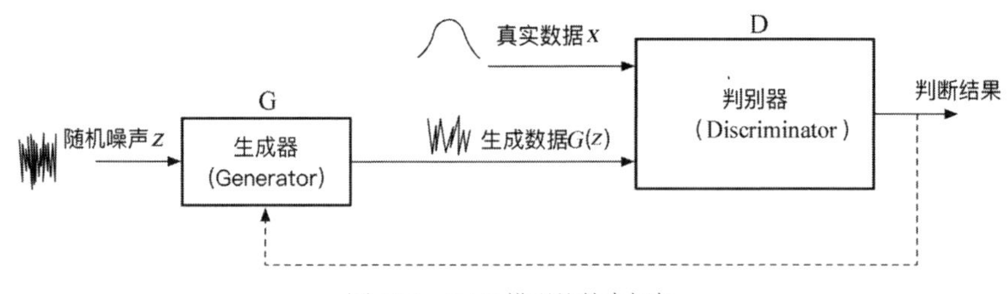

图 13-8　GAN 模型的基本框架

在整个过程中，首先持续在潜在空间生成随机点，输入生成器的随机点称为随机噪声信号 z，该噪声信号经过生成器 G 被映射到一个新的图像空间，得到生成的数据 G(z)，也就是通过生成器将这些随机点组成生成图片。

接下来，将这些生成的图片输入判别器 D 中，由判别器 D 根据真实数据 x 与生成数据 G(z)的数据分布情况输出一个概率值。表示 D 对于输入是真实数据还是生成数据的置信度，以此判断 G 产生的数据的性能好坏。生成器利用判别器的反馈信息来调整网络的参数，使生成的图片获得更高的分数。经过一定量的交替迭代训练后，最终当 D 不能区分真实数据 x 和生成数据 G(z)时，我们就认为生成器 G 达到了最优，也就是说生成了以假乱真的图片。

判别器为了能够区分两者，它的目标是使 D(x)与 D(G(z))尽量往相反的方向跑，增加两者的差异性，比如使 D(x)尽量大而同时使 D(G(z))尽量小。而 G 的目标是使自己产生的数据在 D 上的表现 D(G(z))尽量与真实数据的表现 D(x)一致，让 D 不能区分生成数据与真实数据。因此，这两个模型的优化过程是一个相互竞争、相互对抗的过程，两者的性能在迭代过程中不断提高。经过一定量的训练之后，生成网络可以输出更接近真实图片的图片。

我们用一个简单的例子来说明生成对抗的过程。如图 13-9 所示，图中较粗的虚线 P(x)是真实图片的数据分布，实线 G(z)是通过生成器产生的图片的数据分布。较细的虚线 D(x)代表判别器的输出分数。

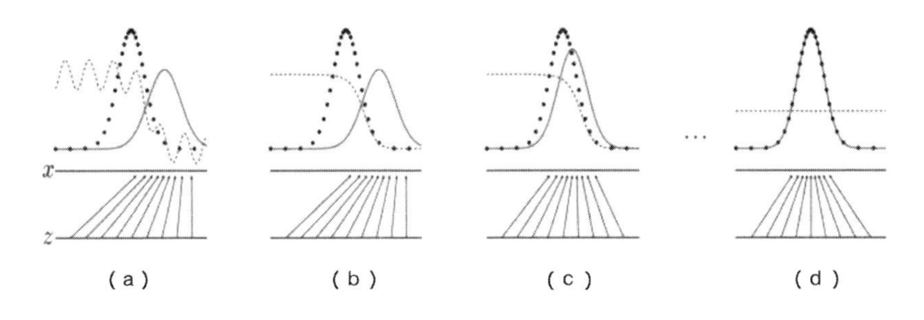

图 13-9　生成对抗过程

从图（a）可以看出，一开始判别器能够清楚地分辨哪些点是生成器生成的，其对应的输出得分为 0，哪些是来自真实图片的，对应输出分数为 1。随着训练次数增多，生成器学习能力提升。生成图片的数据分布逐渐往真实图片的数据分布上靠近，如图（b）（c）所示，这个时候判别网络虽然能够分清生成的图片，但是判别的概率相较之前已经有所上升。直到运行到图（d），这时真实图片和生成图片的数据分布已经完全重合了。判别器的输出结果变成了 0.5，这意味着判别器完全不能判断区间内任何一个点究竟是生成器生成的还是来自真实图片的。对于生成器来说，它所生成的图片已经能通过判别器的检验了，所以没有继续更新模型的必要，即整个生成对抗网络达到了一个稳定状态。

下面我们展示一个真实的生成明星图片的例子。如图 13-10 所示，当模型迭代到 40000 次的时候，只能看到一张人脸大致的轮廓，这个时候还不能称之为脸；当模型迭代到 60000 次的时候，能看到较为清晰的五官，只是眼睛、嘴唇还有缺陷；当模型迭代到 140000 次的时候，基本上已经获得了一张五官正常、轮廓清晰的人脸；后续迭代得到的结果没有太大的差异，只是在原来的基础上进一步完善脸部细节。

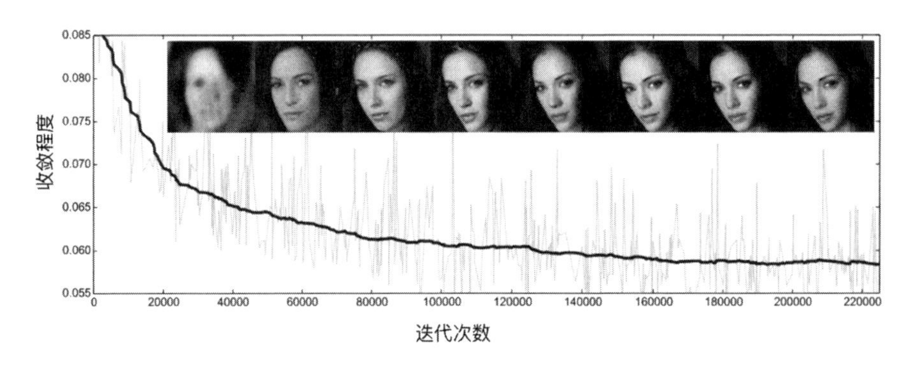

图 13-10　生成明星图片

13.2　生成对抗网络的应用

13.2.1　GAN 的特点

GAN 从 2015 年提出至今，短短 4 年的时间已经发展成为人工智能学界一个热门的研究方向，吸引了大批研究人员来研究 GAN。除了学术界的理论研究以外，许多科技公司已经付诸行动，将 GAN 应用到实际场景中。其中就包括发明者古德费洛曾经工作过的“谷歌大脑”和“OpenAI”，以及业界知名的“脸书”和“推特”等公司，它们都在最近两年投入了大量的精力研究 GAN，如何使它更好地生成图片与视频。

究竟是什么原因让一个新兴技术有如此快的发展呢？又是什么原因让 GAN 模型在这么短的时间内吸引了这么多人投身其中，并且广受大公司青睐呢？笔者认为，主要是由于 GAN 所具有的三点独特的优势。

（1）相比传统机器学习算法，GAN 模型的表现效果更好。因为 GAN 模型只用到了反向传播，生成器的参数更新不是直接来自数据样本，而是来自判断器的反向传播。也就是说在 GAN 模型的设计中，避免了马尔可夫链的复杂计算过程，直接进行采样和推断，因此极大地提高了 GAN 的应用效率。

（2）GAN 的设计框架十分灵活，各种类型的损失函数都可以被整合到 GAN 模型当中，也就是说在理论上在 GAN 框架中可以训练任何一种生成器网络。面对不同的图像任务，我们可以设计不同类型的损失函数，这些损失函数都可以在 GAN 的框架下进行学习和优化。

（3）当一个变量的随机发生概率不可计算时，一些依赖于数据自然解释性的传统算法就不再适用，但是 GAN 在这种情况下依然可以适应。主要原因是 GAN 模型的两个网络互相促进、互相提升的训练机制，这样可以逼近不容易计算的目标函数。

13.2.2 GAN 的应用场景

随着 GAN 理论的不断完善，GAN 逐渐展现出了自己非凡的魅力。它的出现满足了许多领域的研究和应用需求，同时为这些领域注入了新的发展动力。GAN 虽然是以对抗生成的方式在训练两个模型，但归根结底它还是一个生成式模型，因此最直接的应用还是模拟真实数据分布的训练与生成，可以用于生成图像、视频甚至自然语句和音乐等内容。

在很多情况下我们难以获取到大量的训练数据供模型使用。由于对抗生成这种独特的机制，GAN 可以解决传统机器学习算法经常面临的数据不足问题。因此它常应用在许多无监督学习的场景中。随着研究的深入，目前已经有研究人员成功地将其应用在强化学习领域以提升学习效率。这也是为什么 GAN 如此受欢迎的原因之一，它的灵活性和拓展性能够帮助我们解决很多领域的问题。如今 GAN 已经在很多应用领域大放异彩，并且由此衍生了一些非常有想象力的场景。

1. 提高图像分辨率

在众多应用领域中，有一个非常有趣的应用是利用 GAN 模型提升图像的分辨率。将一个低分辨率的模糊图像输入模型中，通过某种变换得到一个高分辨率、带有丰富细节的清晰图像，如图 13-11 所示。

图 13-11　将低分辨率图像变为高分辨率图像

在这个 GAN 模型中，生成模型将一张模糊的低分辨率图像作为输入，并输出一张高分辨率的清晰图像。而判别模型的任务是判断这张输入图像究竟是“真实”的高分辨率图像还是由低分辨率图像“转换”而来的高分辨率图像。这种方式大大简化了提升分辨率的学习过程，因为传统算法要提升图像的分辨率，需要对一些高频细节进行建模，而 GAN 可以用判别模型自动训练提升图像质量。与以往基于深度学习的模型获得的图像结果相比，我们可以看到，GAN 的结果图像能够提供更丰富的细节。这也是 GAN 图像生成的一个显著优点，即能够提供更丰富的数据细节。

2．图像风格转化

还记得本章一开始提到的 Prisma 吗？这个将普通图像转换为艺术化图像的产品就是使用 GAN 实现的。一般的 GAN 生成模型的输入是一个随机向量，输出是图像，而 Prisma 的生成器输入是图像，输出是转换后的图像，如图 13-12 所示。

图 13-12　Prisma 生成结果

Prisma 正是通过 GAN 模型生成了各种风格各异的图像。如果增加模型的训练时间，GAN 不仅能认出图片中的阴影，给其涂上不同的颜色，甚至能以印象派艺术家的风格完成这些生成任务。当生成网络能够生成更有细节感、更强的光影关系时，没准将来能够用计算机创造一个新的绘画流派。

3．侧脸变正脸

网络上流传一个段子，产品经理觉得设计师选的明星素材正脸不太好，希望让设计师把正脸旋转成侧脸，然后被设计师臭骂了一顿。如今使用 GAN 技术，有望实现根据一张照片合成出不同角度的人脸图像，如图 13-13 所示。

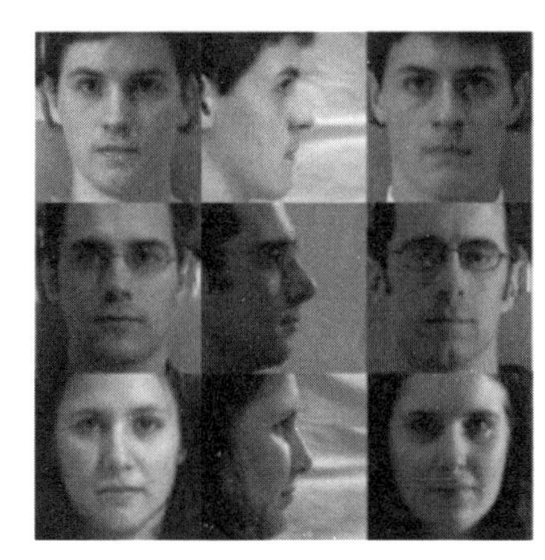
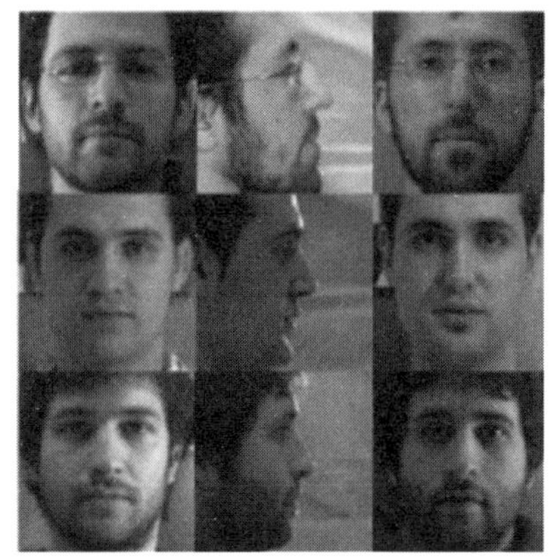

图 13-13　利用 GAN 将侧脸变为正脸

在 GAN 中可以借助人脸对齐、姿态转换等辅助手段提高人脸识别的精度，并且可以根据半边人脸图片生成整张人脸的前向图片，这对提升人脸识别率有很大的辅助作用。

13.3　生成对抗网络的提升

13.3.1　强强联合的 DCGAN

在关于 GAN 的第一篇论文诞生后的一年时间里，训练 GAN 是一件非常困难的事情，因为模型很不稳定，需要进行大量调整才能工作。因此很多工程师都在想办法优化训练过程。

我们都知道，对于图像处理问题，卷积神经网络的表现肯定比简单的全连接神经网络更加优秀。因此在 2015 年，来自富兰克林奥林工程学院的艾力克·拉德福德（Alec Radford）等人联合发表了一篇论文，该论文首次将生成对抗网络与卷积神经网络技术两者相结合，形成了一个新的 DCGAN（Deep Convolutional GAN）模型，即卷积生成对抗网络。DCGAN 是继 GAN 之后比较好的改进模型，主要的改进是在网络结构上。如今，它的网络结构已经被广泛使用，同时 DCGAN 简化了调参方式，极大地提升了 GAN 训练的稳定性以及生成结果的质量。

DCGAN 的原理和 GAN 基本上一样，不同的是，DCGAN 将 GAN 的生成网络和判别网络都换成了卷积神经网络。DCGAN 比 GAN 更先进的地方是，在基本架构中使用了“反卷积”层。上一章曾讲述过，传统 CNN 算法通过卷积将图像的尺寸压缩，使其变得越来越小，而反卷积是将初始输入的小数据变得越来越大（注意，这里的反卷积指的并不是 CNN 的逆向操作，而是一种新的计算方式）。“反卷积”这个名字是怎么来的呢？实际上，反卷积存在于卷积的反向传播中，其中反向传播的卷积核矩阵是前向传播的转置，所以又可称其为“运输卷积”。只不过我们把反向传播的操作拿到了前向传播中来做，就产生了所谓的“反卷积”一说。值得注意的是，运输卷积只能还原信号的大小，不能还原其值，因此不是真正的逆操作。

反卷积的原理如图 13-14 所示。图中底部的深色格子为原图像；白色格子为对应卷积所增加的“填充格子”，通常全部设置为 0；灰色格子是卷积后生成的图像。图中的运行方式是，从卷积核右下角与图片左上角重叠开始进行卷积，每次滑动前进 1 步，卷积核的中心元素对应卷积后图像的像素点。从图中可以看到，3×3 的输入图片，经过 3×3 的卷积核，可产生 5×5 的卷积结果。

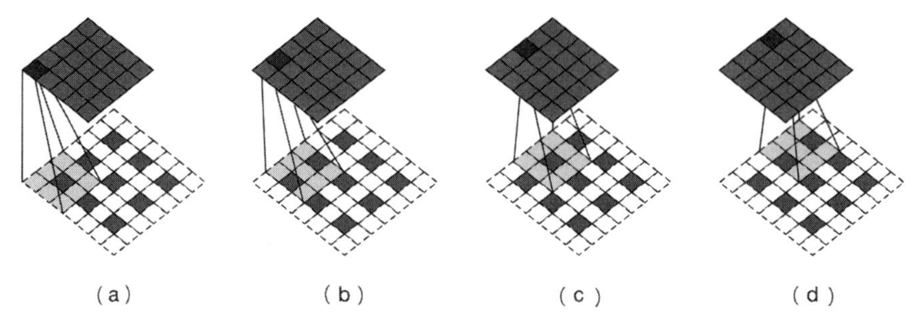

图 13-14　反卷积原理

相比传统的 CNN，DCGAN 为了适应 GAN 做了两方面的改进：一方面是去掉了生成器中所有的池化层；另一方面是采用批归一化的方式。去掉池化层后，用反卷积层进行采样，同时去掉全连接层，使网络变为全卷积层结构。这么做的目的是减少特征空间的维度。归一化特征向量，从而显著减少多层之间的协调更新问题。这有助于稳定学习，并且能够处理糟糕的权重初始化问题。不得不说这两个调整是 DCGAN 获得成功的关键，设计者非常聪明地将两种原本不相关的技术结合在一起，这两个“微创新”起到了决定性的作用。

13.3.2 通过 BEGAN 化繁为简

边界均衡生成对抗网络（Boundary Equilibrium GAN，BEGAN）是 2017 年上半年出现的一种 GAN 改进算法，对于生成器生成的图像质量到底好不好，该算法提出了一种新的评价方式。这种 GAN 模型即使用很简单的网络，不用批量标准化数据，不丢弃神经元，不需要反卷积操作，也能实现很好的训练效果，完全不用担心模型崩溃与训练不平衡的问题。使用 BEGAN 模型，我们能够生成几乎以假乱真的图片，如图 13-15 所示。

图 13-15 BEGAN 生成的图片

以往的 GAN 模型及其变种都是以生成器生成的数据分布尽可能接近真实数据的分布为目标。当生成的数据分布与真实数据分布很接近的时候，就能确定生成器经过训练可以生成与真实数据分布相同的样本，也就是说已经能够生成以假乱真的图片。基于这样的出发点，研究人员设计了各种损失函数让生成器生成的数据分布尽可能接近真实数据分布。通常情况下，两张图片的数据分布越相近，这两张图片是同一张的概率就越大，也就是说此时生成器已经被训练出足够的生成能力。

BEGAN 算法改变了这种评估概率分布的方法，它不会直接评估生成分布与真实分布之间的差距，而是评估这两个分布的误差之间的差距，换句话说只要误差分布相近，也可以认为这两张图片是同一张图片的概率很高。

基于这样的设想，BEGAN 模型将一个自编码器作为分类器，通过基于 Wasserstein 距离的损失来匹配自编码器的损失分布。保持原有的神经网络结构，在训练中添加额外的均衡过程以平衡生成器与分类器。

Wasserstein 距离又叫 Earth-Mover 距离（EM 距离），用于衡量两个分布之间的距离。有了这样一个衡量两个分布之间距离的公式，我们就可以计算判别器中真实数据与生成数据损失分布之间的距离。对于两个正态分布来说，二者间的 Wasserstein 距离计算公式为（假设两个损失分布都服从正态分布）

$$w(\mu_1,\mu_2)^2 = (m_1 - m_2)^2 + (c_1 + c_2 - 2\sqrt{c_1 c_2})$$

其中，m_1、m_2为两个正态分布均值，c_1、c_2为方差。根据 GAN 对抗性的原则，判别器的目标是拉大两个分布的距离，也就是最大化W，而生成器的目标则是要最小化W。

13.3.3 对 GAN 的更多期待

来自“脸书”人工智能研究院的院长扬·勒丘恩（Yann LeCun）教授曾经有一个很著名的比喻，他说：“如果人工智能是一块蛋糕，那么强化学习是蛋糕上的一粒樱桃，有监督学习是外面的一层糖霜，无监督、预测学习则是蛋糕胚。目前我们只知道如何制作糖霜和樱桃，却不知道如何制作蛋糕胚。”

他认为目前对于人工智能的研究还不够深入。有监督学习，也就是大部分传统算法都还漂浮在冰山之上的海平面上，虽然我们一直在研究，但始终只是窥得冰山一角，还有更大一部分冰山在海里面等待我们去探索，这里的冰山指的就是半监督学习甚至无监督学习，因为这才是真正让计算机学会“学习”的方式。而生成对抗网络则为窥探海平面以下的冰山提供了富有潜力的解决方案。尽管目前 GAN 还有很多不尽如人意的地方，但是当前的研究让人看到了充满想象力的前景，看到了 GAN 在无监督学习上的应用和提供有效解决方案的可能性。

为什么说对 GAN 充满想象力呢？因为在传统的机器学习算法中，目标函数和约束条件都是算法固定的优化方向，我们是以人类思考的方式构造出这样一套理论，构造出“理想函数”的概念。但是 GAN 的机制打破了传统机器学习的常规，真正做到让模型自学习。对于这种思维模式的改变，也难怪勒丘恩教授会盛赞说，“ GAN 为创建无监督学习模型提供了强有力的算法框架，有望帮助我们为人工智能加入常识。我认为，沿着这条路走下去，开发出更具有智慧的人工智能是有可能的。”

13.4 产品经理的经验之谈

本章主要讲述了生成对抗网络的工作原理与应用场景。生成对抗网络简称 GAN，作为 AI 绘画的基础，常用于生成图像、视频以及音乐等内容。GAN 这种生成模式是从“人类赋予计算机思考逻辑”到计算机真正“用自己的方式思考”的转变，也就是说赋予了计算机以自己的方式去“理解”事物的能力，同时也打破了传统机器学习的常规，做到了让模型自学习。

GAN 是一种比较特殊的深度学习模型，由生成模型和判别模型两部分组成。其中生成模型用于生成接近原有样本的数据，判别模型用于判断它看到的数据到底是原来样本还是通过生成模型制造出来的数据，因为生成模型与判别模型通常都使用深度神经网络，因此它们也被称为生成网络及判别网络。GAN 的目的是生成逼真的“假样本”。生成器专门用于生成看似真实的样本，判别器学习分辨生成样本和真实样本，两个网络相互博弈。

生成网络的训练目的是让随机像素点形成的概率分布和真实数据集中图片的像素数据分布尽量接近，从而模拟真实的数据。一开始输入网络的变量是随机抽取的，生成网络就像是一个可以实现“像素点重组”的函数，将原来潜在空间中的随机点变成图像空间中富有意义的像素点。

首先我们为生成器输入一个随机噪声 z，通过生成器得到生成数据 $G(z)$。接下来将这些生成数据输入判别器中，由判别器 D 根据真实数据 x 与生成数据 $G(z)$的数据分布情况输出一个概率值，表示 D 对于输入是真实数据还是生成数据的置信度，以此判断 G 的产生数据的性能好坏。生成器利用判别器的反馈信息来调整网络的参数，使生成的图片获得更高的分数。经过一定量的交替迭代训练后，当最终判别器 D 不能区分真实数据 x 和生成数据 G(z)时，就认为生成器 G 达到了最优，也就是说生成了以假乱真的图片。

相比于传统机器学习算法，GAN 有三方面的优势。首先，GAN 模型的表现效果更好；第二，GAN 框架可以训练任何一种生成器网络；第三，GAN 适用于一个变量的随机发生概率不可计算的情况。由于这些优点，GAN 目前已经应用在图像处理领域的众多场景中，例如提高图像分辨率、进行图像风格转换以及人脸合成等。

DCGAN 是一种将 GAN 与 CNN 相结合的改良版 GAN 模型，相比传统的 CNN，DCGAN 为了适应 GAN 做了两方面的改进：一方面是去掉了生成器中所有的池化层；另一方面其采用批归一化方式。

BEGAN 是一种以“评估不同分布之间的差距”为标准的改良版 GAN 模型。基于这样的设想，BEGAN 模型将一个自编码器作为分类器，通过 Wasserstein 距离的损失来匹配自编码器的损失分布。保持原有的神经网络结构，在训练中添加额外的均衡过程以平衡生成器与分类器。

参考资料

[1] 《统计学习方法》，李航，2012 年，清华大学出版社

[2] 《机器学习》，周志华，2016 年，清华大学出版社

[3] 《图解机器学习》，衫山将，2013 年，日本讲谈社（中译本，许永伟译，人民邮电出版社）

[4] 《支持向量机——理论、算法与拓展》，邓乃扬、田英杰，2009 年，科学出版社

[5] 《深度学习之美：AI 时代的数据处理与最佳实践》，张玉宏，2018 年，电子工业出版社

[6] 《一种文本处理中的朴素贝叶斯分类器》，李静梅、孙丽华、张巧荣等，2003 年，《哈尔滨工程大学学报》

[7] 《基于随机森林算法的推荐系统的设计与实现》，沈晶磊、虞慧群、范贵生等，2017 年，《计算机科学》

[8] *Introduction to Data Mining*，P.Tan、M.Steinbach 和 V.Kumar，2005 年，Pearson Education Asia Ltd.（中译本，《数据挖掘导论》，范明、范宏建等译，2011 年，人民邮电出版社）

[9] *Machine learning in action*，Peter Harrington，2011 年（中译本，《机器学习实战》，李锐、李鹏、曲亚东等译，2013 年，人民邮电出版社）

[10] *Machine Learning for Hackers*，Conway.D，2012 年，OsReilly Media,Inc.（中译本，《机器学习：使用案例解析》，陈开江、刘逸哲、孟晓楠等译，2013 年，机械工业出版社）

[11] *Deep Learning*，Ian Goodfellow、Yoshua Bengio 和 Aaron Courville，2016 年，MIT Press（中译本，《深度学习》，赵申剑、黎彧君、符天凡、李凯等译，2017 年，人民邮电出版社）

[12] *Introduction to Machine Learning, Third Edition*, EthemAlpaydin，2010 年（中译本，《机器学习导论》，范明译，2016 年，机械工业出版社）

[13] *Pattern Recognition with Fuzzy Objective Function Algorithms*, Bezdek, J.C.，1981 年，Plenum Press

[14] *Pattern Recognition and Machine Learning*, Christopher M. Bishop，2011 年，Springer

[15] *Neural Networks for Pattern Recognition*, Christopher M. Bishop，1995 年，Oxford University Press

[16] *Unsupervised learning*，Barlow, H.B.，1989 年，*Neural Computation*

[17] *Support-vector networks*, Cortes C.、Vapnik V.，1995 年，*Machine Learning*

[18] *Probabilistic Networks and Expert Systems*，Cowell R.G.、P.Dawid S.L.L. 和 D.J.Spiegelhalter，1999 年，Springer

[19] *Classification and Regression Treees*, L.Breiman、J.H.Friedman、R.Olshen 和 C.J.Stone，1984 年，Chapman & Hall

[20] *An Empirical Study of Smoothing Techniques for Language Modeling*, Stanley F.，Chen Joshua Goodman，1999 年，*Computer Speech and Language*

[21] *Induction of decision trees*, Quinlan J.R.，1986 年，*Machine Learning*

[22] *Cluster Analysis*, M.S.Aldenderfer、R.K.Blashfield，1985 年，Sage Publications

[23] *Information Visualization in Data Mining and Knowledge Discovery*，U.M.Fayyad、G.G.Grinstein 和 A.Wierse，2001 年，Morgan Kaufmann Publishers

[24] *Independent Component Analysis: Principles and Practice*, Alex M. Andrew，2002 年，Emerald Group Publishing Limited